工程应用型技能教程

U0117422

Protel DXP 基础与实例进阶

谈世哲　王圣旭　姜茂林　编著

清华大学出版社

北　京

内 容 简 介

本书面向学习 Protel DXP 的初中级读者，全书共分 11 章，分别介绍了 Protel DXP 的基本操作、Protel DXP 原理图编辑器基础、原理图绘制、原理图编辑报表、印刷电路板设计系统、PCB 板的制作、创建自己的元件库、Protel DXP 原理图绘制与技巧、PCB 电路板设计典型操作技巧、常见问题与解答、工程案例等内容。

本书以图解的方式讲解了 Protel DXP 基本功能的应用与操作，并通过提示、说明、技巧和注意的方式指导读者对重点知识的理解，从而能够真正将其运用到实际电子产品的设计和开发中去。

本书内容翔实、排列紧凑、安排合理、图解清楚、讲解透彻、案例丰富实用，能够使读者快速、全面地掌握 Protel DXP 2004 各模块的功能和应用。

本书可以作为各类培训学校的教材用书，也可以作为工程技术人员及中专、中技、高职高专、本科院校相关专业师生的参考书。

本书封面贴有清华大学出版社防伪标签，无标签者不得销售。

版权所有，侵权必究。侵权举报电话：010-62782989　13701121933

图书在版编目（CIP）数据

Protel DXP 基础与实例进阶/谈世哲，王圣旭，姜茂林编著. —北京：清华大学出版社，2012.1

ISBN 978-7-302-26866-6

①P…　II. ①谈…　②王…　③姜…　III. ①印刷电路-计算机辅助设计-应用软件，Protel DXP

IV. ①TN410.2

中国版本图书馆 CIP 数据核字（2011）第 191552 号

责任编辑：钟志芳
封面设计：刘　超
版式设计：文森时代
责任校对：王国星
责任印制：杨　艳

出版发行：清华大学出版社　　　　　　　　　　地　　址：北京清华大学学研大厦 A 座
　　　　　http://www.tup.com.cn　　　　　　邮　　编：100084
　　　　　社　总　机：010-62770175　　　　　邮　　购：010-62786544
　　　　　投稿与读者服务：010-62776969，c-service@tup.tsinghua.edu.cn
　　　　　质　量　反　馈：010-62772015，zhiliang@tup.tsinghua.edu.cn

印　装　者：北京密云胶印厂
经　　销：全国新华书店
开　　本：185×260　印　张：20　字　数：461 千字
　　　　　（附 DVD 光盘 1 张）
版　　次：2012 年 1 月第 1 版　　　印　　次：2012 年 1 月第 1 次印刷
印　　数：1～4000
定　　价：45.00 元

产品编号：040498-01

前　言

基本内容

  Protel DXP 2004 是 Altium 公司开发的一套电路辅助设计软件，它极大地提高了电子线路的设计效率和设计质量，有效地减轻了设计人员的劳动强度和工作复杂度，是电子工程师进行电路设计的最有用的软件之一。Protel DXP 2004 集成了世界领先的 EDA 特性和技术，其主要集成了原理图设计、PCB 设计、Spice 仿真、VHDL 仿真与综合、信号完整性分析和 CAM 文件的编辑与验证等功能。在一定程度上，Protel DXP 2004 打破了传统的设计工具模式，提供了以项目为中心的设计环境，包括强大的导航功能、源代码控制、对象管理、设计变量和多通道设计等高级设计方法。

  本书以 Protel DXP 2004 中文版为基础，全面介绍了 Protel DXP 2004 的基本功能和应用，包括原理图设计、PCB 设计等，并辅以详实的例子进行说明，适合广大初学者学习使用。

  本书立足于初学者对于实际问题的应用设计，通过具有针对性、代表性的实例讲解常用命令，能够开阔读者思路，使其掌握方法，提高综合运用知识的能力。在学习过程中，通过循序渐进的练习使读者真正掌握基于 Protel DXP 的电路设计技巧。

  全书共分为 11 章，各章具体内容如下。

◇ 第 1 章：初识 Protel DXP。概括地介绍了 Protel DXP 软件，包括软件的功能特点、操作界面、文件的组织结构、资源个性化、常用编辑器的操作等。

◇ 第 2 章：Protel DXP 原理图编辑器基础。主要讲解了 Protel DXP 的原理图编辑操作，包括原理图工作窗口面板、工具栏的管理、绘图区域的显示管理、图件的常用操作、元器件的排列与对齐、图形工具栏、原理图的打印输出等。

◇ 第 3 章：原理图绘制。主要讲解了 Protel DXP 的原理图绘制，包括原理图的设计步骤、新建工程和原理图、设置原理图选项、加载元件库、放置元器件、绘制电路原理图等。

◇ 第 4 章：原理图编辑报表。主要讲解了 Protel DXP 的原理图编辑报表，包括编译工程及查错、网络表的生成和检查、元件采购报表、元件引用参考报表等。

◇ 第 5 章：印刷电路板设计系统。主要讲解了 Protel DXP 的印刷电路板的设计制作，包括创建 PCB 文件、PCB 编辑器的画面管理、PCB 放置工具栏的介绍、Protel DXP PCB 的编辑功能等。

◇ 第 6 章：PCB 板的制作。主要讲解了 Protel DXP 的 PCB 板的制作，包括制作流程、电路板工作层面的设置、网络表与元件封装的装入、元件布局、自动布线、电路板的手工调整等。

❖ 第 7 章：创建自己的元件库。重点介绍了如何在 Protel DXP 中创建自己的元器件库，包括创建元器件原理图库、创建元器件的 PCB 库、建立元器件集成库、生成项目元器件封装库等。

❖ 第 8 章：Protel DXP 原理图绘制与技巧。主要讲解了 Protel DXP 原理图的绘制与技巧，包括原理图绘制技巧、原理图绘制完成后的检查工作、PCB 设计中的优化处理等。

❖ 第 9 章：PCB 电路板设计典型操作技巧。包括图件选取的各种不同方法、放置与编辑导线、PCB 电路板设计操作技巧、设计校验等。

❖ 第 10 章：常见问题与解答。包括一些常见的容易混淆的概念、原理图设计部分与PCB 设计部分中常见的问题等。

❖ 第 11 章：工程案例。主要讲解了数字时钟的设计与制作、U 盘的设计与制作、单片机实验板设计与制作 3 个具体实例。

主要特点

本书作者都是长期使用 Protel DXP 进行教学、科研和实际生产工作的教师和工程师，有着丰富的教学和实践经验。在内容编排上，本书按照读者学习的一般规律，结合大量实例讲解操作步骤，能够使读者快速、真正地掌握 Protel DXP 软件的使用。

具体地讲，本书具有以下特点：

❖ 从零开始，轻松入门。
❖ 图解案例，清晰直观。
❖ 图文并茂，操作简单。
❖ 实例引导，专业经典。
❖ 学以致用，注重实践。

读者对象

本书面向学习 Protel DXP 的初、中级读者，主要包括：

❖ 学习 Protel DXP 设计的初级读者。
❖ 具有一定 Protel DXP 基础知识，希望进一步深入掌握电子产品设计的中级读者。
❖ 大中专院校电子信息相关专业的学生。
❖ 从事电子产品设计及电路板加工的工程技术人员。

配套光盘简介

为了方便读者学习，本书配套提供了多媒体教学光盘，其中包含了本书主要实例源文件，这些文件都被保存在与章节相对应的文件夹中。同时，主要实例的设计过程都被采集成视频录像，相信会为读者的学习带来便利。

注意：由于光盘上的文件都是"只读"的，因此不能直接修改这些文件。读者可以先将这些文件复制到硬盘上，去掉文件的"只读"属性，然后再使用。

本书由谈世哲、王圣旭、姜茂林编著，参加本书编著工作的还有管殿柱、付本国、赵秋玲、赵景伟、赵景波、张洪信、王献红、张忠林、王臣业、程联军、初航、宋一兵、成霄、石聪等。

感谢您选择了本书，希望我们的努力对您的工作和学习有所帮助，也希望您把对本书的意见和建议告诉我们。

零点工作室网站地址：www.zerobook.net。
零点工作室联系信箱：gdz_zero@126.com。

零点工作室
2011 年 12 月

目　　录

第1章 初识 Protel DXP

随着电子技术的迅速发展以及芯片生产工艺的不断提高，电子工程师靠手工来设计电路板已经变得不现实了。而计算机技术的发展以及应用领域的不断扩大，为电子工程师们在电路设计方面提供了强大支持。电路设计自动化（Electronic Design Automation，EDA）就是将电路设计中的各项工作由计算机辅助完成，它极大地提高了电路设计的效率，有效地减轻了设计人员的劳动强度。Altium 公司作为 EDA 领域里的一个领先公司，在原先已经被广泛使用的 Protel 99SE 的基础上，应用最先进的软件设计方法，率先推出了一款基于 Windows 2000 和 Windows XP 操作系统的 EDA 设计软件 Protel DXP。

1.1 Protel DXP 简介

Protel DXP 2004 是 Altium 公司于 2004 年推出的最新版本的电路设计软件，该软件能实现从概念设计、顶层设计直到输出生产数据以及这之间的所有分析验证和设计数据的管理。当前比较流行的 Protel 98、Protel 99SE，就是它的前期版本。

Protel DXP 2004 已不是单纯的 PCB（印刷电路板）设计工具，而是由多个模块组成的系统工具，包括 SCH（原理图）设计、SCH 仿真、PCB（印刷电路板）设计、Auto Router（自动布线器）和 FPGA 设计等，覆盖了以 PCB 为核心的整个物理设计。该软件将项目管理方式、原理图和 PCB 图的双向同步技术、多通道设计、拓扑自动布线以及电路仿真技术等结合在一起，为电路设计提供了强大的支持。

其实早在 20 世纪 80 年代，Altium 公司的前身 Protel Technology 公司就推出了 Protel for DOS，它是第一代基于 DOS 的 Protel 软件。

进入 20 世纪 90 年代，随着计算机技术的提高以及 Windows 操作系统的推出，Protel Technology 公司及时推出了基于 Windows 的 Protel 软件——Protel for Windows 1.0 版，随后又在 1994 年推出了 Protel for Windows 2.0 版，在 1997 年推出了 Protel for Windows 3.0 版。到 1998 年，Protel Technology 公司推出了一个 32 位的 EDA 软件——Protel 98，该软件大大改进了自动布线技术，使得印刷电路板自动布线真正走向实用。在 1999 年又推出了 Protel 99，2000 年推出了 Protel 99SE，使得该软件成为集成多种工具软件的 EDA 软件。

2001 年，Protel Technology 公司改名为 Altium 公司。2002 年下半年，Altium 公司推出了新产品 Protel DXP 2002，该软件比 Protel 99SE 有了更大的提高，成为第一个可以在单个应用程序中完成所有设计的工具。2004 年，Altium 公司推出了 Protel DXP 2004，其在功能和界面上有了很大的提高。

与较早的版本——Protel 99 相比，Protel DXP 2004 不仅在外观上显得更加豪华、人性化，而且极大地强化了电路设计的同步化，同时整合了 VHDL 和 FPGA 设计系统，其功能大大加强了。

1.2 启动 Protel DXP

安装好 Protel DXP 2004 并安装相应的 SP2 补丁之后，双击桌面图标或者选择【开始】/【程序】/Altium SP2/DXP 2004 SP2 命令即可初次启动程序。

程序的启动界面如图 1-1 所示。

图 1-1　Protel DXP 注册版启动界面

1.3 Protel DXP 界面

为了方便用户使用，Protel DXP 2004 提供了一个集成化的工作环境，通过主界面的形式对所有电路设计相关操作进行集中管理。

启动之后的 Protel DXP 界面如图 1-2 所示。

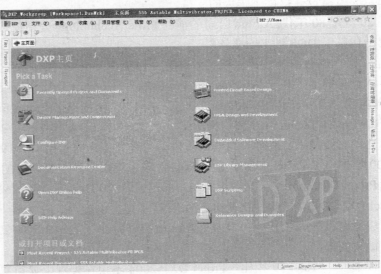

图 1-2　启动之后尚未打开项目的 Protel DXP 界面

其中包括菜单栏、工具栏、状态栏和命令行、面板标签和工作窗口面板、工作窗口等部分，下面对这些部分进行详细介绍。

1.3.1 Protel DXP 菜单栏

当启动 Protel DXP 之后可以看到，在顶端有一个系统菜单栏，如图 1-3 所示，系统的主要设置都是在该菜单栏中完成的。

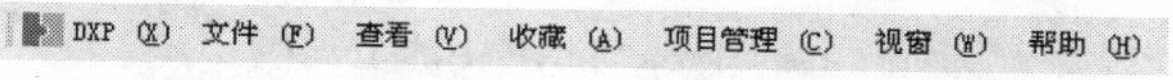
DXP (X) 文件 (F) 查看 (V) 收藏 (A) 项目管理 (C) 视窗 (W) 帮助 (H)

图 1-3　Protel DXP 打开空文档时的菜单栏

但这仅是在打开空文档时的菜单栏样式，在打开不同的项目时，菜单栏将会有所变化，这将在以后针对具体情况进行说明。如图 1-4 所示就是打开原理图时菜单栏的内容。

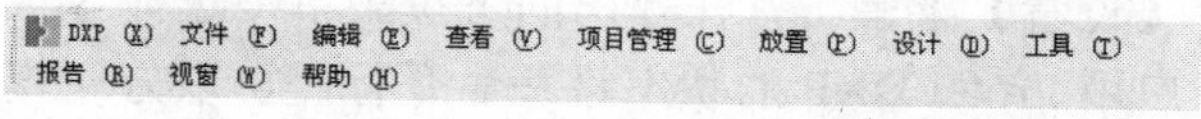
DXP (X) 文件 (F) 编辑 (E) 查看 (V) 项目管理 (C) 放置 (P) 设计 (D) 工具 (T)
报告 (R) 视窗 (W) 帮助 (H)

图 1-4　打开原理图时 Protel DXP 菜单栏

菜单栏的每一个菜单下又有若干个下拉菜单，这些菜单的功能多用于对设计环境的设置。现就图 1-3 中的菜单内容加以说明。

- ✧ DXP：系统设置菜单。
- ✧ 文件：主要用于项目的创建、打开、保存、退出等功能。
- ✧ 查看：主要用于对工具栏、工作窗口面板、桌面布局等的管理。
- ✧ 收藏：主要用于设置自己喜欢的文件存储方式。
- ✧ 项目管理：主要用于对项目的管理。
- ✧ 视窗：主要用于多窗口操作，是对多个窗口的管理。
- ✧ 帮助：用于提供 Protel DXP 2004 的各种帮助信息。

其中，DXP 菜单中包含各种与系统设计管理有关的命令，如图 1-5 所示。

DXP (X) 文件 (F)
用户自定义 (C)...
优先设定 (P)...
系统信息 (I)...
运行进程...
使用许可管理 (L)...
执行脚本 (S)...

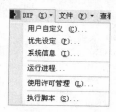

图 1-5　DXP 菜单命令

DXP 菜单中各个命令的介绍如下。

- ✧ 【用户自定义】菜单命令：对用户可以自己定义的信息进行相关设置。
- ✧ 【优先设定】菜单命令：对系统启动时的参数、默认存储路径、系统字体等进行设置。
- ✧ 【系统信息】菜单命令：设置系统的相关信息。
- ✧ 【使用许可管理】菜单命令：对使用许可进行设置。

❖ 【执行脚本】命令设置执行脚本。

1.3.2 工具栏

在主窗口中，工具栏如图 1-6 所示。它的作用主要是提供给用户一种方便、快捷的命令启动方式。

图 1-6　Protel DXP 中的工具栏

1.3.3 状态栏和命令行

在菜单栏中选择【查看】菜单，并在弹出的下拉菜单中选择【状态栏】和【显示命令行】菜单命令，将会启用 Protel DXP 的状态栏和命令行，可以方便查看当前编辑状态和命令，如图 1-7 所示。

图 1-7　Protel DXP 的状态栏和命令行

1.3.4 面板标签和工作窗口面板

面板标签为用户操作软件提供了快捷方式。面板标签包括位于主窗口右上角的元件库面板标签 收藏 剪贴板 元件库 和右下角的面板标签 System | Design Compiler | Help | Instruments | >> 。

Protel DXP 2004 的工作窗口面板位于主窗口的左边，如图 1-8 所示。工作窗口面板为用户新建和打开各种文件和项目提供了极大的方便。

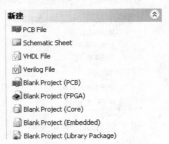

图 1-8　Protel DXP 的工作窗口面板

1.3.5 工作窗口

工作窗口是用户对 Protel DXP 文件进行编辑等操作的主要区域，为用户提供了各种任务栏，方便用户对电路设计相关操作进行集中管理。工作窗口如图 1-9 所示。

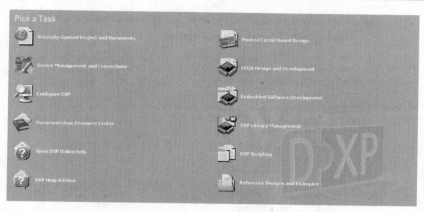

图 1-9　Protel DXP 的工作窗口

1.4　资源个性化

选择 DXP 菜单,弹出如图 1-5 所示的子菜单,在该菜单选项中不仅可以定义界面的内容及相关参数,还可以查看当前系统的信息。该菜单的功能多是为高级用户设定的,建议 Protel DXP 的入门读者保持默认设置。

1.用户定制资源设置

用户定制资源就是设计者可以根据个人的习惯修改 Protel DXP 的菜单、工具栏、快捷方式和操作面板等系统设计环境。

选择【用户自定义】菜单命令,在弹出的 Customizing PickATask Editor 对话框的【命令】标签页中,设计者可以自定义菜单、工具栏等系统命令,在【工具栏】标签页中,可以激活显示相关部件。

2.系统参数设置

选择【优先设定】菜单命令,弹出【优先设定】对话框,用来设置系统参数。

（1）General 标签页

主要用来设置系统或编辑状态时的一些常规特性,如图 1-10 所示。

在【启动】区域中选中【再次打开最后一次使用的工作区】复选框,则每次系统启动时自动打开上一次关闭时的工作区;选中【如果没有文档打开打开任务控制面板】复选框,则在没有打开文档的情况下自动打开任务控制面板。

在【闪屏】区域中选中【显示 DXP 起动屏幕】复选框,则在启动 DXP 的过程中会启动动画、显示提示信息;选中【显示产品闪屏】复选框,则在启动 DXP 的过程中会闪动显示原理图编辑器、PCB 编辑器等集成产品动画。

【默认位置】区域中的【文件路径】文本框用来确定在使用 DXP 系统时,打开或者保存文件的默认路径。

选中【系统字体】复选框,可以修改 Protel DXP 的系统默认字体。

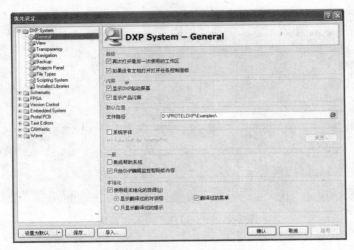

图 1-10　General 标签页

在【一般】区域中选中相应复选框，可以启动【集成帮助系统】和【只给 DXP 编辑监控剪贴板内容】功能。

在【本地化】区域中选中【使用经本地化的资源】复选框，将启动中文界面。

（2）View 标签页

单击【优先设定】对话框左侧的树状标签，打开 View 标签页，如图 1-11 所示。

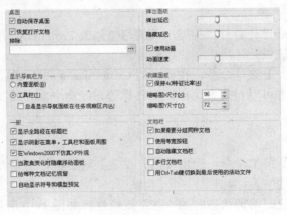

图 1-11　View 标签页

在【桌面】区域中选中【自动保存桌面】复选框，则当关闭 DXP 系统时，自动保存当前的工作窗口；选中【恢复打开文档】复选框，对打开的文档可以进行自动恢复，对于不需要进行文档恢复的类型，可以在【排除】文本框后单击 按钮选择。

在【显示导航栏为】区域中可以选择在何处显示导航栏。如果选中【工具栏】单选按钮，则可以激活【总是显示导航面板在任务观察区内】复选框，选中此复选框，则同时在【内置面板】和【工具栏】上显示导航栏。

【一般】区域中有 6 个复选框，选中【显示全路径在标题栏】复选框，则在 DXP 系统顶部标题栏显示当前文档的完整路径和名称；选中【显示阴影在菜单，工具栏和面板周围】

复选框，则在菜单、工具栏和面板周围显示阴影，增加立体效果；选中【在 Windows 2000下仿真 XP 外观】复选框，则当采用 Windows 2000 操作系统时，DXP 仍然仿效 Windows XP 的界面风格；选中【当聚焦变化时隐藏浮动面板】复选框，则当聚焦变化时，自动隐藏浮动面板；选中【给每种文档记忆视窗】复选框，则开启记忆窗口存放系统中用到的各种文档类型；选中【自动显示符号和模型预览】复选框，则开启自动显示符号和模型预览功能。

在【弹出面板】区域中调整【弹出延迟】选项右侧的滑块可以调整面板延迟显示的时间，向左滑动可以缩短时间，向右滑动可以延迟时间；同样，调整【隐藏延迟】选项右侧的滑块可以调整面板延迟隐藏的时间；选中【使用动画】复选框，可以在面板显现或者隐藏时加入动画效果，同时激活【动画速度】选项，按照同样方法调整滑块，可以调整动画的播放速度。

在【收藏面板】区域中可以调整收藏面板的宽和高，即【缩略图 X 尺寸】和【缩略图 Y 尺寸】，选中【保持 4×3 特征比率】复选框，则保持宽高比 4:3 不变。

在【文档栏】区域中选中相应的复选框，可以实现【如果需要分组同种文档】、【使用等宽按钮】、【自动隐藏文档栏】、【多行文档栏】、【用 Ctrl+Tab 键切换到最后使用的活动文件】等有关文档栏的操作。

（3）Transparency 标签页

单击【优先设定】对话框左侧的树状标签，打开 Transparency 标签页，如图 1-12 所示。

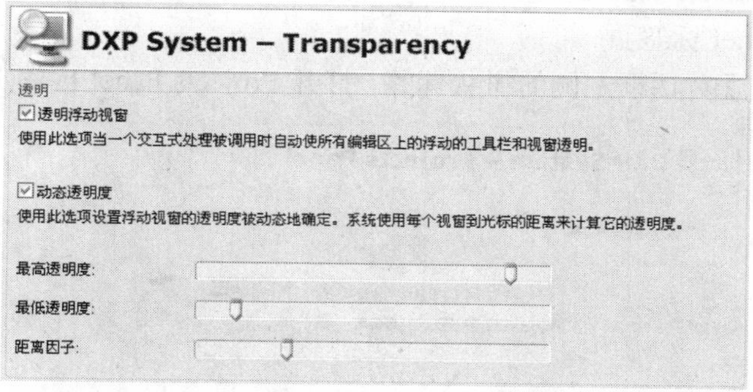

图 1-12 Transparency 标签页

在【透明】区域中选中【透明浮动视窗】复选框，则编辑界面上的浮动工具栏和其他窗口是透明的，不会覆盖工作区。选中【动态透明度】复选框，则浮动工具栏和窗口的透明度是动态的，透明度由视窗到光标的距离决定，同时激活最下面的 3 个选项。向左滑动【最高透明度】选项的滑块，则最高透明度降低；向左滑动【最低透明度】选项的滑块，则最低透明度降低；【距离因子】选项决定了距离光标多远时透明度消失。

（4）Navigation 标签页

单击【优先设定】对话框左侧的树状标签，打开 Navigation 标签页，如图 1-13 所示。

在【高亮方法】区域中可以设置几种不同情况的高亮模式。选中【缩放】复选框，系统以选中的显示对象为中心，在整个屏幕工作区内放大显示该对象；选中【选择】复选框，系统在显示某个选中对象时，同时在电路原理图中使该对象处于选中状态；选中【屏蔽】

复选框，系统中选中的对象以高亮显示，其余对象弱化成灰度显示；选中【可连接图】复选框，系统会用虚线将所有与选中对象有关的其他元器件都连接起来，同时激活【包含电源零件】复选框，选中该复选框，电源器件也包含在内；调整【缩放精度】选项右侧的滑块可以调节缩放的精度。

（5）Backup 标签页

单击【优先设定】对话框左侧的树状标签，打开 Backup 标签页，如图 1-14 所示。

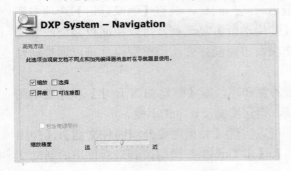

图 1-13　Navigation 标签页

图 1-14　Backup 标签页

在【自动保存】区域中选中【自动保存每】复选框，则可以设置自动保存的时间间隔、应保持版本数和自动保存的路径。

（6）Projects Panel 标签页

单击【优先设定】对话框左侧的树状标签，打开 Projects Panel 标签页，如图 1-15 所示。

图 1-15　Projects Panel 标签页

该标签页用来设置【类别】区域中 General、File View、Structure View、Sorting、Grouping、Default Expansion 和 Single Click 7 个选项的属性，单击选中某一项，在右侧区域通过选中相应的复选框和单选按钮设置属性。

（7）File Types 标签页

单击【优先设定】对话框左侧的树状标签，打开 File Types 标签页，如图 1-16 所示。

Protel DXP 支持的文件类型很多，在【关联文件类型】区域中列出了 Protel DXP 支持的所有文件类型，将其分为 Schematic（原理图文件）、Outputs（输出文件）、Libraries（库文件）、PCB（PCB 文件）、Projects（项目文件）、Simulation（仿真文件）等 13 组，并且以组为单位列出了支持的文件的扩展名。

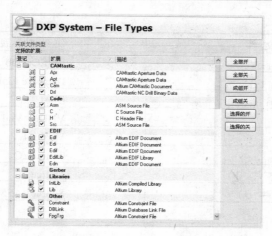

图 1-16　File Types 标签页

1.5　Protel DXP 的文件组织结构

　　要掌握 Protel DXP 的使用，首先要熟悉和了解 Protel DXP 的文件组织管理形式。在 Protel 99 或 Protel 99SE 中，整个电路图设计项目是以数据库形式（*.ddb）存放的，其中原理图文件或者 PCB 文件只有通过导出的方法才能得到单个文件。Protel DXP 采用目前流行的软件工程中的工程管理的方式组织文件，将任何一个设计都认为是一个项目，在该项目中有指向各个文档文件的链接和必要的工程管理信息，而其他各个设计文件都放在项目文件所在的文件夹中，便于管理维护。

　　在 Protel DXP 中，各个设计文件的扩展名不再沿用以前版本的文件扩展名，而是采用新的扩展名，但是 Protel DXP 对以前版本的设计文件是向下兼容的。表 1-1 中列出了部分文件的扩展名。

表 1-1　部分文件的扩展名

设 计 文 件	扩 展 名
PCB项目 (B)	PCB_Project1.PrjPCB
核心项目 (R)	Core_Project11.PrjCor
脚本项目 (T)	Script_Project1.PrjScr
嵌入式软件项目 (E)	Embedded_Project1.PrjEmb
FPGA项目	FPGA_Project11.PrjFpg
集成元件库 (I)	Integrated_Library1.LibPkg
Schematic	Sheet1.SchDoc
Schematic Library	Schlib1.SchLib
PCB	PCB1.PcbDoc
PCB Library	PcbLib1.PcbLib
CAM Document	CAMtastic1.Cam

续表

设 计 文 件	扩 展 名
Output Job File	Job1.OutJob
Database Link File	Database Links1.DbLink
文本文件（T）	Doc1.Txt
VHDL文件（V）	VHDL1.Vhd
Verilog文档	Verilog1.V
C源文件（C）	Source1.C
C语言头文件（H）	Source1.H
汇编源文件（A）	Source1.ASM

1.6 启动常用编辑器

1.5 节已经介绍了 Protel DXP 的文件组织结构，了解了 Protel DXP 全面支持各种 PCB 项目设计和 FPGA 项目设计，并提供了和其他设计系统之间的接口。下面通过介绍 Protel DXP 中有关创建新工程和启动相应编辑器的基本操作来进一步了解 Protel DXP 中的文档管理机制。

【**实例 1-1**】创建一个电路板设计工程。

（1）建立一个专门用于存放所有与要建立的工程相关的文件的文件夹，这样可以便于设计人员以后进行文件管理。

（2）执行 Protel DXP 开发环境中的【文件】/【创建】/【项目】/【PCB 项目】菜单命令，Protel DXP 将会创建一个新的工程文件并出现在 Projects 面板中，如图 1-17 所示。

（3）执行【文件】/【保存项目】菜单命令，弹出保存文件对话框，这里可以将刚刚建立的工程文件改名，如改为 MyFirstProject，同时也可以选择合适的保存路径，如图 1-18 所示。

图 1-17 新建的空工程文件

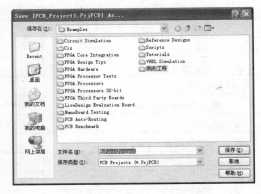

图 1-18 保存文件对话框

（4）单击 保存(S) 按钮，就可以实现对新建的空白项目按照设置的项目名称和路径进行保存。

【实例 1-2】启动原理图编辑器。

（1）通过新建原理图启动原理图编辑器。启动 Protel DXP 系统以后，可以通过执行【文件】/【创建】/【原理图】菜单命令来启动 Protel DXP 的原理图编辑器，同时，系统自动生成一个新的原理图文档 Sheet1.SchDoc，如图 1-19 所示。

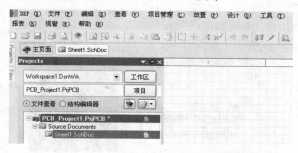

图 1-19　通过新建原理图启动原理图编辑器

（2）如果已经有现成的原理图，可以执行【文件】/【打开】菜单命令，通过打开已有的原理图启动原理图编辑器，如图 1-20 所示。

图 1-20　通过【文件】/【打开】菜单命令，启动原理图编辑器

（3）在打开一个工程时，还可以选择【文件】/【创建】/【原理图】菜单命令，此时 Protel DXP 会在启动原理图编辑器的同时在当前的工程中添加一个新的空原理图文档，如图 1-21 所示。

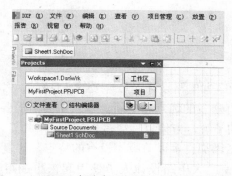

图 1-21　Protel DXP 自动在已打开工程中添加空的原理图

11

【实例 1-3】启动印刷电路板编辑器。

（1）通过新建 PCB 文档启动印刷电路板编辑器。启动 Protel DXP 系统后，可以通过执行【文件】/【创建】/【PCB 文件】菜单命令来启动 Protel DXP 的印刷电路板编辑器，同时，系统自动生成一个新的 PCB 文档 PCB1.PcbDoc，如图 1-22 所示。

图 1-22　通过新建 PCB 文档启动印刷电路板编辑器

（2）如果已经有现成的 PCB 图，可以执行【文件】/【打开】菜单命令，通过打开已有的 PCB 图启动印刷电路板编辑器。

（3）在打开一个工程时，选择【文件】/【创建】/【PCB 文件】菜单命令，此时 Protel DXP 会在启动印刷电路板编辑器的同时在当前的工程中添加一个新的空 PCB 文档，如图 1-23 所示。

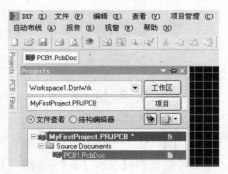

图 1-23　Protel DXP 自动在已打开工程中添加空的 PCB 文件

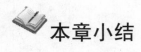 本章小结

Protel 系列软件是深受广大电路设计人员喜爱的 EDA 软件，而 Protel DXP 是 Altium 公司最新开发的产品，具有众多的优点和更新。本章主要是简要地介绍一些基础知识，使读者对 Protel 有一个初步的了解，方便以后更深入的学习。

Protel DXP 的更新包括添加许多以前版本没有的特点，修复一些影响使用的 bug 以及简化操作。这些特点可以使广大电路设计人员使用起来更加得心应手，工作效率进一步提高。

目前，EDA 软件发展迅速，Protel DXP 也不例外。感兴趣的读者可以直接登录 Protel 官方网站 http://www.protel.com 获取该软件的最新发展情况。另外，读者可以在该网站上下载相应的 Protel DXP 30 天试用版进行试用，该软件是免费提供的。

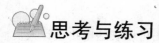 思考与练习

1. 简述 Protel DXP 的特点。
2. 通过不同的方法启动 Protel DXP。
3. 简述 Protel DXP 开发环境的几个主要组成部分。
4. 简述 Protel DXP 的文件组织结构。
5. 尝试自己动手创建一个 Protel DXP 工程，并为该工程添加原理图文档和 PCB 文档。

第 2 章　Protel DXP 原理图编辑器基础

在整个电路的设计过程中，电路原理图的设计是关键。原理图可以表达电路设计人员的设计思想，在后续的印刷电路板设计过程中，它还提供了各个元器件间连线的依据。因此，只有具有清晰正确的原理图，才可能生成一块具有指定功能的电路板。另外，有了清晰、美观的原理图，也便于整个系统的设计人员在一起讨论和交流。为此，本章将初步讲述 Protel DXP 原理图编辑器的操作和使用，使读者可以很快学会绘制一般的电路原理图，并逐渐喜欢上 Protel DXP 这个得力的电路板设计助手。

2.1　原理图工作窗口面板

按照第 1 章所讲述的方法，可以新建一个项目并添加一个空白的原理图，之后，将启动原理图编辑界面，如图 2-1 所示。

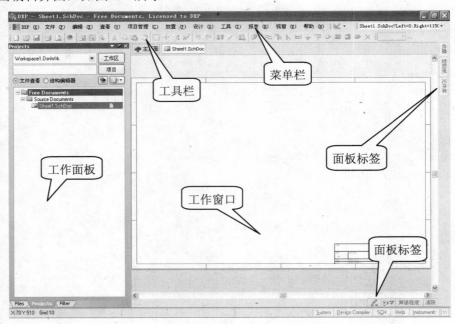

图 2-1　原理图编辑界面

❖ 菜单栏：主要负责文件的管理、原理图设计的相关命令及原理图文件的编辑等。
❖ 工具栏：工具栏提供了与菜单相对应的按钮操作，方便用户进行操作。工具栏包括原理图标准工具栏、实用工具栏、配线工具栏、格式化工具栏、导航工具栏以及混合仿真工具栏 6 个部分。

❖ 工作窗口：工作窗口为原理图的设计和编辑提供了工作平台，原理图的设计、编辑和修改都在这个窗口中实现。

❖ 工作面板：利用工作面板，用户可以方便地打开、新建文档和项目等。

❖ 面板标签：为用户操作提供多种快捷方式，方便用户操作。

对比 Protel 99SE 及其以前版本，Protel DXP 在界面上新增了面板管理这一功能。在 Protel DXP 中包含了很多面板，常用的面板如 Projects 面板以及 Files 面板等都是在工作窗口的左侧显示出来的，其他不经常用到的则以标签或其他的形式隐藏起来。每一种面板都有其相应的功能，如 Projects 面板主要是完成一个或多个项目文件的管理，而 Files 面板则主要完成文件的新建以及打开等操作。不同的面板出现在不同的编辑状态中，如 PCB 面板只在 PCB 编辑界面上才会出现。当然也有很多面板是公用的，即无论打开什么编辑器都能在界面上看到这些面板，如 Projects 面板、Navigator 面板、Libraries 面板等。

2.1.1 Projects 面板的管理功能

Projects 面板通常在启动 Protel DXP 软件时同时打开，并出现在界面的左侧。如果界面中没有出现该面板，用户则可通过以下 4 种方法打开该面板（大多数面板都有这 4 种打开方式）：

❖ 执行【查看】/【工作区面板】/System/Projects 菜单命令。

❖ 单击工作窗口左侧 Projects 面板的隐藏标签。

❖ 右击工作窗口右下角的 System 标签，在弹出的快捷菜单中选择 Projects 菜单命令。

❖ 在工作窗口中右击，然后在弹出的快捷菜单中选择【工作区面板】/System/Projects 菜单命令。

打开的 Projects 面板如图 2-2 所示。

【实例 2-1】Projects 面板的管理功能。

（1）执行【文件】/【创建】/【设计工作区】菜单命令即可新建一个项目组，此文件将出现在左上角项目组的下拉列表框中（第一个下拉列表框）。该下拉列表框中包含了很多项目组，选中的即为当前的项目组（这里选的是系统自带的项目组），如图 2-3 所示。通常一些相关的项目文件放在同一个项目组中。

图 2-2　Projects 面板　　　　　图 2-3　当前的项目组

（2）单击右侧的 工作区 按钮则会出现一系列菜单命令，主要用于对整个项目组进行操作，如添加项目文件、编译保存或删除整个项目集等。在其中选择【保存设计工作区】菜单命令即可对该项目组进行命名保存，如图 2-4 所示。

图 2-4　工作区 按钮下的菜单命令

（3）执行【文件】/【创建】/【项目】/【PCB 项目】菜单命令即可创建一个新的项目文件，该项目文件将出现在左上角的项目文件下拉列表框中（第二个下拉列表框）。该下拉列表框中包含了一个项目组中的所有项目文件，选中的即为当前的项目文件，在面板的最下面即可看到该项目组中所有的项目文件。

（4）单击右侧的 项目 按钮也会出现一系列菜单命令，主要用于对当前打开的项目文件进行各种操作，如向当前项目文件中添加新的文件、对各种文件进行编译、删除或保存等。在其中选择【保存项目】菜单命令即可对该项目文件进行命名保存，如图 2-5 所示。

图 2-5　项目 按钮下的菜单命令

（5）选中【文件查看】单选按钮，面板将显示项目组中所有的文件。选中【结构编辑器】单选按钮，面板中将显示文件的结构列表，如图 2-6 所示。

（6）单击 按钮，则会弹出如图 2-7 所示的界面，在其中可以对工作面板中文件的显示方式进行设置。

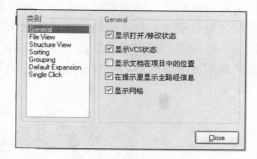

图 2-6　Projects 面板的结构列表　　　　图 2-7　文件显示方式的设置

（7）单击 ▣ 按钮即可进入 FPGA 设计界面，在该界面中设计者可以进行 PCB 和 FPGA 工作管脚的自动同步更新设计。

2.1.2　导航器面板 Navigator 的显示导航功能

原理图中有很多的对象，那么如何对这些对象进行综合管理呢？Protel DXP 提供了功能强大的 Navigator 面板（导航器面板），面板中显示了原理图的所有对象信息，用户按照树形结构即可对不同种类的对象进行管理。熟练地使用导航器面板能加快设计工作的进程。在使用 Navigator 面板之前首先应该对原理图进行编译，只有经过编译后原理图中的信息才会出现在该面板中，包括元件的每一个管脚的网络信息、元件的参数信息以及原理图的错误信息等。

1．打开导航器面板

打开或者新建一个原理图时，在工作窗口的左侧即会自动出现 Navigator 面板。在中文中 Navigator 被翻译成"导航器"，这是一种非常形象的说法。正如一个中等或者大型的网站都有网站导航一样，导航器面板的存在为用户进行对象查找和编辑提供了很大的方便，可以节省用户很多宝贵的时间。

在对原理图进行编译前，打开的 Navigator 面板通常为空，即不包含原理图的任何信息。用户可用鼠标右键单击 Projects 面板中的某一个原理图或者当前的整个项目文件，在弹出的快捷菜单中选择 Compile 菜单命令，这样便完成了对象的编译操作（如果原理图存在错误，用户则应对原理图进行修改直到完全正确为止。原理图的编译以及查错将在以后的章节中详细介绍），此时就可以在 Navigator 面板中显示所编译对象的所有信息，如图 2-8

所示。

2．导航器面板的对象导航功能

Navigator 面板是按照对象的类别进行管理的，主要有元件类和网络类。从图 2-8 中可以看出，Navigator 面板包含 4 个列表框，最上面的列表框中列出了编译的所有原理图文件，用户可以在列表框中选择想要观察的原理图文件。中间的两个列表框中分别列出了选中的原理图中的元件类和网络类。元件列表框中列出了该原理图中的所有元件，单击每一个元件左侧的"+"号可以查看该元件的详细信息，包括元件的参数信息和管脚信息等。选中某一个元件，即可在最后一个列表框中显示该元件的所有管脚信息，同时在右侧的工作窗口中以一定的效果显示该元件。网络列表框中列出了该原理图中所有的网络，选中某一个网络，在最后一个列表框中即可显示属于该网络的所有管脚信息，并在右侧的工作窗口中以一定的效果显示属于该网络的所有导线以及管脚等。

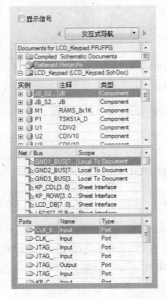

图 2-8　Navigator 面板

2.1.3　库文件面板【元件库】

Protel DXP 集成库中有很多元件的各种模型，用户应该怎样对这些模型进行管理呢？在进行 PCB 设计时，用户关心的是如何找到自己想要的元器件的各种模型，如何使元器件的各种模型能运用到当前的 PCB 设计中，以及如果 Protel DXP 集成库中没有自己要找的模型时，应该怎么办等。此时，通过【元件库】面板（库文件面板）即可进行库文件的组织与管理。【元件库】面板的功能非常强大，从中可以查找各种元器件，可以浏览当前已经加载了的元件库中元器件的所有模型，可以预览元件的符号模型和 SI 模型，也可以通过该面板向原理图或者 PCB 图中添加元件等。

【元件库】面板标签通常位于工作窗口的右侧，单击该标签或者将鼠标停留在该标签一段时间后即可打开该面板，如图 2-9 所示。

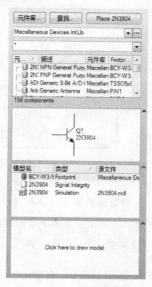

图 2-9　【元件库】面板

下面简单介绍该面板的使用方法。

◇　【元件库】按钮：单击该按钮，可以在弹出的【可用元件库】对话框中为正在进行的项目设计添加或删除库文件。

◇　【查找】按钮：单击该按钮，可以在弹出的【元件库查找】对话框中搜索设计所需要的元件，并可以直接添加元件所在的库。

◇　Place 2N3904 按钮：单击该按钮，可以将面板中选中的元件放置到原理图或者 PCB 图中。

◇　第一个下拉列表框：为库文件下拉列表框，显示元件所在的元件库。

◇　第二个下拉列表框：为元件过滤下拉列表框，用来设置匹配条件，以便于在该元件库中查找设计所需的元件。

◇　第一个列表框：为元件列表框，显示元件库以及过滤下拉列表框匹配后的元件信息。

项目和电路原理图建立好之后，下一步就是把元件放入电路原理图之中。为了讲述上的方便，在此一并将元件库的装载方法加以讲述。

Protel DXP 2004 内部集成了数万种元件，常用的元件大都可以在 Protel DXP 2004 的元件库中找到，用户只要在元件库中调用所需的元件即可。下面将详细讲述添加/删除元件库的方法。

【实例 2-2】装载 Maxim Communication Transceiver.IntLib 元件库。

（1）执行【设计】/【追加/删除元件库】菜单命令，如图 2-10 所示，将弹出如图 2-11 所示的【可用元件库】对话框。

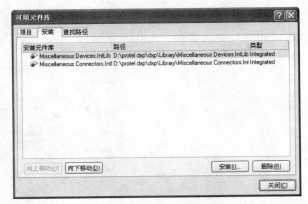

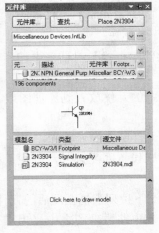

图 2-10 执行菜单命令   图 2-11 【可用元件库】对话框

注意： 还有另外一种打开追加/删除元件库对话框的方法。执行【设计】/【浏览元件库】菜单命令，将弹出如图 2-12 所示的【元件库】面板，或者直接单击原理图标准工具栏中的【浏览元件库】按钮，也可以打开如图 2-12 所示的【元件库】面板，然后在面板的左上角单击 元件库... 按钮，将会弹出如图 2-11 所示的对话框。

（2）在图 2-11 所示的【可用元件库】对话框中，单击 安装(l)... 按钮，将弹出如图 2-13 所示的【打开】对话框，在此根据设计的电路原理图的要求，选择所需的元件库。

图 2-12 【元件库】面板   图 2-13 【打开】对话框

（3）在图 2-13 所示对话框中的 Maxim 文件夹中，找到 Maxim Communication Transceiver. IntLib 文件并选中它，然后单击 打开(O) 按钮，这样就将元件库添加到系统中了，如图 2-14 所示。

提示：（1）要删除已经添加的元件库，只要在图 2-11 所示的【可用元件库】对话框中选中该元件库，再单击 删除(R) 按钮即可。（2）Protel DXP 2004 中含有非常丰富的元件库文件，在使用中没有必要全部加载，这样会占用过多的系统资源，降低执行速度。

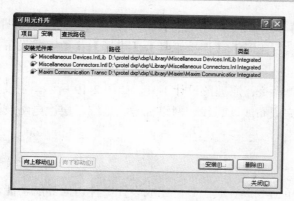

图 2-14　添加库文件到系统中

2.2　工具栏的管理

原理图编辑器中的工具栏是可以增减的。在工具栏或者菜单栏的空白处右击，将弹出一个快捷菜单，如图 2-15 所示。新建一个原理图文件后，默认显示的是"原理图 标准"的各个工具。

图 2-15　工具栏右键菜单

2.2.1　工具栏的打开与关闭

菜单命令前面有"√"标志的表示该菜单命令已被选中，选中的菜单命令所对应的工具将出现在工具栏中。各个菜单命令对应的工具如下。

◇　【原理图 标准】菜单命令：原理图设计的常用工具，新建原理图文件的默认工具设置。

◇　【混合仿真】菜单命令：混合信号仿真工具，如图 2-16 所示。

◇　【格式化】菜单命令：格式化工具。选中某一个文本对象后该工具将处于激活状态，通过改动不同下拉列表框中的值可对文本的格式进行修改，如图 2-17 所示。

图 2-16　混合仿真工具　　　　　　　图 2-17　格式化工具

❖ 【实用工具】菜单命令：原理图各种对象的放置工具，如图 2-18 所示，从左到右依次为【实用工具】、【调准工具】、【电源】、【数字式设备】、【仿真电源】以及【网格】。

❖ 【配线】菜单命令：原理图设计工具，如图 2-19 所示，主要用来放置原理图上的各种元素，完成布线、总线、网络标号、地线、层次电路设计等工作。

图 2-18　实用工具	图 2-19　配线工具

❖ 【导航】菜单命令：导航工具，完成设计文件访问导航功能。如图 2-20 所示，在最左侧输入文件的一个路径即可进入该文件，用户可以从中查看当前打开文件的路径，甚至可以在此栏中输入一个网址，然后按 Enter 键即可在工作窗口打开该网址。接下来的两个按钮主要用于返回上一个或者进入下一个工作界面，最后的两个按钮分别用来打开主页和收藏夹。

❖ Customize 菜单命令：进行原理图界面的个性化设置，选择该命令后将弹出如图 2-21 所示的对话框。工作界面的个性化设置是一个非常好用而且有效的菜单命令，可以让整个软件按照设计者的习惯运行。

图 2-21 中左侧的【类别】列表框为工具的分类，右侧的【命令】列表框为该分类下的相关工具。当选中左侧的某个项目之后，可以通过拖动的方式，将右侧列表框中需要的工具拖动到主界面的工具栏上进行使用。

C:\Program Files\Altium2004 SF

图 2-20　导航工具　　　　　　图 2-21　Customizing Sch Editor 对话框

同样，也可以通过拖动，将工具栏上的某一个工具拖动到该对话框中进行删除操作。

2.2.2　工具栏的排列

各类工具都有两种不同的显示方式——浮动显示和工具栏显示。

浮动显示即指以对话框的形式显示。为了方便设计的进行，用户可以拖动该对话框到任意位置。

工具栏显示即指各类工具以单个工具按钮的形式排列到工具栏中。

用户可以在两类显示方式之间自由切换，并通过鼠标的拖动进行位置的调整。

从浮动显示切换到工具栏显示：用鼠标按住该类工具浮动对话框的上边框，拖动到工具栏合适的位置，然后松开鼠标左键，该类工具就会以单个工具按钮的形式排列到工具栏中。

从工具栏显示切换到浮动显示：将鼠标移动到该类工具按钮的最左侧，然后按住鼠标左键将该类工具拖离工具栏，该类工具就会以浮动的形式显示出来。

【实例 2-3】工具栏中【放置 GND 端口】的使用。

（1）单击如图 2-22 所示工具栏中的【电源】按钮右侧的下拉箭头，在弹出的下拉列表中选择【放置 GND 端口】选项。

（2）在图纸的空白位置单击鼠标左键，将会在当前位置放置一个 GND 端口，如图 2-23 所示。

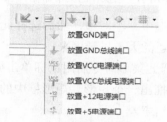

图 2-22　选择要放置的端口　　　　　　图 2-23　放置好的 GND 端口

2.3　绘图区域的显示管理

在原理图的绘制过程中，为了放置或者观察起来方便，用户经常需要对原理图进行视图操作，例如放大与缩小，跳跃到某一用户想要观察或者编辑的对象处，或者显示某一网格的所有连接等。为此，Protel DXP 提供了方便快捷的视图操作功能，用户可以通过菜单命令、工具栏、快捷键以及 Navigator 面板等控制原理图绘制区域的整个设计界面。

2.3.1　利用菜单或工具栏放大与缩小

原理图的放大与缩小主要是通过【查看】菜单完成的，如图 2-24 所示。

◇　【显示整个文档】菜单命令：在当前的工作窗口中最大化地显示整个原理图图纸。

◇　【显示全部对象】菜单命令：在当前的工作窗口中最大化地显示原理图中的所有对象。

◇　【整个区域】菜单命令：选择此菜单命令后将鼠标移动到工作窗口中，然后在编辑界面中拖出一个矩形框，完全落入矩形框中的对象将被选中，并以最大化的形式在编辑窗口中显示出来。

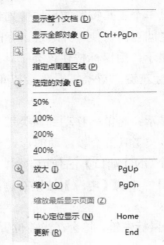

	显示整个文档 (D)	
	显示全部对象 (F)	Ctrl+PgDn
	整个区域 (A)	
	指定点周围区域 (P)	
	选定的对象 (E)	
	50%	
	100%	
	200%	
	400%	
	放大 (I)	PgUp
	缩小 (O)	PgDn
	缩放最后显示页面 (Z)	
	中心定位显示 (N)	Home
	更新 (R)	End

图 2-24　【查看】菜单中用于视图操作的菜单命令

◇　【选定的对象】菜单命令：用鼠标选中一个对象，然后选择此菜单命令，这样所有的对象将以该对象为中心，以合适的大小显示出来。

◇　【指定点周围区域】菜单命令：选择此菜单命令后用鼠标单击编辑区域的某一处，然后拖动鼠标，将以单击处为中心拖出一个矩形。矩形框中的对象将被选中，并以最大化的形式在编辑窗口中显示出来。

◇　【放大】菜单命令：选择此菜单命令，将以当前鼠标所处的位置为圆心放大整个原理图。

◇　【缩小】菜单命令：选择此菜单命令，将以当前鼠标所处的位置为圆心缩小整个原理图。

◇　【中心定位显示】菜单命令：重新定位视图的中心，即保持显示的比例不变，显示以鼠标所在的点为中心的区域内的对象。

◇　【更新】菜单命令：刷新工作窗口。

【实例 2-4】原理图的放大与缩小。

下面以 Reference Designs/4 Port Serial Interface/4 Port UART and Line Drivers.SchDoc 原理图为例来讲解原理图的放大与缩小。

（1）执行【文件】/【打开】菜单命令，在打开的对话框中依次选择 Examples/Reference Designs/4 Port Serial Interface/4 Port UART and Line Drivers.SchDoc，打开 4 Port UART and Line Drivers.SchDoc 原理图，如图 2-25 所示。

（2）执行【查看】/【放大】菜单命令，以当前鼠标所处的位置为圆心放大整个原理图，如图 2-26 所示。

（3）执行【查看】/【缩小】菜单命令，以当前鼠标所处的位置为圆心缩小整个原理图，如图 2-27 所示。

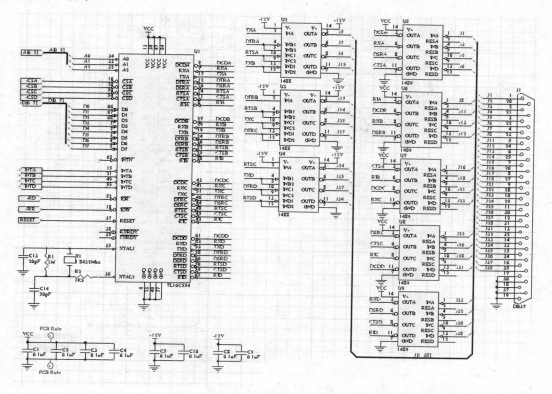

图 2-25　4 Port UART and Line Drivers.SchDoc 原理图

注：图中电容单位 uF 代表 μF，下同。

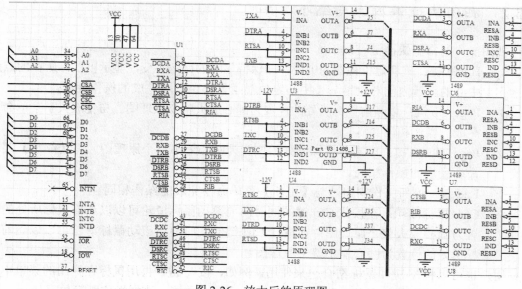

图 2-26　放大后的原理图

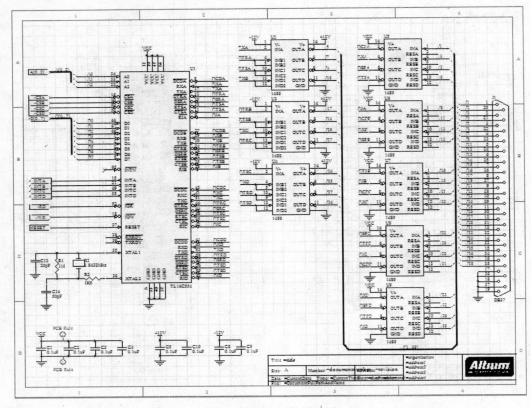

图 2-27　缩小后的原理图

注：图中电阻单位 M 代表 MΩ，下同。

2.3.2　利用快捷键放大与缩小

视图操作的常用快捷键有以下 5 个。

- ❖　Home 键：重新定位视图的中心，即保持显示的比例不变，显示以鼠标所在的点为中心的区域内的对象。与【中心定位显示】菜单命令完成的操作相同。
- ❖　Page Up 键：以当前鼠标所处的位置为圆心放大整个原理图。与【放大】菜单命令完成的操作相同。
- ❖　Page Down 键：以当前鼠标所处的位置为圆心缩小整个原理图。与【缩小】菜单命令完成的操作相同。
- ❖　End 键：刷新工作窗口。与【更新】菜单命令完成的操作相同。
- ❖　Ctrl+鼠标滚轮：在按住 Ctrl 键的同时向前滚动鼠标滑轮可以以当前鼠标所处的位置为圆心放大整个原理图；在按住 Ctrl 键的同时向后滚动鼠标滑轮可以以当前鼠标所处的位置为圆心缩小整个原理图。

用户也可以将 V 键和鼠标结合起来使用。例如，按 V 键，再用鼠标在弹出的菜单中选择【显示整个文档】菜单命令，即可最大化地显示整个文档，这样操作既简单又快捷。

2.3.3　图纸区域网格定义

网格是 PCB 设计中的一个基本概念，它的存在为元器件的放置、电路的连线等设计工作带来了极大的方便。如果没有网格，元器件之间的排列和对齐就会很不方便，工作效率也会降低。

用户可以通过各种菜单命令来完成网格的设置以及其他操作。选择【查看】/【网格】菜单命令，即可弹出用于网格设置的各个命令，如图 2-28 所示。

图 2-28　网格设置菜单命令

◇ 【切换捕获网格】菜单命令：选择该菜单命令可以进行捕获网格的切换，默认可以在 1mil、5mil 和 10mil 之间进行切换。通常采用按 G 键的方式来完成此功能，这样在设计时可以方便快速地进行捕获节点的改动，用户可以在状态栏中观察到这一变化。

◇ 【切换捕获网格（反转）】菜单命令：选择该菜单命令可以进行捕获网格的切换，默认可以在 10mil、5mil 和 1mil 之间进行切换。通常采用按 Shift+G 快捷键的方式来完成此功能，这样在设计时可以方便快速地进行捕获节点的改动，用户可以在状态栏中观察到这一变化。

◇ 【切换可视网格】菜单命令：选择该菜单命令，用户不用打开图纸设置对话框即可在可视节点的显示与隐藏之间进行切换。而使用 Shift+Ctrl+G 快捷键则可使这种切换更加方便。

◇ 【切换电气网格】菜单命令：选择该菜单命令可以激活或者禁止电气格点，而通过按 Shift+E 快捷键可快速地完成该操作。

2.4　图件的复制、裁剪、粘贴

Protel DXP 的复制、裁剪与粘贴操作主要是通过【编辑】菜单中对应的菜单命令完成的，其操作方法与 Word 文档的复制、裁剪与粘贴操作基本相同。

选择【编辑】菜单，将会看到如图 2-29 所示的菜单命令。

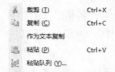

图 2-29　【编辑】菜单中的部分命令

2.4.1 图件的复制、粘贴

（1）【复制】菜单命令

该菜单命令主要用于对象的复制操作，将当前文档中选中的对象复制到剪贴板。首先选中要进行复制操作的对象，然后选择该菜单命令。用户也可以通过按 Ctrl+C 快捷键、Ctrl+Insert 快捷键或者单击工具栏上的 按钮来完成复制操作。

（2）【粘贴】菜单命令

完成对象的复制操作后，选择该菜单命令，鼠标将变成十字形状，移动鼠标到工作窗口的合适位置，然后单击鼠标左键即可完成对象的粘贴操作。用户也可以通过按 Ctrl+V 快捷键、Shift+Insert 快捷键或者单击工具栏上的 按钮来完成对象的粘贴操作。

【实例 2-5】电容的复制与粘贴。

（1）选中电阻图件，然后按 Ctrl+C 快捷键，完成电阻的复制工作。

（2）按 Ctrl+V 快捷键，鼠标将变成十字形状，如图 2-30 所示。移动鼠标到工作窗口的合适位置，然后单击鼠标左键即可完成对象的粘贴操作，如图 2-31 所示。

　　　图 2-30　鼠标将变成十字形状　　　　　　　图 2-31　粘贴操作完成

注：图中电阻单位 K 代表 kΩ，下同。

2.4.2 图件的阵列粘贴

在原理图中很多元件会重复使用，如电容和电阻等，它们的属性大致相同，为了简化重复操作，Protel DXP 提供了阵列粘贴的方法，阵列粘贴能够将一个或多个元件一次性地按照指定间距复制。

选中需要阵列粘贴的单个或多个元件，通过【复制】命令，将其复制到剪贴板中，选择【编辑】/【粘贴队列】菜单命令，会弹出如图 2-32 所示的【设定粘贴队列】对话框。

在【放置变量】区域中的【项目数】文本框中设置需要重复粘贴的次数，然后设置阵列粘贴元件标号的【主增量】和【次增量】，【主增量】为元件"标识符"的数字递增量，【次增量】为引脚"显示名称"的数字递增量，主要用于原理图库编辑操作中。增量也可以选择复制，默认值是 1。

在【间隔】区域设置阵列元件的排放位置，【水平】文本框用于设置相邻两个元件在水平方向上的增量，

图 2-32　【设定粘贴队列】对话框

【垂直】文本框用于设置相邻两个元件在垂直方向上的偏移量。

【实例 2-6】 电阻图件的阵列粘贴。

（1）选中电阻 R1，如图 2-33 所示，单击 按钮，打开【设定粘贴队列】对话框，设置【项目数】为 6，【水平】偏移量为 40，【垂直】偏移量为 0，其他使用默认值。

（2）单击 确认 按钮，在适当的位置单击鼠标左键，阵列粘贴后的元件如图 2-34 所示。

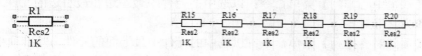

图 2-33　复制元件   图 2-34　阵列粘贴后的元件

2.4.3　图件的裁剪与粘贴

（1）【裁剪】菜单命令

首先选中要进行裁剪操作的对象，然后选择该菜单命令，即可将选中的对象裁剪到剪贴板。用户也可以通过按 Ctrl+X 快捷键、Shift+Delete 快捷键或者单击工具栏上的 按钮来完成对象的裁剪操作。

（2）【粘贴】菜单命令

完成对象的裁剪操作后，选择该菜单命令，鼠标将变成十字形状，移动鼠标到工作窗口的合适位置，然后单击鼠标左键即可完成对象的粘贴操作。用户也可以通过按 Ctrl+V 快捷键、Shift+Insert 快捷键或者单击工具栏上的 按钮来完成对象的粘贴操作。

2.5　元器件的排列与对齐

初步完成放置操作的原理图，各种元件的摆放往往不是很整齐，这样整个原理图画面就显得不够美观大方。为此 Protel DXP 提供了元器件的对象排列命令，简化了完全通过手工调整元器件的复杂操作。Protel DXP 元器件的对象排列命令主要集中在【编辑】/【排列】菜单中，如图 2-35 所示。

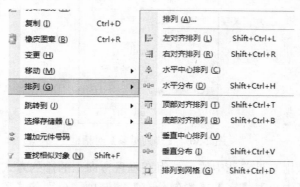

图 2-35　【排列】菜单命令

2.5.1　元器件的对齐

✧ 【左对齐排列】菜单命令：以选中的元件中最左边的元件为基准对齐。

✧ 【右对齐排列】菜单命令：以选中的元件中最右边的元件为基准对齐。

✧ 【水平中心排列】菜单命令：以选中的元件中最左边和最右边的元件之间的中心线为基准对齐。

✧ 【顶部对齐排列】菜单命令：以选中的元件中最上面的元件为基准顶部对齐。

✧ 【底部对齐排列】菜单命令：以选中的元件中最下面的元件为基准底部对齐。

✧ 【垂直中心排列】菜单命令：以选中的元件中最上面的元件和最下面的元件之间的中心线为基准对齐。

✧ 【排列到网格】菜单命令：将选中的元件对齐到网格点上，这样便于电路连接。

2.5.2　元器件的均匀分布

✧ 【水平分布】菜单命令：以最左边和最右边的元件为左右边界，选中的元件在此范围内水平方向上均匀分布。

✧ 【垂直分布】菜单命令：以最上边和最下边的元件为上下边界，选中的元件在此范围内垂直方向上均匀分布。

2.5.3　同时执行两个方向的排列控制

选择【编辑】/【排列】/【排列】菜单命令，弹出如图 2-36 所示的【排列对象】对话框。在该对话框中，【水平调整】区域用来设置选中的元件组在水平方向上的排列方式，可以选择【无变化】，即保持原状，不进行排列，也可以选择【左】、【中心】、【右】、【均匀分布】等选项，分别与【左对齐排列】、【水平中心排列】、【右对齐排列】、【水平分布】等菜单命令功能相同。

图 2-36　【排列对象】对话框

【垂直调整】区域用来设置选中的元件组在垂直方向上的排列方式，可以选择【无变化】，也可以选择【顶】、【中心】、【底】、【均匀分布】等选项，分别与【顶部对齐排列】、【垂直中心排列】、【底部对齐排列】、【垂直分布】等菜单命令功能相同。

选中【移动图元到网格】复选框，将选中的元件对齐到网格点上，与【排列到网格】菜单命令的功能相同。

【实例 2-7】多个电容图件的排列。

（1）选中需要对齐的元件，如图 2-37 所示。

（2）选择【编辑】/【排列】/【左对齐排列】菜单命令，排列后如图 2-38 所示。

（3）选择【编辑】/【排列】/【顶部对齐排列】菜单命令，排列后如图 2-39 所示。

（4）选择【编辑】/【排列】/【水平分布】菜单命令，排列后如图 2-40 所示。

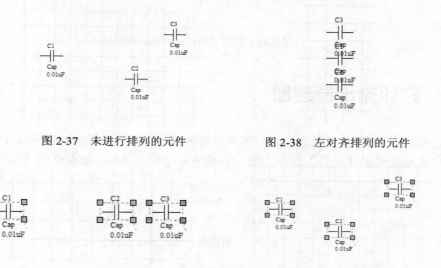

图 2-37　未进行排列的元件　　　　　图 2-38　左对齐排列的元件

图 2-39　顶部对齐排列的元件　　　　　图 2-40　水平分布的元件

2.6　图形工具栏

为了便于文档的分类整理和方便分析阅读，可以使用绘图工具在原理图上添加标注、说明、绘制标题栏等，在标题栏中填写图名、绘图人、公司等各种信息。绘图工具没有电气特性，不会改变原本绘制的原理图的电气连接关系等。

Protel DXP 提供了多种绘图工具，管理这些绘图工具可以通过选择【放置】/【描图工具】菜单命令，或者使用图形工具进行操作，如图 2-41 所示。

图 2-41　图形工具

【实例 2-8】图形工具栏的使用。

（1）在如图 2-41 所示的图形工具栏中单击选择第一个工具——直线工具。

（2）移动鼠标到需要放置直线的地方，然后单击鼠标左键确定直线的起点。在绘制波形时按 Space 键进行放置模式的切换，切换到任意角度模式，然后经过多次单击确定多个固定点便可以完成三角波形的绘制。

（3）完成绘制后，单击鼠标右键即可退出当前直线的绘制，如图 2-42 所示。

图 2-42　利用图形工具绘制好的折线

2.7　打印输出原理图

在完成了 PCB 文件的设计后，用户可对 PCB 文件进行打印输出操作。PCB 的打印输出操作主要是通过【文件】菜单中的一些菜单命令来完成的，如图 2-43 所示。

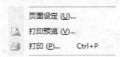

图 2-43　与打印输出相关的菜单命令

◇　【页面设定】菜单命令：进行页面设置。
◇　【打印预览】菜单命令：将要打印的 PCB 图进行打印效果预览。
◇　【打印】菜单命令：开始打印。

2.7.1　页面设置

选择【文件】/【页面设定】菜单命令，将会弹出如图 2-44 所示的对话框，可以在此对话框中设置打印页面的相关属性。

图 2-44　原理图打印属性对话框

（1）【打印纸】区域

❖ 尺寸：设置打印纸大小。

❖ 纵向：打印纸纵向竖直放置。

❖ 横向：打印纸横向水平放置。

（2）【缩放比例】区域

❖ 刻度模式：设置打印缩放比例模式。其中 Fit Document On Page 选项可以把整个
电路原理图打印到一张纸上；Scaled Print 选项可以按用户设定的打印比例打印。

❖ 刻度：设置打印比例。

（3）【修正】区域

❖ X：水平方向打印比例设置。

❖ Y：竖直方向打印比例设置。

（4）【余白】区域

❖ 水平：打印纸水平方向页边距设置。

❖ 垂直：打印纸竖直方向页边距设置。

❖ 中心：选中该复选框，则原理图始终处于打印纸中心。

（5）【彩色组】区域

设置打印颜色模式，包括单色、彩色、灰色 3 种模式。

各项属性设置完成后，单击【预览】按钮可以对要打印的图形进行预览。

2.7.2　打印原理图

选择【文件】/【打印】菜单命令，将弹出如图 2-45 所示的对话框，在此可以对打印机
进行相应属性的设置。

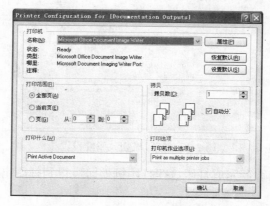

图 2-45　打印参数对话框

❖ 名称：可选择打印机、设定打印机的尺寸等。

❖ 属性：对打印机进行高级设置。

❖ 打印范围：用来选择打印范围。

❖ 拷贝：用于设置打印份数。

◆ 打印什么：用于设定打印对象。

◆ 打印选项：可以设置单任务打印还是多任务打印。

【实例 2-9】 打印输出原理图。

下面以打印一张尺寸为 A4、横向打印的原理图为例，介绍打印原理图的步骤。

（1）打开文件 Example/Reference Designs/4 Port Serial Interface/ISA Bus and Address Decoding.SchDoc，以此原理图的打印为例讲解电路原理图的打印输出。

（2）执行【文件】/【页面设定】菜单命令，将会弹出原理图打印属性设置对话框，在此对话框中设置打印页面的相关属性，如图 2-46 所示。

图 2-46　打印页面的属性设置

（3）执行【文件】/【打印】菜单命令，将弹出如图 2-47 所示的对话框，对打印机进行相应属性的设置。

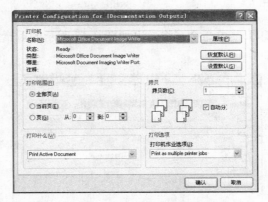

图 2-47　打印机相关属性设置

（4）单击 确认 按钮，完成打印，在打印机处即可得到打印出的尺寸为 A4、横向打印的原理图。

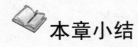本章小结

对比 Protel 99SE 以及以前的各个版本，Protel DXP 在界面上增加了面板管理这一功能。

在 Protel DXP 中包含了很多面板，如果用户能对这些面板进行熟练的操作，势必会有事半功倍的效果。

　　原理图的设计是整个电路设计的基础，生成正确无误的电路图是对原理图设计的基本要求。在进行电路设计的过程中，用户首先应该将电路的功能以及原理图的形式绘制在图纸编辑区域，然后通过软件的各种检查以及校验功能确保原理图电路电气特性的正确无误，同时通过原理图的编辑功能增强电路图的可读性，以确保原理图设计的美观大方。

思考与练习

　　1．简述导航器的基本功能。

　　2．简述【元件库】面板的打开方法，并亲自动手练习。

　　3．什么是网格？如何切换捕获网格？

第 3 章　原理图绘制

电路原理图是整个电路设计的核心所在，诠释了电路设计人员的设计理念。本章主要介绍了 Protel DXP 中电路原理图的设计步骤，以及绘制原理图的各种相关操作，包括组件库的加载与删除、原件的放置、原理图的布线、绘图、编辑与调整等。本章将通过具体的电路原理图绘制实例，尽可能详细地演示原理图的绘制过程。原理图的绘制是 PCB 设计的基础。

3.1　原理图的设计步骤

电路原理图的设计是 EDA 设计的基础，是整个电路设计的基础，它决定了后续工作的进展。只有在设计好原理图的基础上才能进行 PCB 的设计和电路的仿真等。原理图设计的流程如图 3-1 所示。

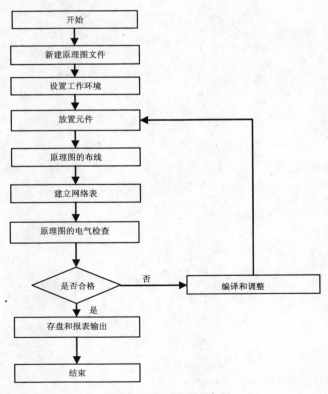

图 3-1　原理图设计流程

启动 Protel DXP 后原理图的具体设计步骤如下所述。

（1）新建原理图文件

必须首先启动电路原理图编辑器才能进行绘图工作。具体方法是首先进入 Protel DXP 设计系统界面，然后通过新建或者打开一个原有的原理图文档（*.SchDoc 或者*.sch）启动相应的原理图编辑器就可以开始原理图的绘制与编辑工作了。

（2）设置工作环境

工作环境的大多数参数都可以采用系统默认值，图纸则需要根据实际设计情况来设置大小。设置图纸的过程实际上是一个建立工作平面的过程，图纸的大小、方向和标题栏等都可以根据用户的需要进行设置。实际上在电路设计的整个过程中，图纸的大小都可以不断地调整，所以设计人员在这时不需要过于认真地考虑图纸的大小。

（3）放置元器件

在这个阶段，应该根据实际电路的需要，将原件从组件库中取出并放到图纸上；对所放置的组件的标示、封装等进行定义和设置；然后，根据组件之间的布线等联系对组件在工作平面上的位置进行调整和修改，使得原理图美观、清晰而且易懂。

（4）原理图的布线

根据实际电路设计的需要，利用原理图编辑器提供的各种工具、指令进行相关布线，将原理图编辑区域的元器件用具有电气意义的导线、符号进行连接，构成一幅完整的电路原理图。

（5）建立网络表

在完成上述步骤以后，可以看到一张完整的电路原理图，但是要完成 PCB 设计，还需要生成一个网络表文件。网络表是 PCB 和电路原理图之间的重要桥梁和纽带，但是在 Protel DXP 中无须设计人员生成网络表就能进行 PCB 的绘制，这里进行介绍是为了读者能更好地了解和应用这个软件。

（6）原理图的电气检查

当完成原理图的布线以后，设计人员并不能保证所绘制的原理图是正确无误的。所以需要设置项目选项来编译当前的项目，并利用 Protel DXP 提供的检查报告来对原理图进行进一步的修改。当然，这里 Protel DXP 只能进行最基础的规则检查。

（7）编译和调整

如果原理图已经通过电气检查，那么这个步骤就不需要了。如果没有通过电气检查，则需要进一步的修改。一般来说，尤其是对比较大的工程而言，通常需要多次的修改与调整才能通过电气检查。

（8）保存和报表输出

Protel DXP 提供了多种报表生成工具来生成多种报表，如网络表、组件清单等，与此同时还可以对原理图和各种报表进行保存和输出打印，为后面的 PCB 设计做好准备。

3.2　新建工程和原理图

在 Protel DXP 系统中，所有的设计文件采用软件工程中的项目管理方式，在这种管理方式中，设计文件是分散开来的，甚至设计文件可以放置在不同的目录下。在项目中，建立了与该设计有关的各种文档的设计连接关系，并保存了与之有关的设置。

使用 Protel DXP 进行设计之前，应该先建立一个项目，然后在该项目中建立各种设计相关文件，或者添加已经存在的设计文件。项目的类型有很多种，如 PCB 项目、FPGA 项目、嵌入式软件项目等，这些项目的建立方法都是相同的。下面就用一个实例具体地讲解新建工程和原理图的步骤。

【实例 3-1】建立电源电路原理图。

下面结合实例介绍建立电源电路原理图的一些常见的方法，读者可以根据自己的使用习惯与喜好，结合具体的需求选择适当的方法。

1．创建 PCB 项目文件

创建 PCB 项目文件的方法有以下 3 种。

方法 1：启动 Protel DXP 后，选择【文件】/【创建】/【项目】/【PCB 项目】菜单命令，如图 3-2 所示。

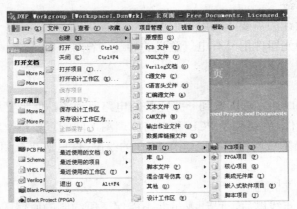

图 3-2　PCB 项目的建立

方法 2：在主页面标签页下的 Pick a Task 任务项中选择 Printed Circuit Board Design 选项，如图 3-3 所示，在弹出的 Printed Circuit Board Design 标签页中，有相关 PCB 项目的多种文档，在 PCB Projects 区域中选择 New Blank PCB Project 选项，如图 3-4 所示。

图 3-3　Printed Circuit Board Design　　　　图 3-4　New Blank PCB Project

方法 3：在 Files 面板中的【新建】区域中选择 Blank Project（PCB）（空白的 PCB 工程）选项，如图 3-5 所示。

无论采用上述哪一种方法，系统都会自动地添加一个新的项目文件，在 Projects 面板中显示的默认项目名称为 PCB_Project1.PrjPCB，并且在该项目中列出 No Documents Added，表示在该项目中没有添加任何的文件，如图 3-6 所示。

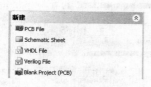

图 3-5　新建项目

图 3-6　Projects 面板

注意: 打开 Protel DXP 后,如果未显示 Files 面板,单击右下角的 System,然后选择 Files 即可。

2．保存 PCB 项目文件

(1)执行【文件】/【保存项目】菜单命令,则会弹出 Save[PCB_Project1.PrjPCB]AS 对话框,如图 3-7 所示。

图 3-7　保存 PCB 工程对话框

(2)在该对话框中选择存放文件的路径,默认为安装路径 Altium 2004 文件夹下的 Examples 文件夹中,在【文件名】下拉列表框中输入新的文件名,然后单击 保存⑤ 按钮,将新建的项目重新命名为 MyDesign.PrjPCB。

注意: 建议这里新建一个项目文件夹并将项目保存在新建的文件夹中,这样便于对项目的管理。由于这里是一个演示,所以没有保存在新建的文件夹中。

3．原理图文件的创建

新创建的 PCB 项目中是没有添加任何文件的,接下来要介绍的是在项目中创建一个新的原理图文件。

新原理图文件的创建方法有以下 3 种。

方法 1:在新建的 PCB 项目下,选择【文件】/【创建】/【原理图】菜单命令,如图 3-8 所示。

方法 2:在 Projects 面板中单击鼠标右键,在弹出的快捷菜单中选择【追加新文件到项目中】/Schematic 菜单命令,如图 3-9 所示。

方法 3:在 Files 面板中的【新建】区域中选择 Schematic Sheet(原理图文件)选项,如图 3-10 所示。

图 3-8　原理图创建方式 1

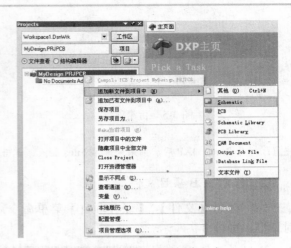

图 3-9　原理图创建方式 2

图 3-10　原理图创建方式 3

4．保存原理图文件

（1）选择【文件】/【保存项目】菜单命令，在弹出对话框的【文件名】下拉列表框中输入新的文件名"电源电路"。

（2）单击 保存(S) 按钮，即可将新创建的原理图文件重新命名并保存，如图 3-11 所示。

图 3-11　原理图重命名后的 Projects 面板

3.3　设置原理图选项

在 3.2 节中成功地创建了一个 PCB 工程，并建立了原理图绘制文件。但这仅是一个开始，在本节中将介绍如何设置原理图编辑环境，让读者能更好地应用 Protel DXP 来为我们工作。Protel DXP 提供了一个简单实用的设计环境，用户可以通过设置文档选项来设置绘制原理图所用图纸的参数，也可以改变原理图的绘图效果。

3.3.1　定义图纸外观

对于图纸的设置，这里有两种方式可以选择：

◇ 选择【设计】/【文档选项】菜单命令。

◇ 在编辑窗口内单击鼠标右键，在弹出的快捷菜单中选择【选项】/【文档选项】菜单命令。

这两种做法的作用是一样的，系统都会弹出【文档选项】对话框，如图 3-12 所示。

图 3-12　【文档选项】对话框

1．设置图纸的大小

在进入电路原理图编辑环境时，Protel DXP 系统会自动给出图纸默认的相关参数。但是在大多数情况下，这些默认的参数都不能满足设计者的要求，尤其是图纸尺寸的大小。图纸的大小是在整个原理图设计过程中都可以调节的，用合适的图纸来绘制原理图，可以使显示和打印出来的设计图纸都相当清楚，而且也比较节省存储的空间，避免浪费。

（1）选择标准图纸

在图 3-12 所示对话框的【图纸选项】标签页的【标准风格】区域中设置标准图纸。Protel DXP 提供了十几种在实际生活中广泛应用的公制及英制标准图纸尺寸，如图 3-13 所示。

◇ 公制：A0、A1、A2、A3、A4。

◇ 英制：A、B、C、D、E。

◇ OrCAD 标准：OrCAD A、OrCAD B、OrCAD C、OrCAD D、OrCAD E。

◇ 其他：Letter、Legal、Tabloid。

（2）自定义纸张

如果想自定义纸张的大小，可以通过设置【自定义风格】区域中的选项实现。首先选中【使用自定义风格】复选框激活该区域，各项参数的设置如图 3-14 所示。

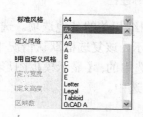

图 3-13　【标准风格】区域

图 3-14　【自定义风格】区域

使用自定义风格，可以根据设计人员的需要来定义图纸的大小，在【自定义宽度】文本框中设置图纸的宽度，单位为千分之一英寸（mil），在【自定义高度】文本框中设置自定义图纸的高度，单位也是千分之一英寸（mil），在【X区域数】文本框中设置X轴参考坐标分割，在【Y区域数】文本框中设置Y轴参考坐标分割，在【边沿宽度】文本框中设置边框的宽度。

在这里大部分设计者一般只需要定义图纸的大小即可。

当根据自己的需要修改好参数以后，单击【确认】按钮，就可以按照设定的需要修改图纸的大小了。

2．设置图纸方向、标题栏和颜色

在图3-12所示对话框的【图纸选项】标签页中，【选项】区域是用来设置图纸的方向、颜色、标题栏和边框的，如图3-15所示。

图3-15   【选项】区域

（1）设置图纸方向

图纸的方向可以通过【方向】下拉列表框来设置，包括Landscape（横向）和Portrait（纵向）两个选项。一般情况下，将绘图及显示设置为横向。

（2）设置图纸标题栏

系统提供了预先定义好的标题栏，Standard（标准型）和ANSI（美国国家标准协会型）两种。通常情况下选择Standard标题栏，选中【图纸明细表】复选框，则标题栏按照标准型在图纸中显示出来，如图3-16所示，与此同时，激活【图纸编号空间】文本框。

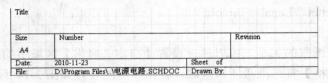

图3-16   Standard型图纸标题栏

在图3-15所示的【选项】区域中，还包含着与图纸相关的其他选项。选中【显示参考区】复选框，在图纸的周围显示参考坐标，否则不显示，该复选框默认情况下是被选中的；【显示边界】复选框是用来显示图纸边框的，默认是选中的；【显示模板图形】复选框是用来显示模板上的图形、文字及专用字符串等，默认为选中。

（3）设置图纸颜色

图纸颜色的设置包括边框颜色和图纸底色的设置，其设置方法完全相同。

在图 3-15 中,【边缘色】栏是用来设置图纸边框颜色的, 一般默认设置颜色为黑色。在右边的颜色框中单击鼠标,系统弹出【选择颜色】对话框,如图 3-17 所示。用户可以在图 3-17 所示的【基本】标签页或者在图 3-18 所示的【标准】标签页中选取边框颜色。

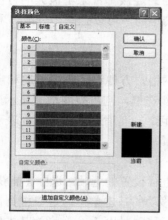 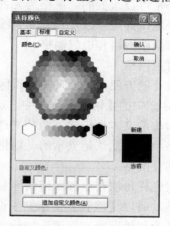

图 3-17 【基本】标签页   图 3-18 【标准】标签页

此外,用户同样可以选择【自定义】标签页,如图 3-19 所示,可以对【颜色模式】、【红】、【绿】、【蓝】等选项进行设置,调出属于自己的个性化颜色,然后单击【确认】按钮将调好的颜色加入【自定义颜色】栏中,作为边框颜色。

在图 3-15 中,【图纸颜色】栏为图纸的底色,默认的是白色。如果想修改图纸的底色,方法同修改边缘色相同,这里就不做详细介绍了。

3．设置系统字体

在原理图中,经常需要在图纸上插入汉字或者英文标注,用户可以对这些标注的字体进行修改。插入文字时,如果想修改字体,在图 3-12 中单击【改变系统字体】按钮,系统会弹出图 3-20 所示的【字体】对话框,在该对话框中可以设置系统的【字体】、【字形】、【大小】、【颜色】、【字符集】等选项,另外,还可以通过选中相应复选框,为文本添加删除线和下划线的效果。

   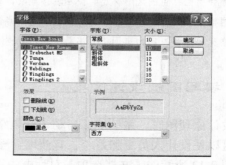

图 3-19 【自定义】标签页   图 3-20 【字体】对话框

4．网格设置

进入原理图编辑环境后，原理图工作区的图纸是网格形状的，这种网格称为可视网格，网格的大小是可以改变的。网格为元件的放置和线路的连接都带来了极大的方便，使设计者可以轻松地排列元件以及整齐的布线。根据性质的不同，可以把网格分成 3 种类型，即可视网格、捕获网格和电气网格。

（1）可视网格

为了设计的方便，在原理图编辑区设置了可视网格，方便设计时的布局和定位。

在图 3-12 中的【网格】区域中，选中【可视】复选框，则可视网格被显示出来，并且可以在其右边的文本框中输入数值来改变网格间的距离。取消选中此复选框表示在图纸上不显示网格。系统默认是显示的，网格间距为 10mil。

（2）捕获网格

这是对光标每次在原理图编辑区移动最小距离进行设置的选项。选中【捕获】复选框，表示光标移动时以【捕获】文本框中设置的值作为移动的基本单位，可以根据需要输入适当的数值作为移动距离。取消选中此复选框，则光标移动时以 1 个像素为基本单位。系统默认为选中该复选框，最小移动距离为 10mil。

说明： 如果将【捕获】和【可视】文本框设置为相同的数值，那么光标每次移动一个网格。如果将【捕获】数值设置为【可视】数值的一半，那么光标每次移动半个可视网格。这里读者可以自己试一试，修改完数值后移动光标，移动时不要用鼠标，用键盘上的上下左右键来移动效果比较明显。

（3）电气网格

为了确保电气连接的有效性，绘制原理图时最好启用电气网格，当然这里系统默认是启动的。在【电气网格】区域中选中【有效】复选框则激活电气节点捕获功能，在绘制导线时，系统会以光标所在位置为中心，以【网格范围】文本框中设置的数值为半径，在周围搜索电气节点。如果在搜索半径范围内有电气节点，光标会自动捕捉到该点上来确保电气信号的有效连接。如果未选中【有效】复选框，则不能自动搜索电气节点。

说明： 设置电气节点可以精确地确保电气特性连接的准确性。放置元件时，只要元件的某一个电气节点出现在捕获范围内，电气节点就会产生一种对该节点的一种引力来自动完成电气连接，此时在连接的地方会产生红色的叉形标志，提示连接成功。这里需要注意的是，电气节点的大小应当比当前的捕获网格小，只有这样才能准确地捕获电气节点。各种格点的单位一般都是采用英制单位，这样操作起来比较方便，因为市面上大多数元件的符号模型或者封装模型都采用英制单位的。

3.3.2　填写图纸设计信息

在设计原理图时，系统能够自动记录电路原理图的设计信息，并且可以更新记录，这项功能可以使设计人员更加系统、有效地管理原理图。

在图 3-12 所示的【文档选项】对话框中，选择【参数】标签页，即可进入图纸设计信息的参数设置对话框，如图 3-21 所示。

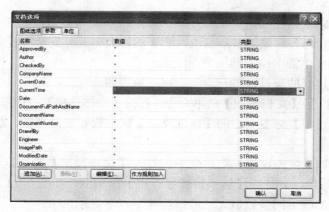

图 3-21　【参数】标签页

在该对话框中，记录了原理图的设计信息，【名称】列表中列出了相关信息的名称，其含义如下。

✧　Address1、Address2、Address3、Address4：图纸设计者或者公司地址。

✧　ApprovedBy：项目设计负责人。

✧　Author：图纸设计者。

✧　CheckedBy：图纸校对者。

✧　CompanyName：公司名称。

✧　CurrentDate：当前日期。

✧　CurrentTime：当前时间。

✧　Date：设置日期。

✧　DocumentFullPathAndName：设计项目文件名和完整路径。

✧　DocumentName：文件名。

✧　DocumentNumber：文件编号。

✧　DrawnBy：图纸绘制者。

✧　Engineer：设计工程师。

✧　ImagePath：摄像路径。

✧　ModifiedDate：修改日期。

✧　Organization：设计机构名称。

✧　Revision：设计图纸版本号。

✧　Rule：设计规则。

✧　SheetNumber：电路原理图编号。

✧　SheetTotal：整个电路项目中原理图总数。

✧　Time：设置时间。

✧　Title：原理图标题。

双击参数或选中参数后，单击 编辑(E) 按钮，弹出相应的参数属性对话框，可以修改各个设定值。这里的参数选项都是对应着特殊字符串，参数设置后需用相应的特殊字符串来表示修改的结果。

下面以一个实例来演示如何定义原理图的图纸，以及具体参数如何与特殊字符串相结合。这里只是讲解一部分常用的参数修改，剩下的修改方式是完全一样的。

【实例 3-2】 定义电源电路原理图的图纸。

（1）打开之前建好的项目，打开电源电路的原理图。

（2）选择【设计】/【文档选项】菜单命令，打开【文档选项】对话框，如图 3-12 所示。

（3）在【图纸选项】标签页中的【标准风格】区域设置标准图纸，这里选择 A4 纸型，其他选项都保持不变。

（4）选择 DXP/【优先设定】菜单命令，打开【优先设定】对话框，选择 Schematic/Graphical Editing 选项，并选中【转换特殊字符串】复选框，如图 3-22 所示。这里必须先修改该选项，否则修改后的参数值无法通过特殊字符串显示出来。

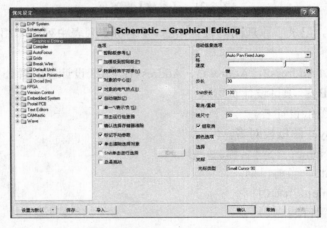

图 3-22 【优先设定】对话框

（5）修改【参数】标签页中的参数数值，将 Title 修改为"电源电路"，如图 3-23 所示。

修改完成以后单击【确认】按钮，发现原理图没有任何变化，那么修改的参数去哪儿了呢？下面解释这个问题。首先，选择【放置】/【文本字符串】命令，在鼠标移动过程中按 Tab 键，弹出【注释】对话框，在【文本】下拉列表框中选择"=Title"，如图 3-24 所示。

图 3-23 修改后的【参数】标签页

图 3-24 【注释】对话框

单击【确认】按钮后就会发现字符串发生了改变，变成了　电源电路，然后就可以将其放到图纸明细表的相应位置了。

到这里读者应该明白参数数值与特殊字符串之间的关系了，其他参数也是如此，这里就不多做介绍了。

3.4　加载元件库

在设计原理图的过程中，需要绘制多种元件符号。Protel DXP 系统将大量的元器件已经绘制成元件符号，分别存放在不同的文件中，这些专用于存放元器件的文件就是元件库，设计者可以直接从中调用自己所需要的元器件，从而简化设计过程，提高设计效率。

Protel DXP 设计系统涵盖了众多生产商的元器件，数量庞大，种类繁多，为了方便管理，一般按照生产厂商及其类别功能的不同，分别存放在不同的文件中。先以元器件的生产厂商分类，在每一类中又根据元器件的功能进一步划分，便于查找及加载使用。

在放置元器件之前，必须先加载该元器件所在的元件库，即将其载入内存中，然后才能将相应的元器件符号放置到原理图中。一般来说，设计过程中用到的大多数元件库需要自行加载，但是如果载入的元件库过多，将会占用较多的系统资源，降低应用程序的执行效率。所以通常只载入必要和常用的元件库，其他特殊的元件库在需要时再加载，而不需要时及时卸载。

1．加载元件库

如果设计人员对元件库十分熟悉，可以直接加载此元件库。

单击【元件库】面板上部的　元件库...　按钮，弹出如图 3-25 所示的【可用元件库】对话框，用来加载或者卸载元件库。对话框中显示的元件库是当前原理图编辑器中已经加载的元件库文件。

图 3-25　【可用元件库】对话框

在图 3-25 所示的对话框中有 3 个标签页，【项目】标签页下是设计者为当前项目建立的自定义元件库列表，【安装】标签页下是系统提供的已经加载的元件库列表，在【查找路径】标签页下可以搜索元器件。

单击对话框中【安装】标签页下的 安装(I) 按钮，弹出【打开】对话框，如图 3-26 所示。

图 3-26 【打开】对话框

在【打开】对话框中，可以看到很多的元器件厂商，从中选择需要的元件库。例如，双击打开元器件厂商 Philips 文件夹，然后选中 Philips 文件夹中的元件库 Philips Microcontroller 8-Bit.IntLib，单击【打开】按钮，即可完成元件库 Philips Microcontroller 8-Bit.IntLib 的加载操作，此时【可用元件库】对话框的元件库列表中增加了刚刚加载的元件库文件，如图 3-27 所示。

图 3-27 加载后的【可用元件库】对话框

新加载的元件库位于元件库列表的末位，如果想要改变排列顺序，单击【向上移动】按钮，可向上移动一位。其他元件库也可在选中之后，单击【向上移动】按钮或者【向下移动】按钮重新排列次序。

2．卸载元件库

如果需要卸载某个已经加载的元件库，只需要在【可用元件库】对话框中选中该元件库，然后单击【删除】按钮即可。

3．搜索元件库

如果设计人员不知道元件所在的元件库，可以利用原理图编辑器提供的搜索功能查找元件所在的元件库，然后再加载此元件库。

单击【元件库】面板上的 Search... 按钮，如图 3-28 所示，将会弹出【元件库查找】对话框，如图 3-29 所示。

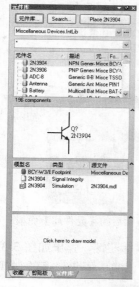

图 3-28 【元件库】面板　　　　　　　　图 3-29 【元件库查找】对话框

在【选项】区域设定查找的类型，在【查找类型】下拉列表框中有 Components（元器件）、Protel Footprints（PCB 封装）和 3D Models（3D）3 种模型，在这里需要查找的是元器件模型，选择 Components。

查找的路径可在【范围】区域内选择，有 3 个单选按钮，【可用元件库】单选按钮设定在已经加载的元件库中查找，【路径中的库】单选按钮设定在指定的路径中查找，【改进最后查询】单选按钮设定查询的名称如果未找到，可改进后查询。

选中【路径中的库】单选按钮后，激活【路径】区域，单击【路径】文本框右侧的 按钮，系统弹出如图 3-30 所示的【浏览文件夹】对话框，可以在树形图中选择搜索路径。如果同时选中【包含子目录】复选框，则指定路径下的子目录也会被搜索。搜索路径下的文件可以通过【文件屏蔽】下拉列表框输入文件匹配域，一般使用默认值"*.*"。

如果选中【清除现有查询】复选框，单击【清除】按钮，可清除上一次在文本框中输入的查找内容。

在文本框中输入需要查找的文件名称，设置好查找的属性，单击【查找】按钮，系统即开始查找，此时【元件库查找】对话框关闭，【元件库】面板上部的 Search... 按钮变成为 Stop 按钮，处于元器件搜索状态。搜索完成后，在【元件库】面板上显示搜索结果，并将找到的元器件名称列表显示出来，如图 3-31 所示。

此时就可以在原理图中直接放置此元件，但这时元件库并未调到内存当中，为了方便再次调用该元件，可以按照前面介绍的方法加载该元件所在的集成库，也可以使用下面介绍的更加快捷的加载方法。

图 3-30 【浏览文件夹】对话框　　　　图 3-31 搜索后的【元件库】面板

在元器件列表中，找到并选中所要放置的元件，双击鼠标左键，弹出如图 3-32 所示的 Confirm 对话框，询问是否加载元件库，单击【是】按钮，就完成了集成库的加载。

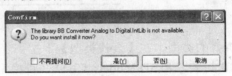

图 3-32 Confirm 对话框

利用搜索功能查找元件并加载元件库是十分方便有效的，但由于 Protel DXP 设计系统拥有涵盖众多厂商的元件库，所以利用搜索功能加载元件库一般需要花费很长的时间。

【实例 3-3】加载所需要的元件库。

本实例将以加载 MAXIM 公司的 MAX232ACPE 芯片所在的元件库为例，详细介绍加载元件库的步骤。

（1）单击屏幕右侧的【元件库】按钮，打开【元件库】面板，如图 3-28 所示。

（2）查找元件所在的元件库。单击【元件库】面板上的 Search... 按钮，弹出【元件库查找】对话框，如图 3-29 所示。在其中输入"MAX232ACPE"，单击 查找(S) 按钮，在【元件库】面板中将会自动查找。

（3）查找完毕后的【元件库】面板如图 3-33 所示，单击 Place MAX232ACPE 按钮，如果 MAX 232ACPE 所在的元件库没有被加载，将会弹出如图 3-34 所示的对话框。

（4）单击 是(Y) 按钮，MAX232ACPE 芯片所在的元件库将被加载，与此同时光标将会变为十字形状和 MAX232ACPE 的芯片，如图 3-35 所示，在合适的位置单击即可完成放置。

（5）添加元件库后，【可用元件库】对话框如图 3-36 所示，单击【关闭】按钮即可。元件库添加完毕后，在后续的原理图设计过程中，就可以从上述加载的元件库中选择所需要的其他元件。

图 3-33　查找完毕后的【元件库】面板

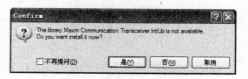

图 3-34　询问是否加载

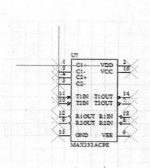

图 3-35　将要放置的 MAX232ACPE 芯片

图 3-36　【可用元件库】对话框

3.5　放置元器件

原理图的绘制过程中，需要完成的关键操作之一是如何将各种元器件的原理图符号进行合理放置。在 Protel DXP 系统中提供了两种放置元器件的方法，一种是使用【元件库】面板，另一种是利用菜单命令。

3.5.1　利用【元件库】面板放置元器件

通过前面的操作已经看到，【元件库】面板的功能非常全面、灵活，它可以完成对元器件的加载、卸载，以及对元器件的查找、浏览等。除此之外，使用【元件库】面板还可以快捷地进行元器件的放置。

【实例 3-4】使用【元件库】面板放置元器件。

（1）打开【元件库】面板，先在库文件下拉列表框中选择需要的元器件所在的元件库，之后在【元件名】列表框中选择需要的元器件。例如，选择元件库 Miscellaneous Devices. IntLib，在该库中选择元器件 Cap，此时【元件库】面板右上方的 Place Cap（放置）按钮被激活，如图 3-37 所示。

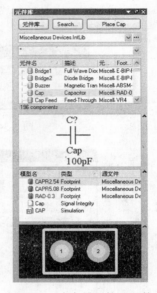

图 3-37　选中需要的元器件

（2）单击 Place Cap 按钮，或者直接双击选中的元器件 Cap，就可以在编辑窗口内进行该元器件的放置了。

3.5.2　利用菜单命令放置元器件

如果已经知道元器件的名称、来源，就可以直接使用菜单命令或工具栏进行放置。

【实例 3-5】使用菜单命令放置元器件。

（1）执行【放置】/【元件】菜单命令，或者单击工具栏中的 按钮，系统打开【放置元件】对话框，设计人员可以事先查看、设置需要放置元器件的来源、名称、标识符、封装等有关属性，例如，在【库参考】下拉列表框中输入物理名称"cap"，在【库路径】栏中即显示出该元器件所在的元器件库是 Miscellaneous Devices.IntLib，如图 3-38 所示。

（2）单击对话框中的 履历出 按钮，系统弹出【被放置元件记录】对话框，其中记录了已经放置过的所有元器件信息供用户查询，也可以直接选中某一个元器件进行放置，如图 3-39 所示。

（3）在对话框中对放置元器件进行了必要的设置以后，单击【确认】按钮，相应的原理图符号就会自动出现在原理图编辑窗口中，并随着光标移动，如图 3-40 所示。

图 3-38 【放置元件】对话框

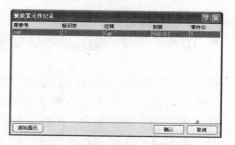

图 3-39 【被放置元件记录】对话框

图 3-40 放置元器件

（4）到达选定位置后，单击鼠标左键即可完成该元器件的一次放置，同时自动保持下一次相同元器件的放置状态。连续操作，可以放置多个相同的元器件，单击鼠标右键可退出。

说明：如果事先不知道需要放置元器件的准确名称，则可以先浏览选择后进行放置。只需单击图 3-38 中 按钮右面的 按钮，系统弹出【浏览元件库】对话框，如图 3-41 所示。在该对话框中，用户可以浏览系统当前可用的元器件库中所有的元器件的准确名称、原理图符号、各种模型及其形式等，从而选择需要的元器件。

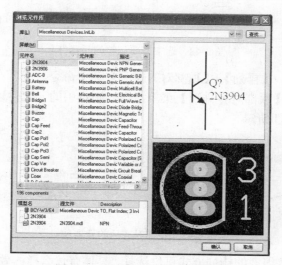

图 3-41 【浏览元件库】对话框

3.5.3 元器件的删除

元器件的删除只需要选中需要删除的元器件，然后按 Delete 键即可。这里介绍几种常用的选中元件的操作方法。

- ◇ 单击需要选择的元器件，这种方法最简单，但是在删除大量元件时显得有些浪费时间。
- ◇ 按住鼠标左键拖动鼠标可以选中一片区域的元件，选中一片区域的元件还有一种类似的方法，先单击工具栏中的 □ 按钮，光标变成十字形状，将需要删除的元器件包围在一个矩形框中，单击鼠标选择。
- ◇ 当需要删除的文件不在一起时显然上面的方法就不好用了，这时按住 Shift 键，将光标指向要选取的元器件，逐一单击就可以同时选中多个元器件。

3.5.4 元器件位置的调整

元器件在开始放置时，对其位置一般是大体估计的，并不太准确。在进行连线之前，需要根据原理图的整体布局，对元器件的位置进行一定的调整，这样便于连线，同时也会使所绘制的电路原理图清晰、美观。

元器件位置的调整主要包括对元器件的移动、元器件方向的设定、元器件的排列等操作。

【实例 3-6】调整元器件的位置。

图 3-42 所示是需要调整的元器件，使其在水平方向顶部对齐。

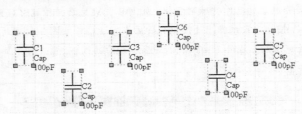

图 3-42 选中需要调整的元器件

（1）执行【编辑】/【排列】/【顶部对齐排列】菜单命令，或者在选中元器件后单击鼠标右键选择【排列】/【顶部对齐排列】菜单命令，则选中的元器件以最边上的元器件为基准顶部对齐，如图 3-43 所示。

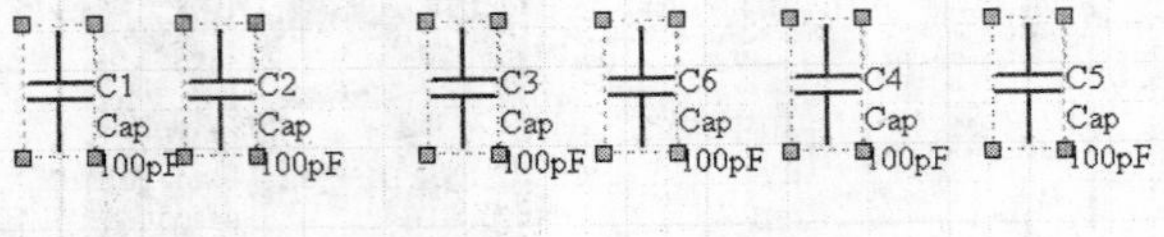

图 3-43 顶部对齐后的元器件

（2）在排列中还有很多的排列方式可供选择，具体有什么样的效果读者可以自己尝试。

3.5.5 编辑元器件属性

放置元器件后，元器件的序号、封装形式和引脚编号等都是系统默认给出的，并且有些默认值为空，必须根据原理图的设计要求修改元器件的属性。将光标指向元器件，双击鼠标左键，系统弹出【元件属性】对话框，如图 3-44 所示。

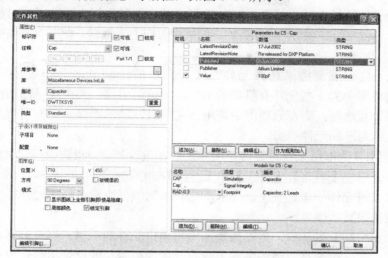

图 3-44　【元件属性】对话框

打开【元件属性】对话框有以下几种方法：

◇　双击放置好的元器件。

◇　移动光标指向要进行属性编辑的元器件上并单击鼠标右键，或者选中该元器件后单击鼠标右键，在弹出的快捷菜单中选择【属性】菜单命令。

◇　在放置元器件的过程中，按下 Tab 键。

这 3 种方法都能用于打开其他对象的属性对话框。

【元件属性】对话框包括【属性】区域、【子设计项目链接】区域、【图形】区域以及 Parameters 元件参数列表和 Models 元件模型列表。

【属性】区域用来设置元器件的基本属性。其中【标识符】文本框用来输入或者修改元器件的序号，如果选中其右边的【可视】复选框，则元件序号将在原理图中显示出来，否则在原理图中不显示元件序号。【注释】下拉列表框用来标出元件型号，对元件的相关信息进行说明，如果选中其右边的【可视】复选框，则元器件型号将在原理图中显示，否则在原理图中不显示元器件型号。下面 4 个按钮用来对由多个子部件组成的元件进行部件选择，Part1/1 表示此元件只含有一个部件，并且选择第一个部件。

【库参考】即元件在元件库中的名称，建议不要修改。【库】指出编辑的元件符号所属的集成库名称。在【描述】文本框中进一步说明元件的相关信息。对每个元件，系统随机给出对应该元器件在项目中的【唯一 ID】编号，并指出元件的【类型】。

【子设计项目链接】区域用来说明链接到当前原理图元件的子设计项目的名称和路径。

【图形】区域用来设置元器件的外形属性。其中【位置 X】用于定位元件在原理图中的 X 坐标，即元件参考点的横坐标，【位置 Y】用于定位元件在原理图中的 Y 坐标，即元件参考点的纵坐标。【方向】下拉列表框中提供了 4 个选项，用来旋转元件，设置元件的放置方向。选中【被镜像的】复选框，则元件将进行左右旋转（镜像）操作，否则不进行左右旋转（镜像）操作。

这里需要说明的是，选中元件和镜像设置还有更加快捷方便的操作方法，即在放置元件状态或者处于拖动状态时，按下 Space 键可以使元件以光标为中心，逆时针旋转，每按一次 Space 键旋转 90°。按下 Y 键是 Y 方向镜像，即上下翻转，按下 X 键是 X 方向镜像，即左右旋转。

【模式】下拉列表框用来选择元件在原理图中的绘制风格，一般采用默认设置为 Normal。在集成库中的一些元件有隐藏的引脚，如电源引脚，选中【显示图纸上全部引脚（即使是隐藏）】复选框，则在原理图中调用该元件时，显示隐藏的元件引脚，否则在原理图中将不会显示隐藏的元件引脚。

【局部颜色】复选框用来指定是否使用本地的颜色设置。如果选中该复选框，则在该复选框的下面将会出现【填充】、【直线】和【引脚】颜色选择框，如图 3-45 所示。单击相应的颜色框，可以对元件的填充颜色、边框颜色和引脚颜色进行个性化设计或突出显示某个元器件，一般使用默认颜色。

选中【锁定引脚】复选框，则在原理图中将锁定元件的引脚，即元器件的引脚不可以单独移动或者编辑，否则在原理图中将不锁定元件的引脚。建议使用默认设置，以免产生不必要的错误操作。

单击 编辑引脚⑪ 按钮，则可以打开【元件引脚编辑器】对话框，如图 3-46 所示，单击 编辑(E) 按钮可详细编辑该元件的引脚信息。

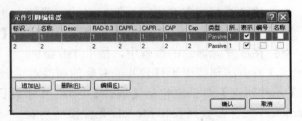

图 3-45　选中【局部颜色】复选框　　　　图 3-46　【元件引脚编辑器】对话框

不同的元器件，元件参数列表是不同的。Parameters 元件参数列表主要包括以下几个参数：Published 参数用来表示元件的发行日期，Publisher 参数用来表示元件符号的发行者，Revision 参数用来表示元件的发行版本，Datasheet 参数用来表示有关元件数据手册的最新版本发布日期，Package Reference 参数用来表示元件的 PCB 封装类型。对于不同的元件，还有 Value 等参数，用来表示阻容元件值等。

元件参数列表底部还有 4 个按钮，分别用来对元件的参数进行添加、删除、编辑和作为规则加入操作。

Models 元件模型列表一般包括以下 3 种类型，Simulation 类型表示该栏显示的是元件的仿真模型信息，Signal Integrity 类型表示该栏显示的是元件的信号完整性分析模型信息，Footprint 类型表示该栏显示的是元器件的 PCB 封装模型信息。

【实例 3-7】电源电路元器件的放置。

本实例将演示原理图绘制过程中元器件的放置过程，以电源电路的元器件放置过程来展示。电源电路如图 3-47 所示。

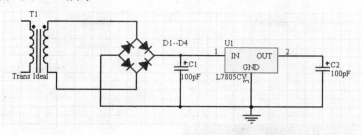

图 3-47 电源电路

首先分析需要放置的元器件。从图中可以看出需要放置的元器件为：一个电感变压器、一个整流桥、一个 L7805 稳压芯片和两个电解电容。下面开始放置元器件：

（1）放置电感变压器。打开【元件库】面板，选择 Miscellaneous Devices.IntLib 元件库，然后查找元件。如果知道元件名可以按照之前介绍的方法查找，否则只能在元件库中一个元件一个元件地查找。找出合适的电感变压器后，如图 3-48 所示，双击选中，将其放到原理图图纸上。

（2）放置整流桥。整个过程同步骤（1）相同，如图 3-49 所示。

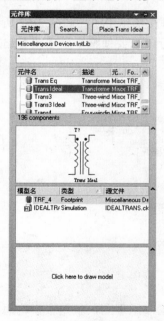

图 3-48 查到的电感变压器

图 3-49 查到的整流桥

（3）放置电解电容。整个过程也同步骤（1）相同。

（4）放置 L7805 稳压芯片。由于现有的元件库中没有该芯片，这就需要用到前面讲到的搜索元件库的方法来查找 L7805 芯片，单击 Search... 按钮，并在【查找】文本框中输入 L7805，查找范围选择【路径中的库】，【路径】设置为 Protel DXP 提供的元件库路径，单击【查找】按钮，如图 3-50 所示。查找到后双击选择即可，如图 3-51 所示。

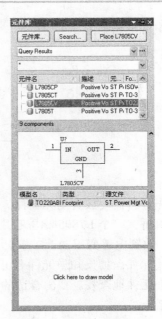

图 3-50　查找 L7805　　　　　　　图 3-51　选中 L7805

至此，电源原理图需要用到的元器件就放到原理图图纸中了，如图 3-52 所示，剩下的工作就是布局了。布局可以完全按照个人的习惯进行，只要使整个原理图看起来整洁、明了即可。

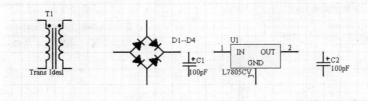

图 3-52　放置完元器件

3.6　绘制电路原理图

所谓原理图，就是各种电子元器件的连接图。绘制原理图，就是根据构思好的电路方案，合理地设计元器件间的布局，建立元器件间正确的电气连接关系。绘制原理图必须保证设计的正确性，并且布局要美观、大方，层次清楚，使人一目了然。

3.6.1　绘制电路原理图的工具

Protel DXP 2004 SP2 提供了多种绘制原理图的工具，调用这些工具有以下几种方法：
◇　选择【放置】菜单，弹出如图 3-53 所示的各种菜单命令。

◇ 在配线工具栏中选择相应的连接工具，如图 3-54 所示。如果在原理图编辑器中未显示该工具栏，可以选择【查看】/【工具栏】/【配线】菜单命令后，打开此工具栏。配线工具栏中的图标与【放置】菜单中的命令对应，直接单击该工具栏中的相应图标，可完成与菜单命令相同的功能。

图 3-53   【放置】菜单命令

图 3-54   配线工具栏

◇ 使用快捷键绘制原理图。【放置】菜单中每个命令都有相应的快捷键操作，根据需要按下快捷键，也可完成相同的绘图操作功能。

3.6.2   绘制导线

导线是绘制原理图中重要而且用得频繁的图元，用导线将元件连接起来，这种连接具有电气意义，不同于一般的画线工具。

1．绘制导线

【实例 3-8】绘制导线。

在电路原理图中绘制导线，其方法如下：

（1）执行【放置】/【导线】菜单命令，原理图编辑区处于连接导线状态，光标变为长十字形，交点处有一个斜叉标志"×"，把光标移动到连接的起点，如电容引脚的端点处，如图 3-55（a）所示，斜叉变成红色，表示与一个电气节点建立连接，单击鼠标左键来确定导线的起点。绘制导线的另一种快捷方式，即在原理图工作区单击鼠标右键，在弹出的快捷菜单中选择【放置】/【导线】菜单命令，也可以调用绘制导线工具。

（2）移动鼠标，此时会出现从起点开始随鼠标延伸的一条导线（预拉线），继续移动光标到导线的转折点处单击鼠标左键，确定导线的第二个端点，如图 3-55（b）所示。

（3）以此点作为新的一段导线的起点，继续布线，形成一条前后连接的导线，最后移动光标到连接导线的终点，即晶振的引脚 1 处，斜叉再次变成红色，表示捕捉到电气节点，单击鼠标左键，用导线完成两个元器件引脚之间的电气连接，如图 3-55（c）所示。

此时光标仍然为长十字形，系统仍然处于连接导线状态，可继续布放其他导线，所有导线连接完成后，单击鼠标右键或者按 Esc 键，退出连接导线状态。

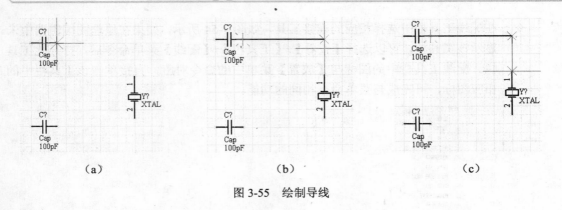

图 3-55   绘制导线

技巧：单击鼠标左键确定导线的转折位置后，按 Space 键或者 Shift+Space 键，可以切换导线的转折角度。
导线转折有 3 种模式：直角、45°角和任意角度斜线。

2．编辑导线属性

在电路原理图上双击绘制好的导线，弹出如图 3-56 所示的【导线】对话框，可以在此对话框中设置导线的有关参数。

导线属性的各项参数意义如下：导线默认是深蓝色，单击【颜色】框，重新设置导线的颜色。系统提供了 4 种不同的【导线宽】，分别为 Smallest（最小）、Small（小）、Medium（中）和 Large（大），如图 3-57 所示，系统默认是 Small。

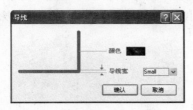

图 3-56   【导线】对话框   图 3-57   【导线宽】下拉列表框

绘制一段导线后，如果想要延长某段导线或者要改变导线上某个转折点的位置，可以直接用鼠标单击该段导线，这时在导线的各个转折点和起点、终点都会出现绿色的小方块，将鼠标移动到绿色小方块上，按住鼠标左键不放，移动光标到合适的位置松开，即可修改导线上转折点的位置。

3.6.3   电源及接地符号

在电路设计中，电源和接地是必不可少的，分别用单独的符号来表示，通常将电源和地统称电源端口。电源端口是一种特殊的符号，具有电气属性，各种电源和接地之间不论形式如何，都是通过网络标签来进行区分的。

1．放置电源端口

执行【放置】/【电源端口】菜单命令，光标变成长十字形，在中心有一个斜叉标志，并且粘附着一个随着光标而移动的电源端口符号，把光标移动到电气节点处，斜叉变成红色，表示已经捕捉到电气节点，单击鼠标左键，即可放置好电源端口。继续单击鼠标左键可以连续放置电源端口，单击鼠标右键或者按 Esc 键，退出放置状态。

系统提供了多种电源和接地符号，单击实用工具栏上的 ￦ 按钮可以实现快速放置各种电源端口。

2．设置电源端口属性

在电路原理图中双击电源端口，弹出如图 3-58 所示的【电源端口】对话框，在此可以设置电源端口的有关参数。

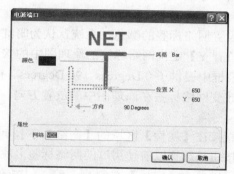

图 3-58 【电源端口】对话框

电源端口的【颜色】、【方向】、【风格】、【位置 X】和【位置 Y】等参数的含义和设置方法与网络标签相同（见 3.6.4 节）。【风格】下拉列表框中提供了 7 种不同形式的电源端口符号，其中 Circle（圆形）、Arrow（箭头）、Bar（条形）和 Wave（波形）为电源符号形式，如图 3-59 所示；Power Ground（电源地）、Signal Ground（信号地）和 Earth（大地）为接地符号形式，如图 3-60 所示。单击【确认】按钮，完成设置。

图 3-59 电源符号　　　　　　　　　　　　　　图 3-60 接地符号

3.6.4 设置网络标签

在绘制电路原理图时，元件引脚间的电气连接关系除了用导线连接外，还可以通过添加网络标签的方法建立，网络标签具有电气特性。所谓网络标签，实际上就是一个电气节点，具有相同网络标签名称的导线或元器件引脚在电气特性上是连接在一起的，这样就可以使用网络标签来代替原理图中实际的导线连接。特别是对于相距较远的两个引脚，如果用导线直接连接，导线跨越了芯片，线路过于复杂，而使用网络标签代替导线实现电气连接关系，则可以避免连线困难，使电路图简单清晰，方便阅读。

1．放置网络标签

在原理图中绘制的总线和总线入口没有任何的电气连接意义，仅是为了方便绘制原理图而采用的一种形式，这时可以采用网络标签来区分对应的电气连接关系。

选择【放置】/【网络标签】菜单命令，光标变为长"十"字形，交点处有一个斜叉标志，并且粘附一个随光标移动的网络标签，默认值为 NetLabell。将网络标签移动到导线上，斜叉变成红色，表明光标已经捕捉到该导线的电气节点，单击鼠标左键，即可放置一个网络标签 NetLabell，表示该点连接到标签所示的网络中。继续单击鼠标左键可以连续放置网络标签，单击鼠标右键或者按 Esc 键，退出绘制状态。

2．设置网络标签属性

在电路原理图上双击网络标签，弹出如图 3-61 所示的【网络标签】对话框，在此可以设置网络标签的有关参数。

✧ 【颜色】框用来设置网络标签的颜色，系统默认为暗红色。

✧ 【位置 X】和【位置 Y】定位网络标签的原理图中的 X 坐标和 Y 坐标。

✧ 【方向】下拉列表框中提供了 0 Degrees、90 Degrees、180 Degrees 和 270 Degrees 4 个选项，用来改变网络标签在原理图中的放置方向，实现网络标签的方向，默认为 0 Degrees。

✧ 网络标签的名称直接在【属性】区域的【网络】下拉列表框中输入，也可以通过单击右边的下拉按钮来选择以前使用过的网络标签名称。

✧ 网络标签的字体可以单击【字体】右侧的 变更 按钮，在弹出的【字体】对话框内设置字体、字形、大小以及一些特殊效果。

图 3-61　【网络标签】对话框

这里需要说明一点，网络标签名称是区分大小写的，如果在此混淆了字母的大小写，将使本应该连在一起的元器件引脚在电气上不具有连接关系。若此错误带入 PCB 的设计中，则会导致很严重的错误，所以在书写网络标签时一定要十分小心。

3.6.5　绘制总线

当电路原理图中含有集成电路芯片时，常常使用总线来代替一组电气属性相同的并行导线（如数据总线和地址总线），从而大大简化了设计电路原理图的连线操作，可以使原理图更加整洁、美观。与导线不同的是，总线本身并没有任何的电气特性，它仅是为了方便绘制原理图而采用的一种形式。因此，总线必须与总线入口和网络标签配合才能够建立相应的电气连接关系。

1．绘制总线

选择【放置】/【总线】菜单命令，原理图编辑区处于连接总线状态，光标变为长十字形，交点处有一个斜叉标志，把光标移动到总线的起点，开始布放总线，方法与绘制导线的方法相同。但是要注意总线不能与元器件的引脚直接连接，必须经过总线分支。放置总线时转折点常采用 45°模式，并且导线的末端最好不要超出总线分支。

2．设置总线属性

在电路原理图中，双击绘制好的总线，弹出如图 3-62 所示的【总线】对话框，其中相关参数的意义和设置方法与导线相同。

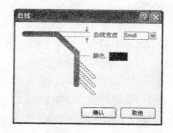

图 3-62　【总线】对话框

3.6.6　绘制总线分支

总线分支用于连接总线与元件引脚引出的导线，它表示导线的从属关系，一系列导线会合成一条总线或者说总线可以分开为一系列导线。总线分支不具有电气特性，是为了方便绘制原理图而采用的一种形式，可以使电路原理图清晰、美观且具有专业水平。

1．放置总线入口

选择【放置】/【总线入口】菜单命令，原理图编辑区处于绘制总线入口状态，光标变为长十字形，交点处有一个斜叉标志，并且带有总线分支线"/"或者"\"，移动光标到需要放置总线入口的导线端点处，斜叉变成红色，单击鼠标左键，即可放置一个总线入口。此后，光标仍然为十字形，系统仍然处于绘制总线入口状态，可继续单击鼠标左键连续放置。单击鼠标右键或按 Esc 键，退出绘制总线入口状态。

在绘制总线分支状态下，根据引脚与总线的位置关系，按 Space 键、X 键或者 Y 键可以调整总线分支的方向，切换总线入口的角度，可选择 45°、135°、225°、315° 4 种角度，如图 3-63 所示。

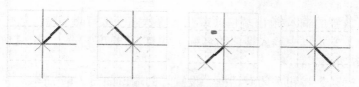

图 3-63　总线分支的角度

2．编辑总线入口的属性

在电路原理图上双击绘制好的总线入口，弹出如图 3-62 所示的【总线】对话框，可以在此对话框内设置总线入口的有关参数。

其中【位置 X1】、【位置 Y1】用于定位总线入口的一个端点在原理图中的 X 坐标和 Y 坐标，【位置 X2】、【位置 Y2】用于定位总线入口的另一个端点在原理图中的 X 坐标和 Y 坐标，可以直接输入数字修改坐标值。其他参数与【导线】对话框中相应参数的设置方法相同。

在放置总线入口前，为了留有足够的空间放置网络标签，一般需要在元器件的引脚处引出一段导线留出部分空间。在绘制总线和总线入口后要明白，实际上它们是不具备电气连接特性的，必须通过网络标签来连接。

3.6.7　制作电路的输入/输出端口

在绘制原理图时，两点之间的电气连接可以直接使用导线连接，也可以通过设置相同的网络标签来完成。还有一种方法，即使用输入/输出端口也能实现两点之间（一般是两电路之间）的电气连接，相同名称的输入/输出端口在电气关系上是连接在一起的。一般情况下，在同一张原理图中是不使用端口连接的，只有在层次原理图的绘制过程中才会用到这种电气连接方式。

那么，如何放置输入/输出端口呢？下面以一个具体的实例进行讲解。

【实例 3-9】电源电路元器件的放置。

（1）执行【放置】/【元件】菜单命令，或者单击工具栏中的【放置输入/输出端口】按钮 ，此时光标变为十字形状，并带有一个输入/输出端口符号，如图 3-64 所示。

（2）移动光标到适当位置处，当出现红色"米"字标志时，表示光标已经捕捉到电气连接点。单击鼠标左键确定端口的一端位置，然后拖动光标使端口的大小合适，再次单击鼠标左键确定端口的另一端位置，即完成了输入/输出端口的一次放置，如图 3-65 所示。

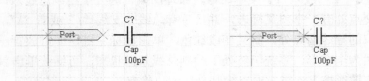

图 3-64　开始放置输入/输出端口　　　　图 3-65　放置完成

（3）将光标移动到其他位置处，可以连续放置，单击鼠标右键或按 Esc 键即可退出放置状态。

（4）双击所放置的输入/输出端口（或在放置状态下按 Tab 键），打开【端口属性】对话框。在【名称】文本框中输入端口的名称 AOUT，【长度】设为 70，【I/O 类型】设置为 Input，如图 3-66 所示。

（5）单击【确认】按钮关闭对话框，设置好的端口如图 3-67 所示。

这里要说明一点，【唯一 ID】文本框中显示的是在整个项目中该输入/输出端口的唯一

ID 号，用来与 PCB 同步。由系统随机给出，一般不需要修改。

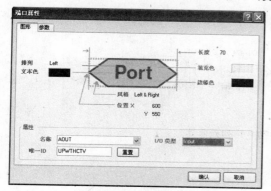

图 3-66 端口属性设置

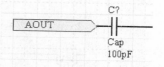

图 3-67 设置好的端口

3.6.8 放置线路节点

在 Protel DXP 中，默认情况下系统会在导线的"T"形交叉点处自动放置电气节点，表示所画线路在电气意义上是连接的。但在其他情况下，如在十字交叉点处，由于系统无法判断导线是否连接，因此不会自动放置电气节点。如果导线确实是相连接的，就需要通过手动来放置电气节点。

执行放置电气节点的命令有以下两种方法：
- ✧ 执行【放置】/【手工放置节点】菜单命令。
- ✧ 使用放置电气节点的快捷键 P+J。

执行以上命令后，在原理图中指明放置位置，单击鼠标左键即可完成放置，如图 3-68 所示。

双击需要设置属性的电气节点（或在放置状态下按 Tab 键），系统弹出相应的【节点】对话框，如图 3-69 所示。其各项参数的设置与前面基本相同，在此不再重复。

图 3-68 手工放置电气节点

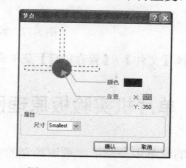

图 3-69 【节点】对话框

【实例 3-10】电源电路原理图的绘制。

前面介绍了这么多的基本操作，已经可以把前面的电源电路原理图绘制完成了。

（1）打开之前放置完元器件的原理图并排列元器件，如图 3-70 所示。

（2）用导线将各元件连接起来，如图 3-71 所示。

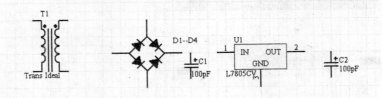

图 3-70　排列元器件

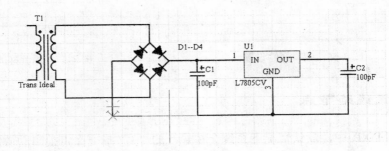

图 3-71　连接导线

（3）导线连接过程中要对元器件的位置进行调整，使得导线很容易连接，使整个原理图分布清晰、整洁。导线绘制完成后注意放置电源端口（地）。最终绘制完成的原理图如图 3-72 所示。

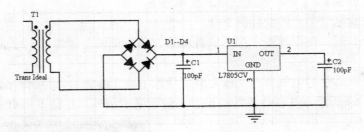

图 3-72　绘制完成的原理图

（4）选择【文件】/【保存项目】菜单命令保存原理图。

3.7　51 单片机实验板原理图设计

在前面的章节中介绍了原理图绘制的基础知识，接下来将利用实例对前面的知识加以巩固。

【实例 3-11】51 单片机实验板原理图设计。

1．设计说明

单片机实验板是学习单片机必备的工具之一。一般初学者在学习 51 单片机时，限于经济条件和自身水平，都要利用现成的单片机实验板来学习编写程序，电路如图 3-73 所示。本例则通过前面所学知识自己设计一个 51 单片机实验板原理图。

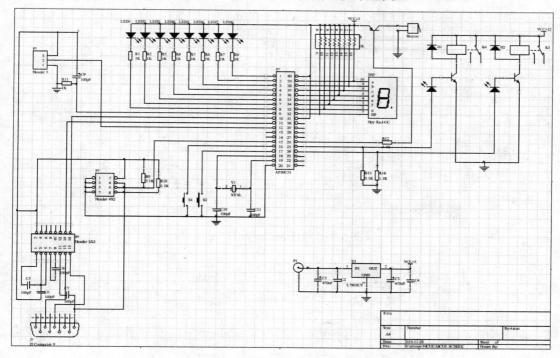

图 3-73 单片机实验板电路

实验板通过单片机串行端口控制各个外设，可以完成大部分经典单片机实验，包括串口通信、跑马灯实验、单片机音乐播放、LED 显示以及继电器控制等。

2．创建项目文件

（1）选择【文件】/【创建】/【项目】/【PCB 项目】菜单命令，新建一个 PCB 项目。

（2）选择【文件】/【保存项目】菜单命令，将项目保存为 MCUe.PRJPCB。

（3）选择【文件】/【创建】/【原理图】菜单命令，新建原理图文件，并命名为 MCUE. SCHDOC，如图 3-74 所示。

3．放置元器件

（1）在通用元件库 Miscellaneous Devices.IntLib 中选择发光二极管 LED3、电阻 Research2、排阻 Research Pack3、晶振 XTAL、电解电容 Cap P012、无极性电容 Cap，以及 PNP 和 NPN 三极管、多路开关 SW-PB、蜂鸣器 Buzzer、继电器 Relay-SPDT，如图 3-75 所示。

（2）在 Miscellaneous Connections.IntLib 元件库中选择 Header 3 接头、BNC 接头、8 针 双排接头 Header 8×2、4 针双排接头 Header 4×2 和串口接头 D Connector 9，如图 3-76 所示。由于选择出来的串口接头为 11 针，而本例中只需要 9 针，所以需要稍加修改。双击串口接头，弹出如图 3-77 所示的【元件属性】对话框。

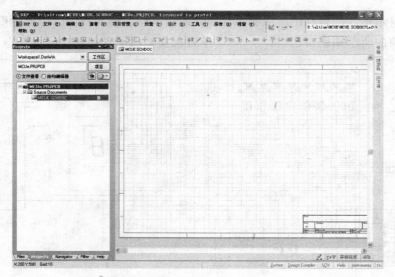

图 3-74　新建 MCUe 项目文件

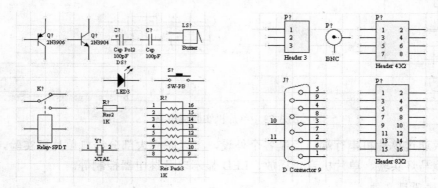

图 3-75　放置基本元器件　　　　　　图 3-76　放置接头元件

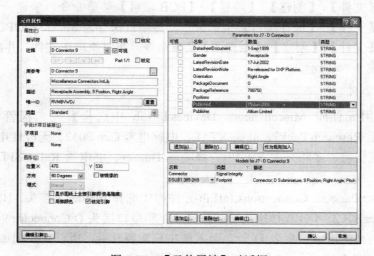

图 3-77　【元件属性】对话框

（3）单击左下角的 编辑引脚(I)... 按钮，弹出【元件引脚编辑器】对话框，如图3-78所示。

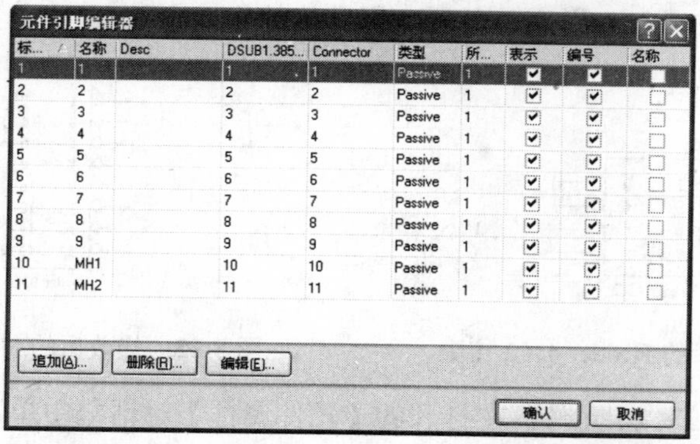

标...	名称	Desc	DSUB1.385...	Connector	类型	所	表示	编号	名称
1	1		1	1	Passive	1	☑	☑	☐
2	2		2	2	Passive	1	☑	☑	☐
3	3		3	3	Passive	1	☑	☑	☐
4	4		4	4	Passive	1	☑	☑	☐
5	5		5	5	Passive	1	☑	☑	☐
6	6		6	6	Passive	1	☑	☑	☐
7	7		7	7	Passive	1	☑	☑	☐
8	8		8	8	Passive	1	☑	☑	☐
10	MH1		10	10	Passive	1	☑	☑	☐
11	MH2		11	11	Passive	1	☑	☑	☐

追加(A)... 删除(R)... 编辑(E)...   确认 取消

图3-78 【元件引脚编辑器】对话框

（4）取消选中第10和11管脚的【表示】属性，单击【确认】按钮，元件即被修改好。修改好后的串口如图3-79所示。

8针双排接头 Header 8×2、4针双排接头 Header 4×2 同样需要修改。两者修改方法相同，下面仅以4针双排接头 Header 4×2 为例进行说明。

（5）双击 Header 4×2 元件，弹出【元件属性】对话框，单击 编辑引脚(I)... 按钮，弹出【元件引脚编辑器】对话框，将光标停在第1管脚处，表示选中此引脚，然后单击 编辑(E)... 按钮，弹出【引脚属性】窗口，如图3-80所示。在【外部边沿】下拉列表框中选择Dot，单击【确认】按钮保存修改。重复上述过程修改其他管脚。

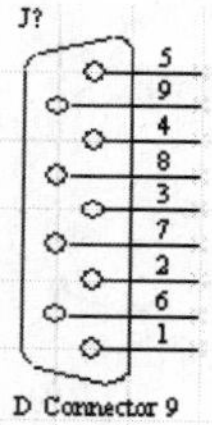

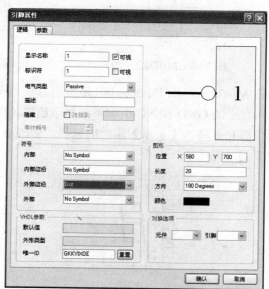

图3-79 修改后的串口

图3-80 修改引脚属性

修改后的 Header 4×2 和 Header 8×2 接头如图3-81和图3-82所示。

AT89C51在已有的库中没有，需要自己设计。在 Miscellaneous Connectors.IntLib 元件

库中选择 MHDR2×20，如图 3-83 所示。其封装形式与 AT89C51 相同，通过属性编辑，可以设计成所需要的 AT89C51 芯片。下面介绍具体的修改方法。

图 3-81　修改后的 Header 4×2 接头　　　　图 3-82　修改后的 Header 8×2 接头

（6）双击 MHDR2×20 元件，在打开的【元件属性】对话框中单击 编辑引脚(I)... 按钮，弹出【元件引脚编辑器】对话框，单击每个引脚的【名称】属性，把引脚顺序改成与 AT89C51 一致，并且将引脚【外部边沿】设置为 Dot。修改后的 AT89C51 如图 3-84 所示。

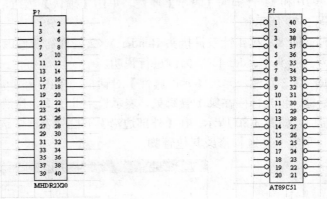

图 3-83　MHDR2×20　　　　　　　图 3-84　修改后的 AT89C51

（7）在 Miscellaneous Devices.IntLib 元件库中选取 7 段数码管 Dyp Red-CC。对于本原理图，数码管上的 GND 和 NC 引脚不必显示出来，所以双击该元件，在【引脚属性】对话框中取消 1 脚和 6 脚的【表示】属性的选择，修改前后的数码管如图 3-85 所示。修改后把数码管放置到原理图中。

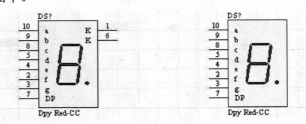

图 3-85　修改前后的数码管

（8）放置电源元器件。在元件库 ST Microelectronics 目录下的 ST Power Mgt Voltage Regulator.IntLib 中选择 L7805CV，如图 3-86 所示。单击【确认】按钮将其放置到原理图中。

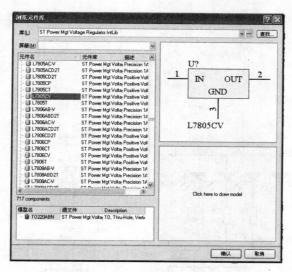

图 3-86　查找电源元器件

4．原理图输入

（1）元件布局

① 根据原理图大小，合理地将放置的元件摆放好，这样不仅美观大方，而且也方便后面的布线。

② 按要求设置元件的属性，包括元件符号、元件值等。

（2）元件手工布线

采用分块的方法完成手工布线操作。

① 单击配线工具栏中的 按钮或者选择【放置】/【导线】菜单命令，进行布线操作。连接完的电源电路如图 3-87 所示。

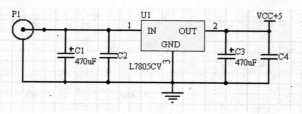

图 3-87　电源电路

② 连接发光二极管部分的电路，如图 3-88 所示。

③ 连接发光二极管部分相邻的串口部分，如图 3-89 所示。

④ 连接与串口和发光二极管都有电气连接关系的红外接口部分，如图 3-90 所示。

⑤ 连接晶振和开关电路，如图 3-91 所示。

⑥ 连接蜂鸣器和数码管部分电路，如图 3-92 所示。

⑦ 连接继电器部分电路，如图 3-93 所示。

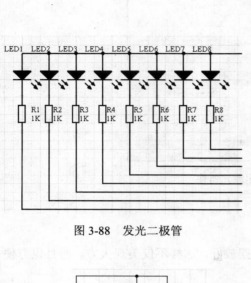

图 3-88　发光二极管

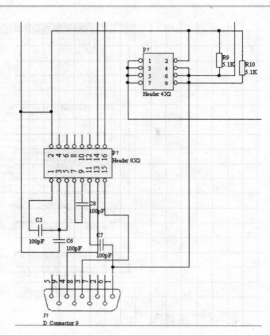

图 3-89　串口电路

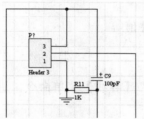

图 3-90　红外接口电路

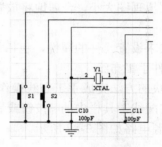

图 3-91　晶振和开关电路

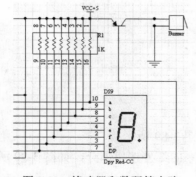

图 3-92　蜂鸣器和数码管电路

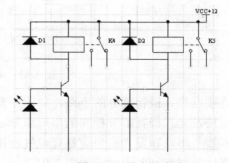

图 3-93　继电器电路

⑧　最后完成继电器上拉电阻部分电路（前面布线时，为了节省空间，有的元件的标注省略了）。把各部分电路按要求组合起来，便完成了单片机实验板的原理图设计，效果如图 3-94 所示。

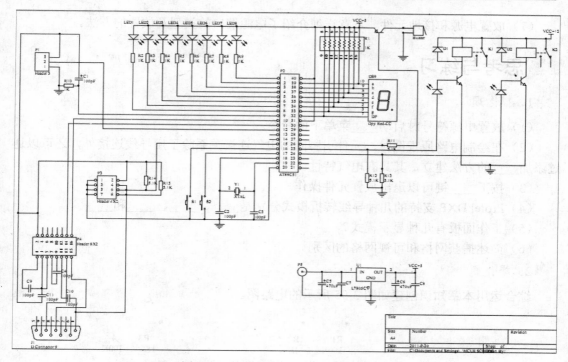

图 3-94　绘制好的单片机实验板原理图

本章小结

本章介绍了电路原理图的设计方法，并且通过 51 单片机实验板电路设计演示了电路原理图的绘制过程。

（1）新建工程和电路原理图。介绍了新建一个工程和电路原理图的方法。

（2）设置电路原理图选项和工作环境。设计人员可以根据个人的习惯和一些具体的要求，设置原理图图纸的大小、方向、标题栏的外观参数、原理图的设计信息等，从而提高工作效率。

（3）加载元件库。设计人员在具体设计之前需要将用到的元件所在的元件库加载到系统中，并且在需要选用该元件时将该元件库选为当前元件库，这样可以从元件库中找到所需要的元件，直接加载。

（4）在原理图上放置元件。具体绘制原理图的第一项工作是将需要的元件放置到原理图图纸上。本章中详细介绍了在图纸上放置元件、修改元件属性的具体步骤。

（5）元件布局调整。本章具体介绍了删除元件、调整元件位置等操作的具体步骤。

（6）放置电气节点和连接线路。通过绘制具有电气意义的导线、添加网络标签的方法，将放置在图纸上的相关元件连接起来。本章详细介绍了绘制导线、使用网络标签、绘制总线和总线入口、制作输入输出端口和放置电气节点等操作。

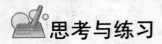

（7）放置电源和接地元件。本章详细介绍了电源端口的类型及放置的方法。

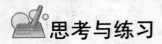 思考与练习

1．概念题

（1）放置电源符号时启动____菜单下的命令。

（2）在绘制电路原理图时，元件引脚间的电气连接关系除了用导线连接外，还可以通过添加____的方法建立，其具有电气特性。

（3）按下____键可以退出放置元件操作。

（4）Protel DXP 支持的几种导线转折模式分别是____、____、____和____。

（5）工作面板有几种显示模式？

（6）简述捕获网格和可视网格的区别。

2．操作题

综合运用本章知识创建如图 3-95 所示的电路图。

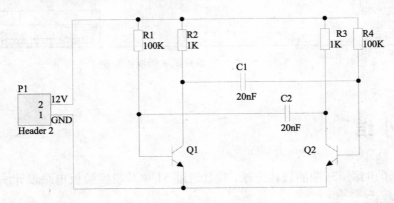

图 3-95　多谐振荡电路图

第 4 章　原理图编辑报表

在电子产品的设计过程中，设计者往往需要掌握整个工程中的元件类别和数量，以利于校对、存档以及最后电子器件的选择。对于一个复杂的工程来说，元件的种类繁杂、数目都很多，人工统计元器件的信息很困难。Protel DXP 2004 提供了功能强大的报表功能，设计人员可以方便地利用它生成各种不同类型的报表，轻松完成这项工作。Protel DXP 2004 通过高速、准确的数据处理能力为用户生成各种报表，同时用户也可以从多个角度对原理图的信息进行汇总。在各类报表文件中，以网络报表和元件列表最为重要。原理图的设计是整个 PCB 设计的开始与基础，而原理图的后期工序则是原理图设计与 PCB 设计的桥梁与纽带。

本章主要介绍原理图的电气规则检查和编译的方法，以及输出各种报表的方法，为以后的学习打下坚实的基础。

4.1　编译工程及查错

相对于 Protel 99SE 之前的版本而言，Protel DXP 2004 提供的电气检查规则更加全面。它可以对原理图的电气连接特性进行全方位的自动检查，并将错误信息在 Message 工作面板中列出，同时也可以在原理图中在线显示错误。用户可以对检查规则进行设置，然后根据面板中所列出的错误信息对原理图进行修改。

4.1.1　设置工程选项

原理图的自动检查机制只是按照用户所绘制原理图中的连接进行检查的，系统并不知道原理图最终要设计成什么样子。因此，如果检查后 Message 面板中并没有错误信息出现，并不表示该原理图的设计就完全正确，用户还要将网络列表中的内容与所要求的设计反复对照、修改，直到完全正确为止。

1．原理图电气检查规则设置

电气检查规则的设置可以按照下列步骤完成。首先打开项目，这里以第 3 章讲解的电源电路为例，选择【项目管理】/【项目管理选项】菜单命令，弹出如图 4-1 所示的 PCB 项目选项对话框，设置电气检查规则。

（1）Error Reporting（错误报告）标签页

Error Reporting 标签页指出了电气规则检查项目并设置错误报告的类型，如图 4-1 所示，描述了 4 种违规类型，分别是 Violations Associated with Documents（文件违规）、Violations Associated with Nets（网络违规）、Violations Associated with Others（其他违规）和 Violations

Associated with Parameters（参数违规）。

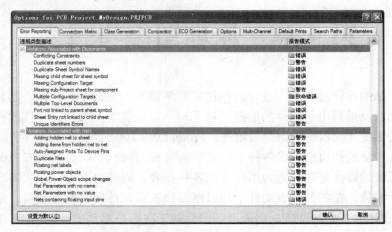

图 4-1　Error Reporting 标签页

对应每项违规描述都有 4 种错误报告类型，分别是"不报告"、"警告"、"错误"和"致命错误"，反映了相应错误的严重程度，可以根据实际情况从【报告模式】栏中进行选择，图中为默认选择。

（2）Connection Matrix（选择矩阵）标签页

Connection Matrix 标签页用来设置元件引脚及 I/O 端口之间的电气连接属性，如图 4-2 所示。

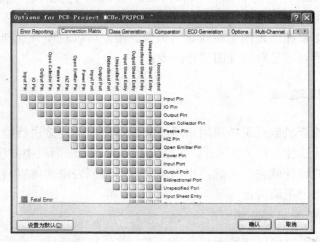

图 4-2　Connection Matrix 标签页

在进行电气规则检查时，通过该标签页中有颜色的方格矩阵描述对应的元器件引脚间的连接是否符合规则，在交叉点处用不同颜色的方格代表了不同的错误等级，其中红色代表致命错误，橙色代表错误，黄色代表警告，绿色代表不报告。

该标签页中主要描述了以下几类引脚的连接情况。

◇　Input Pin：输入型引脚。

- ✧　IO Pin：I/O 引脚。
- ✧　Output Pin：输出型引脚。
- ✧　Open Collector Pin：集电极开路引脚。
- ✧　Passive Pin：无源元件引脚。
- ✧　HiZ Pin：三态引脚。
- ✧　Open Emitter Pin：发射极开路引脚。
- ✧　Power Pin：电源引脚。
- ✧　Input Port：输入端口。
- ✧　Output Port：输出端口。
- ✧　Bidirectional Port：双向端口。
- ✧　Unspecified Port：无方向端口。
- ✧　Input Sheet Entry：输入型图纸符号端口。
- ✧　Output Sheet Entry：输出型图纸符号端口。
- ✧　Bidirectional Sheet Entry：双向图纸符号端口。
- ✧　Unspecified Sheet Entry：无方向图纸符号端口。
- ✧　Unconnected：无连接。

例如，在矩阵的右侧找到 Output Pin，在矩阵的上方找到 Open Collector Pin，在行列相交点处是一个橙色的方块，代表当原理图中将 Output Pin 引脚与 Open Collector Pin 引脚相连时，错误报告显示"错误"信息。

根据设计需要，可以将错误等级作修改。将光标移动到行列相交处的方块上，此时光标变成手形，单击鼠标左键，方块按照"绿—黄—橙—红—绿"的顺序循环更改颜色，选择适当的颜色即可。如果对原理图的设计没有特殊要求，建议不要随意修改。

2．忽略电气规则检查（NO ERC）

在系统进行电气规则检查（ERC）时，有时会产生一些不希望的错误报告。例如，由于设计需要，一些元件的个别输入引脚悬空，但系统默认所有的输入引脚必须进行连接，这样在 ERC 检查时，会认为悬空的输入引脚错误，并在该引脚处放置错误标记。

为了避免为查找这种错误而浪费时间和精力，可以使用忽略 ERC 检查指示符，在相应的引脚上放置 NO ERC 标志，忽略对此处的 ERC，不再产生错误报告。方法是选择【放置】/【指示符】/【忽略 ERC 检查】菜单命令或者单击配线工具栏中的▨按钮，光标变成十字形，并粘附一个"×"（忽略 ERC 检查指示符）标志，移动光标到忽略 ERC 检查之处，单击鼠标左键即可。继续单击可连续放置多个指示符，单击鼠标右键或者按 Esc 键退出放置状态。

双击已放置的忽略 ERC 检查指示符，弹出如图 4-3 所示的【忽略 ERC 检查】对话框，可以按照前面介绍的方法修改指示符的【颜色】、【位置 X】和【位置 Y】参数，设置忽略 ERC 检查指示符的属性。

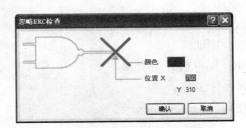

图 4-3 【忽略 ERC 检查】对话框

4.1.2 编译工程及查看系统信息

当设置电气检查规则后，就可以对原理图项目进行编译。编译的过程是根据设置的电气检查规则检查原理图中是否有违规的地方，并将检查结果在 Messages 面板中列出，包括所有的警告和错误信息，并给出警告和错误所在的文档、类型和位置、编译时间、编译日期和错误序号等信息。双击提示错误信息，则在原理图中将相应的错误之处突出显示，其他对象予以屏蔽，以便于设计者查看。

完成了原理图电气检查规则设置后，用户就可以对原理图进行编译操作了。只有对原理图进行了编译操作才能生成电路的各种网络信息，这时用户才可以了解该电路的所有网络信息。同样，在编译时，系统对原理图的电气连接特性进行全方位的自动检查，并将错误信息在 Messages 面板中列出，用户可以根据面板中所列出的错误信息对原理图进行修改。

如果存在"错误"和"致命错误"等级的错误，Messages 面板将自动打开。如果只存在"警告"等级的错误，需要用户手动打开 Messages 面板查看或者修改原理图中存在的错误。双击 Messages 面板中的错误信息，系统弹出 Compile Errors 面板，其中列出了该错误的详细信息。

【实例 4-1】编译电源电路原理图。

图 4-4 所示是前面章节绘制的电源电路原理图的例子，下面将详细介绍电源电路原理图的编译步骤。

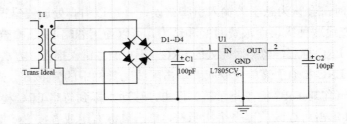

图 4-4 电源电路原理图

（1）选择【项目管理】/【Compile Document 电源电路.SCHDOC】菜单命令，系统自动生成的编译结果显示没有任何错误和警告信息，如图 4-5 所示。

（2）为了便于讲解，将原来正确的原理图稍加变动使其出错，编译结果将会显示出错信息，如图 4-6 所示。

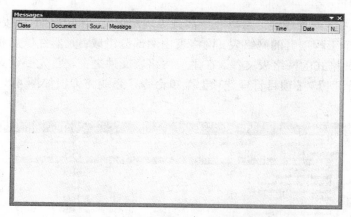

图 4-5　电源电路原理图电气检查报告

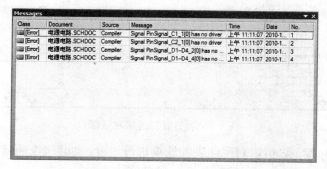

图 4-6　电源电路原理图电气检查报告

（3）双击 Messages 面板中的错误信息，会弹出 Compile Errors 面板，如图 4-7 所示，根据面板中的错误提示可以返回到原理图中进行检查纠错。

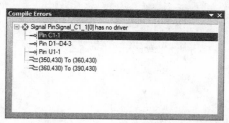

图 4-7　Compile Errors 面板

（4）在将原理图中的错误修改完成后，再进行编译，重复上述过程，直到在系统自动生成的编译结果中不再显示任何错误和警告信息，如图 4-5 所示。

4.2　网络表的生成和检查

在原理图中所产生的各种报表中，以网络表最为重要，其地位不亚于电路图。网络表是电路板自动布线的灵魂，也是电路原理图设计软件与印刷电路板设计软件之间的桥梁。

由于 Protel 系统高度的集成性，可以在不离开原理图编辑器的情况下直接执行命令，产生当前原理图或整个工程项目的网络表。网络表由两部分组成：元器件信息和连接网络信息。下面来学习 Protel 格式的网络表文件。在生成网络表文件之前，首先要设置网络表的选项。

选择【项目管理】/【项目管理选项】菜单命令，系统将弹出如图 4-8 所示的项目管理选项对话框。

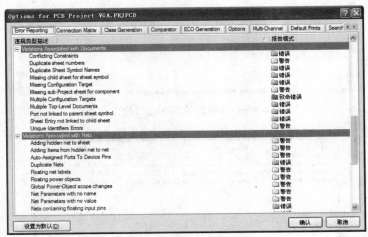

图 4-8　项目管理选项对话框

选择 Options 标签页，可以对网络表的选项进行设置，如图 4-9 所示。下面来了解其中各选项的含义。

图 4-9　Options 标签页

❖ 输出路径：可以设置各种报表的输出路径，默认路径是由系统在当前工程项目文件所在的文件夹内创建。也可以单击右边的 按钮更改各种报表的输出路径。

❖ 网络表选项：用来设置创建网络表的条件。□允许端口表示允许用系统产生的网络名代替与电路输入输出端口相关联的网络名；☑允许图纸入口命名网络表示允许用系统产生的网络名来代替与子原理图出入口相关联的网络名，此复选框默认是选中的。□追加图纸数到局部网络表示在产生网络表时，系统自动把图纸号添加到各个网络名称中，以识别该网络的位置，当一个工程项目文件包含多个原理图文档时，可选中此复选框。

✧ 网络 ID 范围：指定网络标签的范围，单击右侧下拉箭头可以选择网络标识的认定范围，如图 4-10 所示。

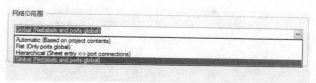

图 4-10　网络标识认定范围选项

● Automatic（Based on project contents）：系统自动在当前项目内认定网络标签。此选项是默认选项。

● Flat（Only ports global）：该选项将使工程项目中各个图纸之间直接用全局输入输出端口来建立连接关系。

● Hierarchical（Sheet entry <-> port connections）：表示在层次原理图中，通过方块电路符号内的输入输出端口和子原理图中的输入输出端口来建立连接关系。

● Global（Netlabels and ports global）：工程项目中各个文档之间用全局网络标签和全局输入输出端口来建立连接关系。

当网络表选项设置完成后，下一步就可以生成网络表了。在 Protel DXP 2004 中，网络表包括两种：一种是基于单个电路文档的网络表，另一种是基于工程项目文件的网络表。

对于比较简单的电路设计，在工程文件中往往只有一个电路图文档，只要创建一个基于单个电路文档的网络表就可以了。

Protel DXP 2004 生成的网络报表文件的名称与电路原理图文件名称相同，后缀名为 *.net，系统会自动将其放入项目文件的 Generated\Protel Netlist Files 文件夹下。网络报表主要由两部分组成，即元件列表和网络列表。

现以第 3 章中的电源电路原理图为例介绍生成网络报表的方法。

【实例 4-2】生成电源电路原理图网络报表。

（1）打开电源电路工程中的电源电路原理图。

（2）选择【设计】/【文档的网络表】/Protel 命令即可完成当前网络报表的生成。

（3）找到项目文件中的 Generated\Protel Netlist Files 文件夹，打开其中的文件"电源电路原理图.NET"，即可查看到生成的网络报表。

[	声明元件描述开始	POLAR0.8
C1	元件的序号	Cap Pol2
POLAR0.8	元件的封装形式	]
Cap Pol2	库参考	[
]	声明元件描述结束	D1--D4
[		E-BIP-P4/D10
C2		Bridge1

```
]                                          C1-1
[                                          D1--D4-3
T1                                         U1-1
TRF_4                                      )
Trans Ideal                                (
]                                          NetC2_1
[                                          C2-1
U1                                         U1-2
TO220ABN                                   )
L7805CV                                    (
]                                          NetD1--D4_2
(              声明网络描述开始              D1--D4-2
GND            网络名称                      T1-3
C1-2           元件的序号和引脚号             )
C2-2                                       (
D1--D4-1                                   NetD1--D4_4
U1-3                                       D1--D4-4
)              声明网络描述结束              T1-4
(                                          )
NetC1_1
```

可见，网络报表由两部分组成：[ ]组成元件列表，( )组成电气列表。基于工程文件的网络表的生成步骤和单文档网络表是相同的，只是网络表文件中的内容相对更多，包含了整个工程项目文件中的所有网络信息。

4.3 元件采购报表

元件采购报表相当于一份采购元件清单。当一个工程项目完成后，接着就要采购元件。对于比较大的项目，其中元件种类繁多，封装也各不相同，用人工统计难免出错，而 Protel DXP 2004 可以利用元件采购报表轻松完成此项工作。

在此以电源电路为例，介绍生成元件采购报表的方法。

【实例 4-3】生成电源电路原理图的元件采购报表。

（1）打开工程中的电源电路原理图。

（2）选择【报告】/Bill of Materials 菜单命令，将弹出如图 4-11 所示的对话框。

（3）单击【输出】按钮即可生成元件采购报表。

图 4-11 中各选项介绍如下。

◇ 菜单：单击该按钮可以打开环境菜单。

◇ 报告：用于预览元件采购报表并打印。单击该按钮，则弹出【报告预览】对话框，其中显示了元件名称、序号、说明等信息，如图 4-12 所示。

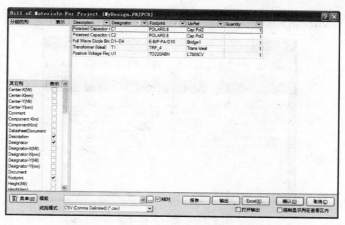

图 4-11　元件采购报表对话框

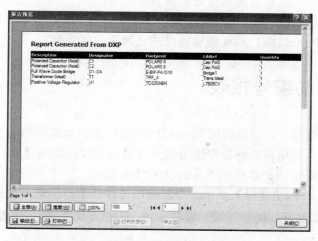

图 4-12　预览报表

❖　输出：用于导出元件采购报表。单击该按钮，系统将弹出如图 4-13 所示的导出表对话框，可导出如图 4-14 所示的文件格式。用户可以根据需要选择不同的报表输出格式。

图 4-13　导出表对话框

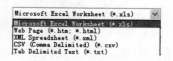

图 4-14　导出列表文件格式

❖ Excel：把元件采购报表导入到 Microsoft Excel 中，如图 4-15 所示。

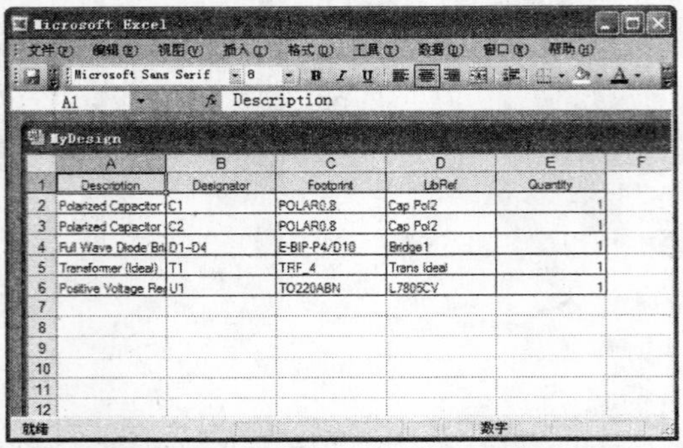

图 4-15　导出 Excel 报表

❖ 分组的列：可以把右侧元件采购报表表头拖入其中，则元件采购报表将以此属性分组显示。

❖ 其他列：Protel DXP 2004 能够提供的元器件的属性列。

4.4　元件自动编号报表

在为元件自动编号时，可以利用 Protel DXP 2004 的自动编号功能，与此同时也会生成自动编号报表。下面以电源电路原理图为例具体讲解元件自动编号报表的生成过程。

【实例 4-4】电源电路原理图的元件自动编号报表。

（1）选择【工具】/【注释】菜单命令，弹出【注释】对话框，如图 4-16 所示。

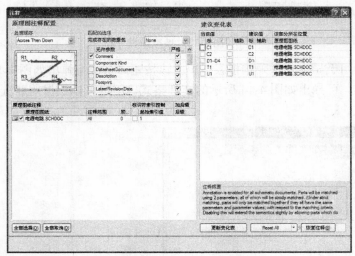

图 4-16　【注释】对话框

（2）单击 Reset All 按钮，激活并单击【接受变化（建立 ECO）】按钮，接受对原理图自动编号配置的修改，并打开【工程变化订单】对话框，如图 4-17 所示。

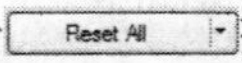

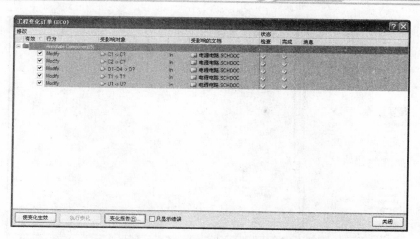

图 4-17　【工程变化订单】对话框

（3）单击 变化报告(R)... 按钮，可以预览元件自动编号报表，此报表既可存档，也可打印输出，如图 4-18 所示。

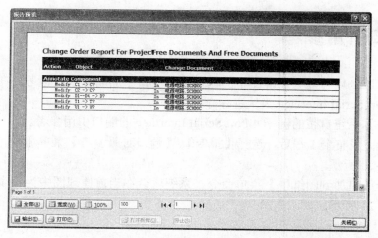

图 4-18　原理图元件自动编号报表

4.5　元件引用参考报表

【实例 4-5】电源电路原理图的元件引用参考报表。

在 Protel DXP 2004 中，还可以生成元件引用参考报表。生成方法如下：

（1）打开第 3 章所建立的工程中的电源电路原理图。

（2）选择【报告】/Component Cross Reference 菜单命令，将弹出如图 4-19 所示的对话框。

（3）单击【输出】按钮即可生成元件引用参考报表。

图 4-19 中各选项含义及设置与图 4-11 相同，这里不再赘述。

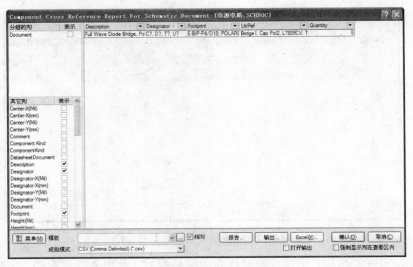

图 4-19　元件引用参考报表

4.6　端口引用参考

Protel DXP 2004 可以为原理图中的输入输出端口添加端口引用参考。在此，以系统自带的例子 4 Port Serial Interface 为例进行介绍。

【实例 4-6】系统自带的例子 4 Port Serial Interface 的端口引用参考。

（1）编译完成整个工程后，选择【报告】/【端口对照参考】菜单命令，其后有 4 个子命令，如图 4-20 所示。

（2）选择【追加到图纸中】菜单命令，系统就会在当前原理图中为各个端口添加引用参考，如图 4-21 所示。

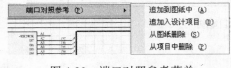

图 4-20　端口对照参考菜单

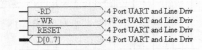

图 4-21　添加的端口引用参考

4.7　元件交叉参考报表

元件交叉参考报表是将元件及其属性按照不同原理图进行区分的列表。在元件交叉参考报表中可以知道元件来自哪一个原理图，这样使在整个项目中元件间的相互关系比较直观。

【实例 4-7】以项目 4 Port Serial Interface 为例，生成元件交叉参考报表。

（1）打开一个系统自带的原理图项目，如 4 Port Serial Interface，选择【文件】/【打开】

菜单命令，打开 Example 文件夹下的 Reference Designs 文件夹，找到 4 Port Serial Interface，并将其打开。

（2）选择【报告】/Component Cross Reference 菜单命令，弹出如图 4-22 所示的 Component Cross Reference Report For Project（元件交叉参考报表）对话框。

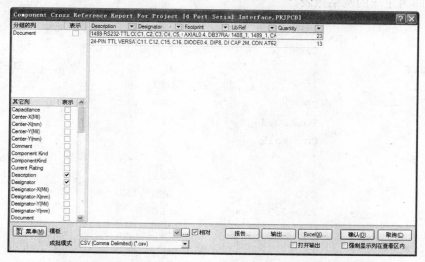

图 4-22　Component Cross Reference Report For Project 对话框

从图 4-22 中可以看出，这个报表其实是元件清单报表的一种，是将元件清单报表中的所有元件按照 Document（文档）分组而得到的。

（3）单击 输出 按钮即可生成元件交叉参考报表，如图 4-23 所示。

Description	Designator	Footprint	LibRef	Quantity
1489 RS232-TTL C	C1, C2, C3, C4, C5,	AXIAL0.4, DB37RA	1488_1, 1489_1, CA	23
24-PIN TTL VERSA	C11, C12, C15, C16	DIODE0.4, DIP8, DI	CAP 2M, CON AT62	13

图 4-23　元件交叉参考报表

4.8　51 单片机实验板原理图设计编辑报表

在此以 51 单片机实验板的原理图为例具体介绍各种编辑报表的生成过程。

【实例 4-8】51 单片机实验板原理图设计编辑报表。

1．编译工程及查看系统信息

（1）打开项目"51 单片机实验板"的电路原理图，设置项目管理选项，一般取默认设置即可。

（2）选择【项目管理】/【Compile Document 电源电路.SCHDOC】菜单命令，如果没有错误，系统自动生成的编译结果将会显示没有任何错误和警告信息，否则将会显示出错信息。在此，由于该设计没有错误，所以在编译结果中没有显示出错信息。

2．网络表的生成和检查

（1）选择【设计】/【文档的网络表】/Protel 菜单命令，即可完成当前网络报表的生成。

（2）找到项目文件下的 Generated\Protel Netlist Files 文件夹，打开文件"51 单片机实验板.NET"，即为生成的网络报表。

[	RAD-0.3	LED1	[
211	Cap	]	DS10
POLAR0.8	]	[	LED-1
Cap Pol2	[	DS3	LED1
]	C9	SMD _LED	]
[	POLAR0.8	LED2	[
C2	Cap Pol2	]	DS?
RAD-0.3	]	[	LED-1
Cap	[	DS4	LED1
]	C10	SMD _LED	]
[	RAD-0.3	LED3	[
C3	Cap	]	J1
POLAR0.8	]	[	DSUB1.385-2H
Cap Pol2	[	DS5	9
]	C11	SMD _LED	D Connector 9
[	RAD-0.3	LED4	]
C4	Cap	]	[
RAD-0.3	]	[	K4
Cap	[	DS6	DIP-P5/X1.65
]	D1	SMD _LED	Relay-SPDT
[	DSO-C2/X3.3	LED5	]
C5	Diode	]	[
RAD-0.3	]	[	K5
Cap	[	DS7	DIP-P5/X1.65
]	D2	SMD _LED	Relay-SPDT
[	DSO-C2/X3.3	LED6	]
C6	Diode	]	[
RAD-0.3	]	[	LS1
Cap	[	DS8	ABSM-1574
]	DS1	SMD _LED	Buzzer
[	LEDDIP-10/C5	LED7	]
C7	.08RHD	]	[
RAD-0.3	Dpy Red-CC	[	P1
Cap	]	DS9	BNC_RA CON
]	[	SMD _LED	BNC
[	DS2	LED8	]
C8	SMD _LED		[

P2	Res2	[	BCY-W2/D3.1
HDR1X3	]	R10	XTAL
Header 3	[	AXIAL-0.4	]
]	R2	Res2	(
[	AXIAL-0.4	]	GND
P3	Res2	[	C1-2
HDR2X4	]	R11	C2-1
Header 4X2	[	AXIAL-0.4	C3-2
]	R3	Res2	C4-1
[	AXIAL-0.4	]	C10-1
P4	Res2	[	C11-1
MHDR2X20	]	R12	LS1-2
AT89C51	[	AXIAL-0.4	LS1-2A
]	R4	Res2	P1-2
[	AXIAL-0.4	]	P2-1
P5	Res2	[	P3-1
HDR2X8	]	R13	P3-3
Header 8X2	[	AXIAL-0.4	P3-5
]	R5	Res2	P3-7
[	AXIAL-0.4	]	P4-20
Q?	Res2	[	Q?-1
BCY-W3/E4	]	R14	Q?-1
2N3904	[	AXIAL-0.4	R11-1
]	R6	Res2	R13-2
[	AXIAL-0.4	]	R14-2
Q?	Res2	[	S1-1
BCY-W3/E4	]	S1	S2-1
2N3904	[	SPST-2	U1-3
]	R7	SW-PB	)
[	AXIAL-0.4	]	(
Q?	Res2	[	NetC1_1
BCY-W3/E4	]	S2	C1-1
2N3906	[	SPST-2	C2-2
]	R8	SW-PB	P1-1
[	AXIAL-0.4	]	U1-1
R	Res2	[	)
SO-G16/Z8.5	]	U1	(
Res Pack3	[	TO220ABN	NetC5_1
]	R9	L7805CV	C5-1
[	AXIAL-0.4	]	C6-2
R1	Res2	[	P5-3
AXIAL-0.4	]	Y1	P5-5

```
)
(
NetC5_2
C5-2
P5-1
)
(
NetC6_1
C6-1
C9-1
P2-3
P3-2
P5-2
R9-2
R10-2
)
(
NetC7_1
C7-1
J1-1
P3-4
P3-6
P3-8
P4-15
R9-1
R10-1
)
(
NetC7_2
C7-2
P5-11
)
(
NetC8_1
C8-1
P5-9
)
(
NetC8_2
C8-2
P5-7
)
(
NetC9_2
C9-2
P4-9
R11-2
)
(
NetC10_2
C10-2
P4-18
Y1-2
)
(
NetC11_2
C11-2
P4-19
Y1-1
)
(
NetDS1_2
DS1-2
P4-34
R-11
)
(
NetDS1_3
DS1-3
P4-33
R-10
)
(
NetDS1_4
DS1-4
P4-35
R-12
)
(
NetDS1_5
DS1-5
P4-36
R-13
)
(
NetDS1_7
DS1-7
P4-32
R-9
)
(
NetDS1_8
DS1-8
P4-37
R-14
)
(
NetDS1_9
DS1-9
P4-38
R-15
)
(
NetDS1_10
DS1-10
P4-39
R-16
)
(
NetDS2_2
DS2-2
R1-2
)
(
NetDS3_2
DS3-2
R2-2
)
(
NetDS4_2
DS4-2
R3-2
)
(
NetDS5_2
DS5-2
R4-2
)
(
NetDS6_2
DS6-2
R5-2
)
(
NetDS7_2
DS7-2
R6-2
)
(
NetDS8_2
DS8-2
R7-2
)
(
NetDS9_2
DS9-2
R8-2
)
(
NetDS10_1
DS10-1
P4-25
R13-1
)
(
NetDS10_2
DS10-2
Q?-2
)
(
NetDS?_1
DS?-1
P4-24
R14-1
)
(
NetDS?_2
DS?-2
```

Q?-2	P4-1	P4-8	C3-1
)	R8-1	R1-1	C4-2
(	)	)	DS2-1
NetJ1_3	(	(	DS3-1
J1-3	NetP4_2	NetP4_10	DS4-1
P5-15	P4-2	P4-10	DS5-1
)	R7-1	P5-16	DS6-1
(	)	)	DS7-1
NetJ1_4	(	(	DS8-1
J1-4	NetP4_3	NetP4_11	DS9-1
P5-13	P4-3	P4-11	P4-31
)	R6-1	P5-14	P4-40
(	)	)	Q?-1
NetK4_5	(	(	R-1
K4-5	NetP4_4	NetP4_16	R-2
Q?-3	P4-4	P4-16	R-3
)	R5-1	S1-2	R-4
(	)	)	R-5
NetK5_5	(	(	R-6
K5-5	NetP4_5	NetP4_17	R-7
Q?-3	P4-5	P4-17	R-8
)	R4-1	S2-2	U1-2
(	)	)	)
NetLS1_1	(	(	(
LS1-1	NetP4_6	NetP4_26	VCC+12
LS1-1A	P4-6	P4-26	D1-2
Q?-3	R3-1	R12-2	D2-2
)	)	)	K4-1
(	(	(	K4-4
NetP2_2	NetP4_7	NetQ?_2	K5-1
P2-2	P4-7	Q?-2	K5-4
P4-12	R2-1	R12-1	)
)	)	)	
(	(	(	
NetP4_1	NetP4_8	VCC+5	

3. 元件采购报表

选择【报告】/Bill of Materials 菜单命令，将弹出如图 4-24 所示的对话框。其中各项具体内容前面已经详细讲述，限于篇幅，此处不再赘述。

4. 元件自动编号报表

（1）选择【工具】/【注释】菜单命令，弹出【注释】对话框，如图 4-25 所示。

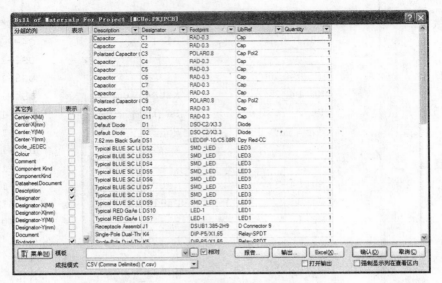

图 4-24　元件采购报表对话框

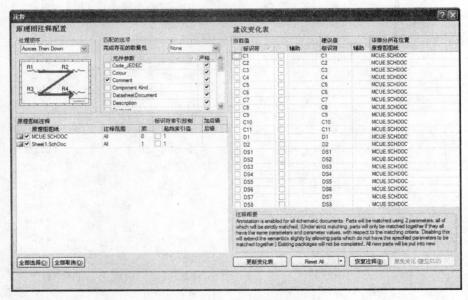

图 4-25　【注释】对话框

（2）单击 [Reset All] 按钮，激活并单击【接受变化（建立 ECO）】按钮，接受对原理图自动编号配置的修改，并打开【工程变化订单】对话框，如图 4-26 所示。

（3）单击 [变化报告] 按钮，可以预览元件自动编号报表，此报表既可存档，也可打印输出，如图 4-27 所示。

5．元件引用参考报表

选择【报告】/Component Cross Reference 命令，将弹出如图 4-28 所示的对话框，这就是一张元件引用参考报表，单击【输出】按钮即可将其输出。

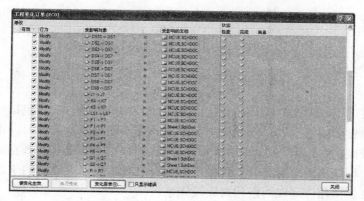

图 4-26 【工程变化订单】对话框

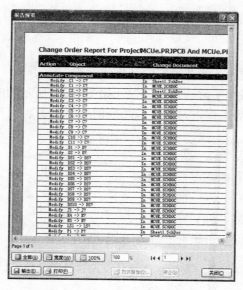

图 4-27 原理图元件自动编号报表

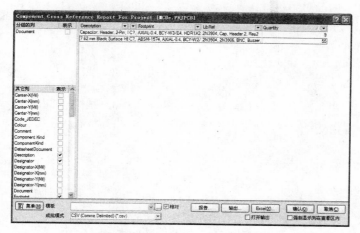

图 4-28 元件引用参考报表

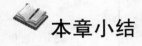

本章小结

本章详细讲述了原理图的编译和查错以及生成各种报表的方法，包括网络报表、元件采购报表、元件自动编号报表、元件引用参考报表等。通过本章的学习，可以较为系统地掌握原理图各种报表的知识，可以利用 Protel DXP 2004 高速、准确的数据处理能力生成多种报表，使用户可以从多个角度对原理图中的信息进行汇总，在以后的学习和实际的工程项目中，网络报表和元件列表用得相对比较频繁。

思考与练习

1．简要说明网络报表的功能并说明它的生成过程。

2．利用本章以及前面所学习的知识，设计如图 4-29 所示的应用电路的原理图。要求完成元器件的放置、布线等操作，最终生成相应的编辑报表。

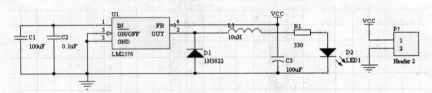

图 4-29　原理图设计操作实例

第 5 章　印刷电路板设计系统

本章主要介绍 PCB 的设计基础，包括 PCB 文件的创建、PCB 编辑器的画面管理、PCB 放置工具栏的介绍、Protel DXP PCB 的编辑功能以及一些其他操作命令。通过本章的学习，读者应熟练掌握 PCB 的基本操作方法，为以后 PCB 的设计打下基础。

5.1　创建 PCB 文件

在日常工作中设计的很多 PCB 都具有某些共同属性，如计算机的各种显卡、声卡，其尺寸、外形都差不多，接口则不外乎 PCI、AGP 等。为此，Protel DXP 提供了大量的 PCB 模板和向导来协助创建一些标准 PCB。

1．通过 PCB 向导创建 PCB

Protel DXP 提供了 PCB 设计向导，在向导的指引下设置 PCB 的一些通用参数，在生成 PCB 文件的同时可以完成外形、板层、接口、禁止布线区等各项基本设置，形成一个具有基本框架的 PCB 文档，减轻了设计者设计 PCB 的工作量。尤其是在设计一些通用的标准接口板时，这些模板经过生产验证，具有可生产性，减少了出错的可能。

【实例 5-1】创建 PCB 文件。

下面就在 PCB 向导的指引下，设计一个带有 PC-104 16 位总线的 PCB。

（1）在 PCB 编辑窗口左侧的工作面板上，单击左上角的 Files 标签，打开 Files 面板，如图 5-1 所示。

图 5-1　Files 面板

（2）选择 Files 面板中【根据模板新建】标题栏下的 PCB Board Wizard 选项，启动 PCB

文件生成向导，弹出 PCB 向导界面，如图 5-2 所示。

（3）单击 下一步(N)> 按钮，弹出如图 5-3 所示的界面，设置 PCB 采用的单位。界面中提供了两个单选按钮，选中【英制】单选按钮时，系统的尺寸单位为 mil，选中【公制】单选按钮时，系统的单位为 mm，默认单位为【英制】。

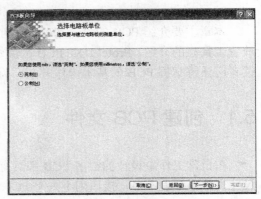

图 5-2　【Protel 2004 新建电路板向导】界面　　　　图 5-3　【选择电路板单位】界面

（4）单击 下一步(N)> 按钮，弹出如图 5-4 所示的界面，提供了多种类型的标准 PCB 配置文件，可以根据需要选择 PCB 的轮廓类型，这里选择 PC-104 16 bit bus 选项，并可以在对话框右侧预览 PCB 外形。

注意：如果设计的 PCB 是非标准类型，可以在图 5-4 所示的【选择电路板配置文件】界面的列表中选择 Custom（自定义）类型，自行定义 PCB 规格。此时，单击 下一步(N)> 按钮，将弹出【选择电路板详情】界面，可以定义 PCB 的外形轮廓、尺寸、边界的宽度和内部截取的情况等参数。

图 5-4　【选择电路板配置文件】界面

（5）单击 下一步(N)> 按钮，弹出如图 5-5 所示的界面，设置 PCB 层数，【信号层】的数目默认值为 2，最大值为 32，【内部电源层】的数目默认值为 2，最大值为 16。

（6）单击 下一步(N)> 按钮，弹出如图 5-6 所示的界面，设置 PCB 过孔的风格，可以选中【只显示通孔】或【只显示盲孔或埋过孔】单选按钮。

图 5-5 【选择电路板层】界面

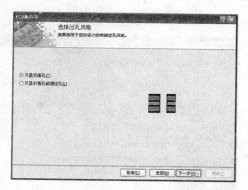

图 5-6 【选择过孔风格】界面

注意:【信号层】指中间信号层,【内部电源层】指中间电源层和地层,信号层越多,制板越复杂,成功率越低,成本越高。一般只设置两个信号层。对于双面 PCB 来说,两个信号层通常为 Top 和 Bottom Layer,故【信号层】为 2,【内部电源层】为 0,不需要内电层,不需要盲孔和埋过孔。

(7)单击 下一步(N)> 按钮,弹出如图 5-7 所示的界面,选择 PCB 上安装的大多数元件的封装类型和布线规则。如果是【表面贴装元件】,选择【是】为双面布放元件,选择【否】为单面布放元件,默认为单面布放元件;如果是【通孔元件】,可以选择在相邻的焊盘中间允许布线的数目是【一条导线】、【两条导线】还是【三条导线】,默认为【两条导线】。

(8)单击 下一步(N)> 按钮,弹出如图 5-8 所示的界面,设置导线和过孔的尺寸。可以在文本栏中输入数值,设置【最小导线尺寸】、【最小过孔宽】、【最小过孔孔径】和相邻导线间允许的【最小间隔】。

图 5-7 【选择元件和布线逻辑】界面

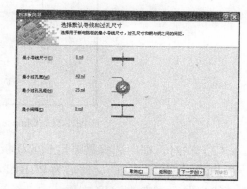

图 5-8 【选择默认导线和过孔尺寸】界面

(9)单击 下一步(N)> 按钮,弹出如图 5-9 所示的界面,完成 PCB 向导设置。

(10)单击 完成(F) 按钮,结束设计向导。系统会根据向导所做的设置建立一个 PCB 文件,默认文件为 PCB1.PcbDoc,同时,打开 PCB 编辑器,在工作窗口显示 PCB 板框。

注意:在使用向导生成 PCB 的过程中,单击 返回(B) 按钮,可返回上一步重新设置,单击 取消(C) 按钮,取消 PCB 向导设置过程。单击 PCB 标准工具栏中的 ■ 按钮,将生成的 PCB 文件保存为 PC-104.PcbDoc。双击此文件,将打开 PCB 工作窗口,如图 5-10 所示。

图 5-9 【Protel 2004 电路板向导完成】界面

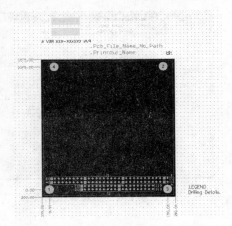

图 5-10 PC-104 16 bit bus PCB 模板

2．利用 PCB 模板创建 PCB

系统提供了一些已经设计好的 PCB 模板可以直接调用。

【**实例 5-2**】利用 PCB 模板创建 PCB。

（1）在 PCB 编辑窗口中打开 Files 面板，选择【根据模板新建】标题栏下的 PCB Templates 选项，弹出如图 5-11 所示的 Choose existing Document 对话框。

图 5-11 Choose existing Document 对话框

（2）在对话框中选择需要用到的模板，单击【打开】按钮，即以选定的标准模板创建一个 PCB 文件，默认的文件名为 PCB1.PcbDoc，同时打开 PCB 编辑器。

（3）保存建立的 PCB 文件。

3．使用菜单命令生成 PCB 文件

除了使用前两种方法外，对于非标准板，则可以创建空白 PCB，然后根据需要手工编辑边框。

【**实例 5-3**】利用菜单命令生成 PCB 文件。

（1）按照第 3 章介绍的方法创建 PCB 项目 My_Design.PRJPCB。

（2）在项目 My_Design.PRJPCB 中创建一个新的 PCB 文件。系统提供了多种方法创建 PCB 文件。

❖　选择【文件】/【创建】/【PCB 文件】菜单命令。

❖　打开 Files 面板，选择【新建】标题栏下的 PCB Files 选项。

❖　打开主页面窗口，选择 Printed Circuit Board Design 选项，打开 Printed Circuit Board Design 标签页，在 PCB Documents 标题栏下选择 New Blank PCB Document 选项。

（3）打开 Projects 面板，在面板中单击鼠标右键，在弹出的快捷菜单中选择【追加新文件到项目中】/PCB 菜单命令。

（4）执行上述任何一个命令，系统自动在 Projects 面板中的 My_Design.PRJPCB 项目下添加一个新的 PCB 文件，默认文件名为 PCB1.PcbDoc，如图 5-12 所示。

（5）保存 PCB 文件。选择【文件】/【保存项目】菜单命令，在弹出对话框的【文件名】下拉列表框中输入“Dpj”，采用默认的扩展名，单击【保存】按钮，保存后的文件如图 5-13 所示。同时，工作区的文件标签也相应地更新为 Dpj.PcbDoc。

图 5-12　在项目中创建 PCB 文件　　　　图 5-13　在项目中保存 PCB 文件

用菜单命令创建的 PCB 文件为空白文档，不包括任何对 PCB 相关属性的设置，需要设计者根据需要自行设置。

5.2　PCB 编辑器的画面管理

Protel DXP 提供了丰富的窗口管理功能，主要包括印制板图的放大、缩小、移动及刷新等，这些功能主要集中在【查看】菜单中。下面以如图 5-14 所示的印刷电路板为例来说明窗口管理的具体实现方法（这里为了方便观看，PCB 板设置为白色）。

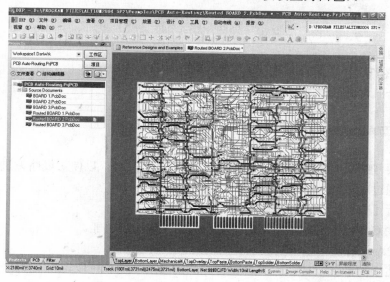

图 5-14　PCB 编辑器显示整个 PCB 板

5.2.1 画面的移动

在设计 PCB 图的过程中，常常需要移动工作窗口中的画面以便能够观察图纸的各个部分，常用的移动画面的方法主要有以下两种。

（1）利用滚动条移动工作窗口

将光标放在水平滚动条或垂直滚动条带箭头按钮上，按住鼠标左键不放，这时工作窗口中的画面就会随着滚动条左右或上下移动，移动到想要的位置后，松开鼠标左键移动即停止，如图 5-15 所示。这与很多其他应用软件类似。

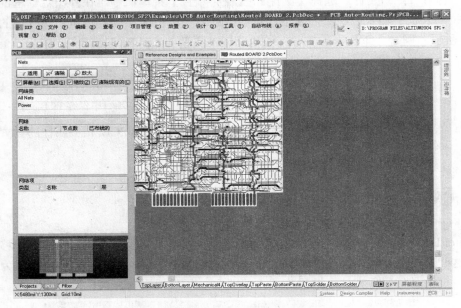

图 5-15　利用滚动条移动窗口

（2）利用鼠标的右键拖动

在 PCB 图纸中单击鼠标右键，光标会变为"手"状，按住鼠标右键不放的同时向任意方向移动鼠标即可完成对图纸的拖动。

5.2.2 画面的放大

如果需要仔细观察图纸的某一小部分（如某一个焊盘），以便对线路做进一步的修改、调整，可以通过以下几种方法实现图纸的放大功能。

   ✧ 执行【查看】/【放大】菜单命令，画面放大一次。

   ✧ 按住 Ctrl 键，滑动鼠标上的滚轮，可实现放大的功能。

   ✧ 按 Page Up 键，也可实现同样的功能。

利用上述 3 种放大功能，再配合窗口画面的移动功能就可以轻松实现对画面任意位置的观察，如图 5-16 所示。

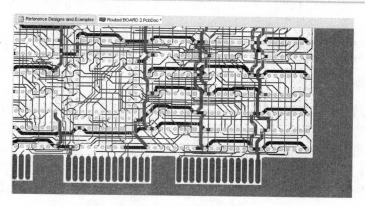

图 5-16 放大显示

5.2.3 画面的缩小

如果想观察整幅画面，而目前的窗口又处于局部放大状态，可以应用画面缩小功能。画面缩小与放大一样，也可以使用以下 3 种方法来实现。

✧ 执行【查看】/【缩小】菜单命令，画面缩小一次。

✧ 按住 Ctrl 键，滑动鼠标上的滚轮，可实现缩小的功能。

✧ 按 Page Down 键，也可实现相同的功能。

如图 5-17 所示为图 5-16 中放大的画面缩小后的情形。

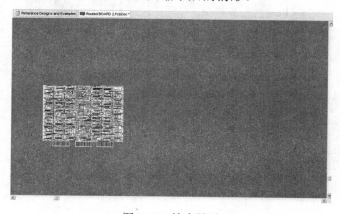

图 5-17 缩小显示

在进行放大和缩小时，需注意以下两点：

✧ 如果鼠标光标在工作窗口内，则利用 Page Up 键和 Page Down 键进行放大和缩小时，鼠标光标所在的位置在窗口中一般保持不变。利用这一特点，可以预先把鼠标光标放在合适位置，这样在放大或缩小后，就不用再移动窗口。

✧ 使用 Page Up 键和 Page Down 键对窗口进行放大和缩小时，既可以在空闲状态下进行，也可以在命令正在执行的过程中进行，这一点非常重要，为编辑工作提供了很大方便。

5.2.4 PCB 板图的局部查看操作

1．用户选定区域放大

执行【查看】/【指定区域】菜单命令，光标变成十字形状后，将光标移动到工作窗口上，单击确定选定矩形区域的一个角，按住鼠标左键拖动，直到拖动到对角线的另一角为止，松开鼠标左键，此时该选定区域就被放大显示。

执行【查看】/【指定点周围区域】菜单命令，光标变成十字形状后，单击确定要进行画面放大的中心位置，然后按住鼠标左键拖动，此时也出现矩形区域，但该矩形区域是以鼠标开始拖动的点为中心，也就是鼠标开始拖动的点是矩形区域的两对角线的交点，松开鼠标左键，该选定区域也被放大显示。两种方法可以选定同样的区域，只是鼠标光标的起始位置不同而已。

2．用户选定对象放大

选定对象之后，执行【查看】/【选定对象】菜单命令，即可放大所选中的目标，如图 5-18 所示。

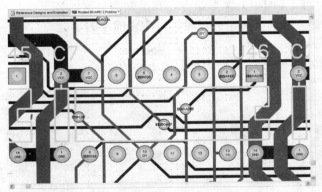

图 5-18　选定对象放大

3．显示整个图形文件

执行【查看】/【整个文件】菜单命令，即把整个图形文件显示在工作窗口，如图 5-19 所示。

4．显示整张图纸

执行【查看】/【整张图纸】菜单命令，即可显示整张图纸，与【整个文件】命令类似。

5．显示整个电路板

执行【查看】/【整个 PCB 板】菜单命令，即可显示整个印制板图，效果和图 5-19 相同。

6．利用上一次显示比例显示

执行【查看】/【缩放】菜单命令，可以恢复到上一次画面显示的效果。

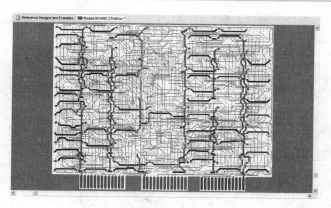

图 5-19　显示整个文件

7．刷新画面

设计过程中，在滚动画面或移动元件时，画面上常常会出现一些斑点、线段或显示残缺的现象，这时只要执行【查看】/【更新】菜单命令，即可消除该现象。

5.2.5　窗口管理

Protel DXP 可以同时编辑多个项目，在不同项目的文件之间也可以非常方便地进行切换。当同时打开多个项目时，不同项目中的文件在工作窗口中的显示方式可以通过【视窗】菜单进行管理。

【实例 5-4】管理 PCB 窗口。

下面以 Protel DXP 自带的 PCB 项目 PCB Auto-Routing 为例来展示如何管理 PCB 的窗口。

（1）选择【视窗】菜单命令，会显示如图 5-20 所示的下拉菜单。

图 5-20　【视窗】下拉菜单

（2）选择【平铺排列】菜单命令，在不同项目文件之间进行平铺排列，如图 5-21 所示。

（3）选择【水平排列】菜单命令，在不同项目文件之间进行水平层叠排列，如图 5-22 所示。

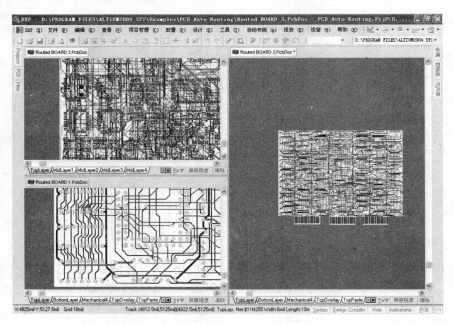

图 5-21　执行【平铺排列】菜单命令

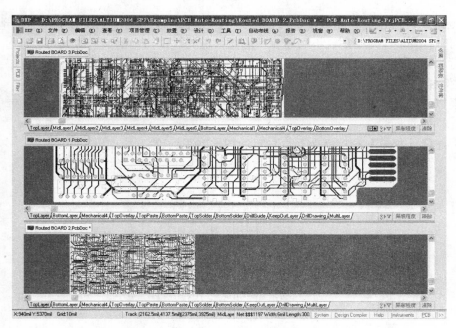

图 5-22　执行【水平排列】菜单命令

（4）选择【垂直排列】菜单命令，在不同项目文件之间进行垂直层叠排列，如图 5-23 所示。

（5）选择【关闭全部文件】菜单命令，可以关闭所有文件。

（6）选择【全部关闭】菜单命令，可以关闭所有相关窗口。

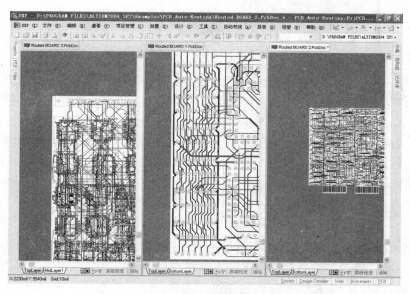

图 5-23 执行【垂直排列】菜单命令

【视窗】菜单下方列出了已经打开的文件，可以直接选择文件进行窗口切换。除此之外，还可以使用鼠标右键单击文件标签，弹出如图 5-24 所示的快捷菜单，其中部分菜单命令的含义如下。

图 5-24 右键单击文件标签弹出的快捷菜单

◇ Close Current：关闭当前的文件。

◇ Save：保存文件。

◇ 全部合并：可以恢复成原来的效果。

5.2.6 PCB 各工具栏、状态栏、命令行的打开与关闭

1．工具栏

系统默认的工具栏有 5 组。

◇ PCB 标准工具栏：提供了一些基本的操作命令，如打印、缩放、快速定位、浏览元器件等，与原理图编辑环境中的标准工具栏基本相同，如图 5-25 所示。显示工具栏的方法是执行【查看】/【工具栏】/【PCB 标准】菜单命令。下面其他工具栏显示方式也是如此。

图 5-25　PCB 标准工具栏

◇ 实用工具工具栏：如图 5-26 所示。该工具栏中每个按钮都另有下拉工具栏，分别
提供了不同类型的绘图和实用操作，主要用于图调准、查找选择、放置尺寸、放
置 Room 空间、网格设置等。

◇ 配线工具栏：提供了 PCB 设计中常用图元的放置命令，如焊盘、过孔、元器件、
铜模导线、敷铜等，如图 5-27 所示。

图 5-26　实用工具工具栏

图 5-27　配线工具栏

◇ 过滤器工具栏：如图 5-28 所示。使用该工具栏，根据网络、元器件号或属性等过
滤参数，可以使符合设置的图元在编辑窗口内高亮显示，明暗的对比程度和亮度
则通过窗口右下角的 屏蔽程度 按钮进行调节。

◇ 导航工具栏：如图 5-29 所示。用于指示当前页面的位置，借助于所提供的按钮，
可以实现不同页面之间的快速跳转。

图 5-28　过滤器工具栏

图 5-29　导航工具栏

2．状态栏和命令行

状态栏和命令行显示在主窗口的最下方，它们用于指示当前系统所处的状态和正在执
行的命令，如图 5-30 所示。打开或关闭状态栏和命令行，可分别通过执行菜单命令【查看】/
【状态栏】和【查看】/【显示命令行】来完成。

> X:3010mil Y:1890mil　Grid:10mil
>
> Idle state - ready for command

图 5-30　状态栏和命令行

5.2.7　PCB 面板的操作

PCB 面板也是 PCB 设计环境中独有的一个工作面板。利用该面板，根据所选择的类别，
如元器件、网络、规则等，相应图元会在编辑窗口内高亮显示，便于用户浏览或查看当前
PCB 设计文件的详细信息。

1．显示内容

PCB 面板由 5 个栏组成，如图 5-31 所示。

（1）类型选择栏：位于面板最上方，单击右侧的下拉按钮，打开的下拉列表中有 5 种
类型供用户选择，如图 5-32 所示。

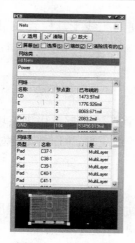

图 5-31　PCB 面板

图 5-32　类型选择

选择 Nets（网络）、Components（元器件）或 Rules（规则）会进入浏览模式，选择后两种类型则分别进入相应编辑器中。

（2）对象类型显示栏：用于显示所选择类型中的全部类型。选择其中的某一类，则该类中的全部对象会显示在对象显示栏中。

（3）对象显示栏：用于显示某一类中的全部对象。选择某一对象，该对象会高亮显示在编辑窗口内，同时与该对象有关的图元属性显示在对象属性栏中。

（4）对象属性栏：用于显示与选定对象有关的图元属性，如焊点、连线、过孔等。

（5）取景栏：用于显示当前编辑窗口内的图形在整个 PCB 上的位置。用光标拖动白色的双虚线框，可以使编辑窗口内的图形平滑移动，便于用户快速查看。

2．功能设置

在类型选择栏与对象类型显示栏之间，有若干个按钮和复选框，用于对过滤后得到的图元的显示模式进行设置。

◇　屏蔽、清除现有的：同时选中这两个复选框，选定对象的有关图元将高亮显示，其他被过滤掉的元器件则变暗，过滤掉的图元不能被选择或者编辑。

◇　选择：该复选框用于设定高亮显示的图元是否同时被选中。

◇　缩放：选中该复选框时，编辑窗口内的显示会随着所选对象的变换而不断移动、变换，便于用户查看。

◇　　：在更改对象或复选框设置之后，单击该按钮可以刷新显示。

◇　　：单击该按钮，可以清除选中的对象或图元，使其退出高亮状态。

◇　　：单击该按钮，鼠标会变为"放大镜"状，将其移动到 PCB 图中，鼠标位置附近的 PCB 图的放大视图将会显示在 PCB 面板的取景栏中。

5.3　PCB 放置工具栏的介绍

在对 PCB 进行手动布局、布线或设计调整时，需要在板上放置一些图元，如导线、焊盘、过孔、矩形填充和多边形填充，这些可以通过使用配线工具栏、实用工具工具栏来完成。

5.3.1 绘制导线

这里的导线主要是指铜模导线，铜模导线通常放置在信号层，用来实现不同元器件焊盘间的电气连接。在进行手工布线或者布线调整时，最主要的工作就是对导线的放置和调整。

1. 铜模导线的放置

布线过程中，铜模导线应该选择正确的工作层面加以放置，而对放置层面的选择可以在放置前、放置中和放置后进行。这里需要说明一些小的注意事项：

◇ 导线放置前，单击板层标签中的相应工作层名称，即可切换到导线要放置的工作层。

◇ 导线放置状态下，按数字键盘上的*键，可在所有信号层之间循环更换，即每按一次*键，就由当前层转到下一布线层，循环顺序是从顶层到中间层信号 1 到中间层信号 2，直到底层，之后再返回到顶层。

◇ 导线放置状态下，按数字键盘上的+、-键，可在布线的前后信号层之间循环更换，即每按一次+键，导线就布置到下一层，而每按一下-键，即回到上次布线的层面继续布线。

◇ 放置状态下，导线换层后会自动出现过孔，单击确定其放置位置即可。

【实例 5-5】放置一条导线。

（1）设定当前的工作层位于顶层，执行【放置】/【交互式布线】菜单命令，或者单击配线工具栏中的 按钮，此时光标变成十字形，在起点处单击鼠标确定即可。以焊盘、过孔、导线等实体为起始端画线时，若十字光标放置在合适的位置处，会出现一个八角形亮环，表明可以进行导线端点的确定操作，如图 5-33 所示。

注意：如果焊盘、过孔、导线上并没有出现八角形亮环而被确定为导线起点，则所放置的导线与焊盘、过孔或原有导线之间将不会建立电气连接关系。

（2）确定起点后，拖动光标开始导线的放置。在拐角处单击鼠标左键确认，作为当前导线的终点，同时也作为下一段导线的起点，此时导线显示的颜色为当前工作层——顶层的颜色。继续拖动鼠标，在需要换层处单击鼠标左键后，按一下+键，切换到下一布线层（此处为底层），系统自动放置过孔，如图 5-34 所示。

注意：导线是由一系列的直线段组成的，放置过程中，每次改变方向时新的导线即会开始。按 Shift 和 Space 键可以切换选择导线方向改变的模式，有 5 种，即任意角度的斜线、45° 直线、45° 弧线、90° 直线和 90° 弧线。实际设计中，拐角应尽量大于 90°，避免 90° 或 90° 以下的拐角。

（3）单击鼠标左键确定过孔位置，继续拖动光标，在终点处单击鼠标左键，完成导线的放置，此段导线显示的颜色为当前工作层——底层的颜色，如图 5-35 所示。

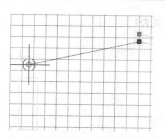

图 5-33　确定导线起点

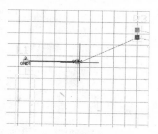

图 5-34　切换布线层

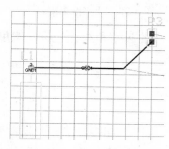

图 5-35　完成导线放置

（4）此时光标仍为十字形，系统处于导线放置状态，可在新的起点继续单击鼠标左键放置导线，单击鼠标右键或按 Esc 键可退出放置状态。

2．导线的属性设置

导线的属性设置有两种方法，下面分别介绍。

（1）在铜模导线的放置状态下按 Tab 键，打开如图 5-36 所示的【交互式布线】对话框。

在该对话框的左侧，可以修改导线的宽度（Trace Width）、所在的层面、过孔直径和过孔孔径等。单击该对话框左下角的【菜单】按钮，则会打开如图 5-37 所示的菜单命令，可以编辑、增加导线宽度或者过孔规则。

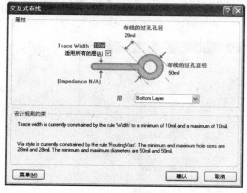

图 5-36　【交互式布线】对话框

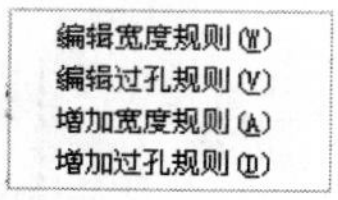

编辑宽度规则(W)
编辑过孔规则(V)
增加宽度规则(A)
增加过孔规则(D)

图 5-37　菜单命令

（2）导线的属性修改还可以在【导线】对话框中进行。双击已放置的导线，或者在选中的导线上单击鼠标右键，在弹出的快捷菜单中选择【属性】菜单命令，都可以打开如图 5-38 所示的【导线】对话框。

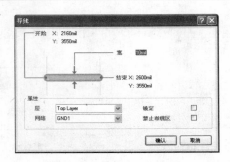

图 5-38　【导线】对话框

在该对话框内，可以修改导线的起始和终止坐标、宽度、层面、网络，并设定是否锁定、是否具有禁止布线区属性等。

5.3.2　放置焊盘

焊盘通常是指 PCB 上用来放置焊锡连接导线和元器件引脚的衬垫，可以被放置在任何工作层面上。

1．焊盘的放置

启动放置焊盘命令的方法通常有以下两种：

◇　选择【放置】/【焊盘】菜单命令。

◇　单击配线工具栏中的 ◉ 按钮。

按以上方法启动命令后，光标变成十字状，并且光标上带着一个焊盘，单击鼠标左键即可完成焊盘的放置。单击鼠标右键结束命令。

2．焊盘的属性设置

在放置焊盘的状态下按 Tab 键，或在已放置的焊盘上双击鼠标左键，或者将鼠标放在已放置的焊盘上，单击鼠标右键，从弹出的快捷菜单中选择【属性】菜单命令，都可以打开如图 5-39 所示的对话框。

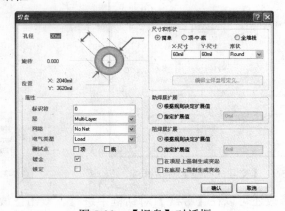

图 5-39　【焊盘】对话框

下面介绍【焊盘】对话框中各区域内的选项功能。

（1）左上角图形区域

✧　孔径：设置焊盘通孔直径。

✧　旋转：设置焊盘旋转角度。

✧　位置 X/Y：设置焊盘的 X/Y 轴坐标。

（2）【属性】区域

✧　标识符：设置焊盘的序号。

✧　层：设置焊盘所在的板层。

✧　网络：设置焊盘所在的网络。

✧　电气类型：设置焊盘在网络中的属性，包括 Load（中间点）、Source（起点）和 Terminator（终点）3 种类型。

✧　测试点：设置测试点所在的板层。

✧　镀金：设置是否将焊盘的过孔孔壁加以电镀。

✧　锁定：设置是否将焊盘的位置锁定。

（3）【尺寸和形状】区域

✧　X-尺寸和 Y-尺寸：分别设置焊盘的 X 轴和 Y 轴的尺寸。

✧　形状：设置焊盘的形状。单击右侧的下拉按钮，即可选择焊盘的形状，即 Round（圆形）、Rectangle（正方形）和 Octagonal（八角形）。

（4）【助焊膜扩展】和【阻焊膜扩展】区域

分别用于设置助焊层和阻焊层的大小是根据设计规则设置还是按特殊位置设置。

设置完成后，单击 确认 按钮，即可放置焊盘。

5.3.3　放置过孔

过孔是连接不同板层间的导线，当布线从一层进入另一层时需要放置过孔。

1．过孔的放置

启动放置过孔命令的方法有以下 3 种：

✧　选择【放置】/【过孔】菜单命令。

✧　单击配线工具栏中的 按钮。

✧　在布线状态下，按数字键盘上的*键，自动产生一个过孔。

启动命令后，光标变成十字状，并且光标上带着一个过孔。将光标移到合适位置，单击鼠标左键即可完成过孔的放置。

2．设置过孔属性

在放置过孔时按 Tab 键，或者在 PCB 板上用鼠标左键双击过孔，或者将鼠标放在已放置的过孔上，单击鼠标右键，从弹出的快捷菜单中选择【属性】菜单命令，都可以打开如图 5-40 所示的【过孔】对话框。

下面介绍【过孔】对话框中各个区域内的选项功能。

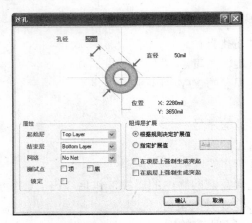

图 5-40 【过孔】对话框

（1）上方图形区域

✦ 孔径：设置过孔通孔直径。

✦ 直径：设置过孔直径。

✦ 位置 X/Y：设置过孔的 X/Y 轴坐标。

（2）【属性】区域

✦ 起始层：设置过孔的起始层。

✦ 结束层：设置过孔的结束层。

✦ 网络：设置过孔所在的网络。

✦ 测试点：设置测试点所在的层。

✦ 锁定：设置是否将过孔的位置锁定。

（3）【阻焊层扩展】区域

设置阻焊层的大小是根据设计规则设置还是按特殊位置设置。

设置完成后，单击 确认 按钮，即可放置过孔。

5.3.4 放置矩形填充

矩形填充是一个可以放置在任何层面的矩形实心区域。放置在信号层时，就成为一块矩形的敷铜区域，可作为屏蔽层或用来承担较大的电流，以提高 PCB 的抗干扰能力；放置在非信号层，如放置在禁止布线层时，它就构成一个禁入区域，自动布局和自动布线都将避开这个区域；而放置在电源层、助焊层、阻焊层时，该区域就会成为一个空白区域，即不铺电源或不加助焊剂、阻焊剂等；放置在丝印层时，则成为印刷的图形标志。

【实例 5-6】放置矩形填充。

（1）执行【放置】/【矩形填充】菜单命令，或者单击配线工具栏中的■按钮，显示光标变成十字形，进入放置状态。

（2）移动光标，在合适位置处单击鼠标左键，确定矩形填充的一个顶点，拖动光标，调整矩形填充的尺寸大小，如图 5-41 所示。

（3）单击鼠标左键，确定矩形填充的对角顶点，如图 5-42 所示。

（4）此时拖动小方块或小十字形，可以调整矩形填充的大小、位置、旋转角度等。

（5）调整完毕，再次单击鼠标左键确定，完成矩形填充的放置，如图 5-43 所示。

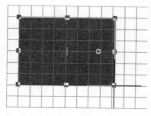 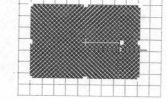 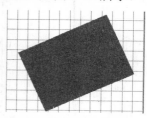

图 5-41　确定一个顶点　　　　图 5-42　确定对角顶点　　　　图 5-43　放置矩形填充

（6）双击放置的矩形填充，打开如图 5-44 所示的【矩形填充】对话框。在该对话框内可以详细设置矩形填充的有关属性。对于放置在信号层的矩形填充，应设置相应的网络名称，以便于区分。

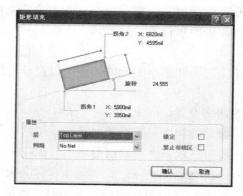

图 5-44　【矩形填充】对话框

5.3.5　放置敷铜

敷铜的放置是大多数 PCB 设计中的一项必要操作，一般在完成了元器件布局和布线之后进行，把 PCB 上没有放置元器件和导线的地方都用铜模来填充，以增强电路板工作时的抗干扰性能。敷铜只能放置在信号层，可以连接到网络，也可以独立存在。

与前面所放置的各种图元不同，敷铜在放置之前需要进行相关属性的设置。

执行【放置】/【敷铜】菜单命令，或者单击配线工具栏中的 ▓ 按钮，系统弹出【敷铜】对话框，如图 5-45 所示。

下面介绍【敷铜】对话框中各个区域内的选项功能。

（1）【填充模式】区域

用于选择敷铜的填充模式，有以下 3 种。

✧ 实心填充：即敷铜区域内为全铜敷设。选中该单选按钮后，需要设定删除岛的面积限制值及删除凹槽的宽度限制值。

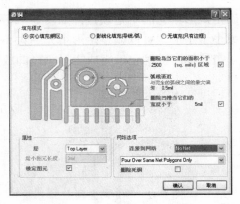

图 5-45 【敷铜】对话框

❖ 影线化填充：即向敷铜区域内填入网格状的敷铜。选中该单选按钮后，需要设定
网格线的宽度、网格的大小、围绕焊盘的形状及网格的填充模式等。

❖ 无填充：即只保留敷铜边界，内部无填充。选中该单选按钮后，需要设定敷铜边
界导线宽度及围绕焊盘的形状等。

（2）【属性】区域

用于设定敷铜所在的工作层面和最小图元的长度，以及是否选择锁定敷铜等。

（3）【网络选项】区域

用于进行与敷铜有关的网络设置。

❖ 连接到网络：选择设定敷铜所要连接的网络。系统默认为不与任何网络连接（No
Net），一般设计中通常将敷铜连接到信号地上（GND），即进行地线敷铜。

❖ 敷铜覆盖选项：该下拉列表框中包括 3 个选项，含义如下。

● Don't Pour Over Net Objects：选中该选项时，敷铜的内部填充不会覆盖具有
相同网络名称的导线，并且只与同网络的焊盘相连接。

● Pour Over Same Net Polygons Only：选中该选项时，敷铜将只覆盖具有相同网
络名称的多边形填充，不会覆盖具有相同网络名称的导线。

● Pour Over All Same Net Objects：选中该选项时，敷铜的内部填充将覆盖具有
相同网络名称的导线，并与相同网络的所有图元相连，如焊盘、过孔等。

❖ 删除死铜：用于设置是否删除死铜。死铜是指没有连接到指定网络图元上的封闭
区域内的敷铜。若选中该复选框，则可以将这些敷铜去除，使 PCB 更为美观。

【实例 5-7】PCB 敷铜。

（1）执行【放置】/【敷铜】菜单命令，或者单击配线工具栏中的 ▣ 按钮，在打开的对
话框中进行敷铜属性的有关设置。

（2）设置完毕，单击【确认】按钮关闭对话框，返回编辑窗口中，此时光标变成十
字形。

（3）单击鼠标左键确定起点，移动光标到适当位置处，依次确定敷铜边界的各个顶点，
如图 5-46 所示。

（4）在终点处，单击鼠标右键，退出命令。同时系统会自动将起点和终点连接起来，

形成一个封闭的区域，如图 5-47 所示。

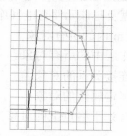

图 5-46　确定敷铜边界的各个顶点

图 5-47　形成封闭的区域

（5）拖动周围的小方块，系统会弹出如图 5-48 所示的重新敷铜确认对话框。单击 Yes 按钮后，系统将按照调整重新敷铜。

（6）最后完成的敷铜如图 5-49 所示，采用实心填充模式。

图 5-48　确认重新敷铜

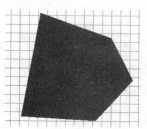

图 5-49　放置敷铜

5.4　Protel DXP PCB 的编辑功能

PCB 编辑操作与原理图中的操作基本相同，如对象的选择、删除、移动和属性的编辑等。下面介绍这些功能，重点介绍与原理图中不同的编辑操作。

5.4.1　选择功能

在 PCB 中执行选择操作时，操作方法与原理图中相同，只是增加了一些对 PCB 中专有对象的选择菜单。选择【编辑】/【选择】菜单命令，弹出如图 5-50 所示的子菜单。

图 5-50 所示的菜单命令介绍如下。

◇ 【区域内对象】菜单命令：选取 PCB 中鼠标选中区域内的对象。

◇ 【区域外对象】菜单命令：选取 PCB 中鼠标选中区域以外的对象。

◇ 【全部对象】菜单命令：选取 PCB 中禁止布线层区域以内的所有对象。

◇ 【板上全部对象】菜单命令：选取 PCB 上所有的对象。

◇ 【网络中对象】菜单命令：选中 PCB 某个网络中的所有对象。

◇ 【连接的铜】菜单命令：选择某一个敷铜有实际电气连接关系的所有对象。

◇ 【物理连接】菜单命令：选择两个焊盘之间的连接导线。

◇ 【元件连接】菜单命令：选择该元件所有的焊盘及与之有实际电气连接关系的导线。

◇ 【元件网络】菜单命令：选择该元件所有的焊盘及与该元件有电气连接关系的网络。

◇ 【Room 中的连接】菜单命令：选择一个 Room 内的所有对象。

◇ 【层上的全部对象】菜单命令：选择当前工作层中的所有对象。

◇ 【自由对象】菜单命令：选择所有没有电气连接关系的对象。

◇ 【全部锁定对象】菜单命令：选择所有具有锁定属性的对象。

◇ 【离开网络的焊盘】菜单命令：选择所有没有处于格点上的对象。

5.4.2 取消选择功能

选择【编辑】/【取消选择】菜单命令，弹出图 5-51 所示的子菜单，操作方法与【选择】子菜单相同，功能与【选择】子菜单的对应命令相反。

图 5-50 【选择】子菜单   图 5-51 【取消选择】子菜单

5.4.3 删除功能

在 PCB 印刷电路板设计过程中，经常会删除一些不必要的对象，这时就可以利用 Protel DXP 的删除功能。

【实例 5-8】在 PCB 中删除对象。

（1）执行【编辑】/【删除】菜单命令，光标变成十字形。

（2）将光标移动到想要删除的对象上，单击鼠标左键，则该对象被删除。

（3）如果继续删除其他对象，则可接着用鼠标左键单击欲删除的对象，直到单击鼠标右键，退出删除状态。

实现删除功能，还有其他比较简单的方法。

◇ 选择要删除的对象，然后按 Delete 键。

◇ 选择要删除的对象，然后执行【编辑】/【清除】菜单命令。

如果不小心误删除了元器件，则可以执行【编辑】/Undo 菜单命令，取消上一次的删除。其他误操作也可以使用该命令取消。

5.4.4 更改图元属性

更改图元的属性与在原理图中更改元器件的属性基本相同。更改图元属性一般有以下两种方式：

◇ 双击图元，打开如图 5-52 所示的对话框。

◇ 在需要修改的图元上单击鼠标右键，在弹出的快捷菜单中选择【属性】命令，同样会弹出如图 5-52 所示的对话框。

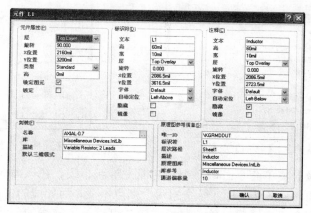

图 5-52 【元件】对话框

【元件】对话框分为 5 个部分，其中【标识符】、【注释】和【原理图参考信息】3 个区域，一般是不需要修改的。

【元件属性】区域中包含的选项与前面介绍的类似，所以不做过多介绍。一般常用到的就是【层】了，在这里修改图元所在的层是非常方便的。

【封装】区域用到的会多一些，因为在 PCB 制作过程中经常会因为元器件的封装问题需要对 PCB 进行修改。修改封装一般单击【名称】文本框后面的█按钮进行。

5.4.5 移动图元

元件载入到 PCB 印制板图中以后，其摆放位置和方向要根据印制板的大小和形状等实际情况进行合理的安排和设计。实现这一功能最基本的方法就是元件的移动。

移动对象是最常用的编辑功能，有关对象移动的菜单命令都在【编辑】/【移动】菜单下，如图 5-53 所示。

◇ 【移动】菜单命令：移动一个对象。该命令只移动单一的对象，而与该对象相连的其他对象不会随之移动，仍保留在原来的位置。所以，当 PCB 布线完成之后，不要轻易移动元器件，因为与元件焊盘相连的导线不会随着一起移动，从而造成连接线路的改变。

◇ 【拖动】菜单命令：拖动一个对象，与【移动】类似。但是【拖动】时与该元件相连的导线也随之移动。

◇ 【元件】菜单命令：该命令只移动元件，而不移动其他对象，如导线等。如果不把鼠标的十字光标放在元器件上，而是放在其他对象类上面单击鼠标左键，则会弹出【选择元件】对话框，如图 5-54 所示。可以从中选择元件，并选择要采取的相应动作。

图 5-53　【编辑】/【移动】菜单　　　　　　图 5-54　【选择元件】对话框

◇ 【重布导线】菜单命令：该命令的功能是重新布线。在该命令状态下，用光标选中一条导线后，拖动鼠标，导线的两个端点不变，而导线的中间段随着鼠标移动。拖动导线到合适位置后，单击鼠标左键，可以放置导线的一边，而另一边仍处于拖动状态，可以继续在适当位置单击鼠标左键以确定导线的具体位置，最后单击鼠标右键结束导线的拖动指令。

◇ 【建立导线新端点】菜单命令：该命令与【重布导线】类似，都可以拖动导线进行重新布线，不同之处在于该命令只能拖动一次，而【重布导线】可以连续拖动。

◇ 【拖动导线端点】菜单命令：该命令的功能是使导线的一个端点随光标的移动而移动，单击鼠标左键后，导线的位置就确定了。

◇ 【移动选择】菜单命令：移动已经选中的对象。

◇ 【旋转选择对象】菜单命令：旋转已选中的对象，执行该命令后，会弹出如图 5-55 所示的 Rotation Angle（旋转角度）对话框，要求输入旋转的角度值。

图 5-55　Rotation Angle 对话框

◇ 【翻转选择对象】菜单命令：水平翻转已选中的对象，与旋转 180°类似。

◇ 【覆铜顶】菜单命令：移动多边形填充。

5.4.6　跳转功能

在 PCB 印刷电路板设计过程中，往往需要快速定位某个特定位置或查找某个对象，这时可以利用 Protel DXP 提供的跳转功能来实现。执行【编辑】/【跳转】菜单命令，弹出如图 5-56 所示的多种可供选择的跳转方式菜单。

图 5-56　【编辑】/【跳转】菜单

菜单中各种跳转方式的具体功能如下。

◆　【绝对原点】菜单命令：跳转到绝对原点。"绝对原点"就是系统坐标系的原点。

◆　【当前原点】菜单命令：跳转到当前原点。"当前原点"即用户自定义的坐标系原点。

◆　【新位置】菜单命令：跳转到指定的坐标位置。执行该菜单命令后，出现如图 5-57 所示的【跳转到某位置】对话框，要求输入所要跳转到的新位置坐标。

◆　【元件】菜单命令：跳转到指定的元件。执行该命令后，出现如图 5-58 所示的 Component Designator（元件符号）对话框，要求输入所要跳转到的元件标号。

图 5-57　【跳转到某位置】对话框

图 5-58　Component Designator 对话框

◆　【网络】菜单命令：跳转到指定的网络。执行该命令后，出现如图 5-59 所示的 Net Name（网络名称）对话框，要求输入所要跳转到的网络名称。

◆　【焊盘】菜单命令：跳转到指定的焊盘。执行该命令后，出现如图 5-60 所示的 Jump To Pad Number（跳转到焊盘号）对话框，要求输入所要跳转到的焊盘的引脚号。由于电路中可能有多个元件具有相同的焊盘引脚号，所以用该方法定位特定元器件的焊盘并不是唯一的办法，还可以利用导航器来定位。

图 5-59　Net Name 对话框

图 5-60　Jump To Pad Number 对话框

◆　【字符串】菜单命令：跳转到指定的字符串。执行该命令后，出现如图 5-61 所示的 Jump To String（跳转到字符串）对话框，要求输入所要跳转到的字符串。

◆　【错误标记】菜单命令：跳转到错误标志处。该功能可以跳转到由 DRC 检查而产生错误的标志处，为修改电路图中的错误提供方便。

图 5-61　Jump To String 对话框

- ◇　【选择对象】菜单命令：跳转到所选择的对象。
- ◇　【位置标记】菜单命令：跳转到位置标志处。该命令需与【设定位置标记】命令配合使用。
- ◇　【设定位置标记】菜单命令：设置位置标志。对于大型的印制板图，特别是由多个页面组成的印制板图，在不同图之间查找某一位置往往很费时。使用该命令，可以在不同的页面或同一页面的不同位置设置多个位置标志（最多 10 个），这样就可以使用【位置标记】命令跳转到指定的位置标志处，为印制板图的编辑工作提供了很大方便。

5.5　其他操作命令

在【编辑】菜单中还有一些其他操作命令，具体如下。

- ◇　Undo 菜单命令：撤销操作，可以撤销上一次的操作。
- ◇　Redo 菜单命令：重复上一次操作。
- ◇　【裁剪】菜单命令：用于对选择的对象进行剪切操作，这与其他应用软件的剪切功能一样，剪切下来的对象存储在剪贴板中，可以粘贴在其他地方。
- ◇　【复制】菜单命令：用于复制被选择的对象。选择该菜单命令后，光标变成十字形，在已经选择的对象上单击鼠标左键后，即把被选择的对象复制到剪贴板。
- ◇　【粘贴】菜单命令：用于把剪贴板中的内容复制到指定位置。
- ◇　【特殊粘贴】菜单命令：执行该菜单命令后，出现如图 5-62 所示的【特殊粘贴】对话框。

　　【特殊粘贴】对话框中各选项的含义与名字的意思一致，其中【加入到元件类】表示加入到元件列表，不能出现重复的元器件名称。

　　用户可以根据需要选择【粘贴】或【粘贴队列】菜单命令，如果是选择后者，弹出如图 5-63 所示的对话框。

图 5-62　【特殊粘贴】对话框

图 5-63　【设定粘贴队列】对话框

其中各个选项的含义如下。

（1）【放置变量】区域

用于确定粘贴队列的变量，主要包括以下两项。

◇　项目数：队列的元素个数。

◇　文本增量：元器件标号的增加值。

（2）【队列类型】区域

设置队列的类型，主要包括以下两种。

◇　圆型：该形式的具体队列参数取决于该对话框左下角的【圆形队列】区域设置。

◇　直线型：该形式的具体队列参数取决于该对话框右下角的【直线队列】区域设置。

（3）【圆形队列】区域

设置圆形队列的具体形式，主要有以下两种。

◇　旋转项目去匹配：选中该复选框，则表示队列中不同位置的元素其方向要发生相应的变化，否则队列中元素的方向不变。

◇　间距（角度）：表示圆形队列相邻元素之间的夹角。

（4）【直线队列】区域

设置直线形队列的具体形式，主要有以下两种。

◇　X 间距：X 方向两元素之间的距离。

◇　Y 间距：Y 方向两元素之间的距离。

如果 X 方向上两元素之间的距离为零，则元素纵向排列；如果 Y 方向上两元素之间的距离为零，则队列横向排列；如果两者都不为零，则队列斜向排列。

本章小结

本章详细介绍了 Protel DXP PCB 设计系统的基本操作和常用编辑功能，这是学好、用好该软件的基础，必须熟练掌握。

（1）详细介绍了如何通过 3 种方式创建 PCB 文件，包括通过 PCB 创建向导、PCB 模板以及菜单命令生成 PCB 文件，用户可以根据不同的需要和自己的喜好选择如何创建 PCB 文件。

（2）为了方便用户对 PCB 文件的查看管理，介绍了 PCB 编辑器的画面管理，并举例介绍了多窗口的管理操作。

（3）详细介绍了 PCB 的放置工具栏，包括如何放置导线、焊盘、过孔和矩形填充等，这部分内容需要在实际的项目工程中积累经验，这里只是介绍一下各种具体操作的方法。

（4）介绍了 PCB 印刷电路板中对象的选择和取消选择的方法，以及对象的移动、翻转和旋转方法，并具体介绍了【移动】菜单选项中不同选项的联系和区别。

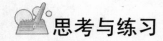思考与练习

1．思考题

（1）怎样同时观察多个 PCB 板图？有几种方式？

（2）怎样选择一个矩形区域内的元件？

（3）删除元件有几种方法？各是什么？

2．操作题

（1）创建一个名为 My designer 的工程，利用 PCB 向导创建一个带有 PCI long card 3.3V 64 位总线的 PCB。

（2）在上题创建的 My designer 工程中利用模板创建名为 test 的 PCB 文件。

第6章 PCB 板的制作

前面已经简单介绍了印刷电路板的一些基本概念和功能。本章将详细介绍制作 PCB 板的方法和技巧，并通过实例讲解让读者更全面地掌握使用 Protel DXP 2004 制作 PCB 板的方法。

6.1 PCB 板制作的流程

要利用 Protel DXP 2004 制作一块实际使用的电路板，首先要了解使用 Protel DXP 2004 制作印刷电路板的设计流程，以便从整体上把握印刷电路板的设计。

使用 Protel DXP 2004 制作印刷电路板的设计流程如图 6-1 所示。

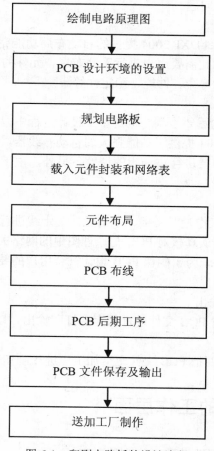

图 6-1　印刷电路板的设计流程

（1）绘制电路原理图

电路原理图是设计电路板的基础，在 Protel DXP 2004 的原理图编辑器中完成绘制。绘制完成之后，还要对其进行编辑，产生对应的网络表文件。此外，用户还需要确定所用元件的封装、数目等。

（2）PCB 设计环境的设置

设置 PCB 设计环境是绘制印刷电路板必不可少的一步。合理的设计环境能为以后的工作提供一个好的工作平台，方便用户以后的工作。

（3）规划电路板

在绘制印刷电路板时，用户需要对电路板有一个整体的规划，确定电路板的物理边框、采用几层板等。

（4）载入元件封装和网络表

网络表的载入是 PCB 设计很重要的一个环节，是 PCB 布线的灵魂，只有把网络表载入 PCB 文件中，才有可能完成自动布线。另外，印刷电路板对应的是实际的元件，因此元件的封装信息也必须载入到 PCB 中，这样才能进行元件的布局和布线。在网络表的载入过程中，系统会自动检测元件网络和元件的封装形式是否正确，并提示用户存在的问题，用户可以根据提示解决存在的问题。

（5）元件布局

元件布局可以采用 Protel DXP 2004 提供的自动布局功能完成，但在实际工作中，自动布局往往不能满足要求，因此需要用户进行手动布局。元件的布局直接影响着之后的布线操作，从而会影响到产品的寿命、性能、稳定性等。

（6）PCB 布线

PCB 布线是产品设计的重要步骤，也是整个设计过程中限制最严、技巧最细、工作量最大的一步。Protel DXP 2004 提供了功能强大的自动布线器，但它不可能做到十全十美，总有一些不合理的地方，需要进行进一步的调整。另外，由于部分产品的一些特殊要求，需要用户手动完成布线操作。

（7）PCB 后期工序

PCB 后期工序的主要工作是对文字、个别元件及走线进行微调，对敷铜、注释等方面进行调整等。此外用户还要认真核对 PCB 与原理图中的网络关系是否正确，防止由于疏忽造成的网络关系错误。另外，为了确保 PCB 设计符合用户的要求，还要对布置好线的印刷电路板进行 DRC 校验。

（8）PCB 文件保存及输出

完成上述工作后，要对 PCB 文件进行保存、打印输出，以备以后工作中使用。

（9）送加工厂制作

完成 PCB 的设计后，要把 PCB 文件交给加工厂进行制作生产。

6.2　设置电路板的工作层面

Protel DXP 2004 为用户提供了 6 种类型共 74 个工作层，下面分别介绍。

6.2.1　电路板的结构

每一块电路板通常都是由大致相同的几个层次组成。制板商根据用户的设计信息完成各个不同层次的制作，然后通过压制、处理，生成各种结构致密、功能齐全的电路板。如图 6-2 所示是一个常见的 4 层板结构示意图。

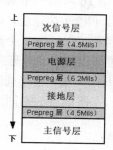

图 6-2　一个典型的 4 层板结构示意图

6.2.2　工作层面类型说明

选择【设计】/【PCB 板层次颜色】菜单命令，然后在弹出的对话框中取消选中【只显示图层堆栈中的层】、【只显示图层堆栈中的平面】、【只显示有效的机械层】3 个复选框，这样即可看到系统提供的所有层，如图 6-3 所示。

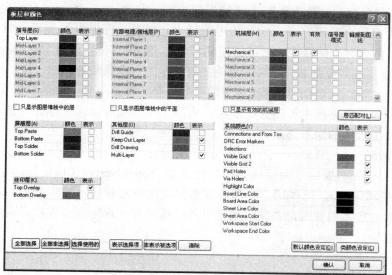

图 6-3　Protel DXP 2004 提供了所有工作层

（1）信号层

Protel DXP 2004 可以设计多层板，它为用户提供了 32 个信号层，分别是 Top Layer（顶层）、Mid-Layer 1（第 1 中间层）～Mid-Layer 30（第 30 中间层）、Bottom Layer（底层），

软件中各层以不同的颜色显示。信号层主要用来放置组件和铜膜导线，在顶层和底层都可以放置组件和铜膜导线，但在中间层只能放置导线。在实际制作印刷电路板时，放置元件时，尽量只在顶层或者底层放置，而不要在顶层或底层都放置。

（2）内部电源/接地层

Protel DXP 2004 为用户提供了 16 层内部电源/接地层，分别是 Internal Plane 1（第 1 内部电源/接地层）～Internal Plane 16（第 16 内部电源/接地层），同时各层以不同的颜色显示。用户只有在设计多层板时才会用到内部电源/接地层，顾名思义，该层主要是用来放置电源线和接地线的，每个内部电源/接地层都可以设置一个网络名称，PCB 设计系统会把这个层和其他具有相同网络名称的焊盘、过孔以预拉线的形式连接起来。Protel DXP 2004 还允许用户把同一个内部电源/接地层分成几个区域，在不同区域可以安排不同的电源和地。例如可以在电源层安排+12V、+15V 等，在接地层的不同区域可以分别放置电源地、模拟地、数字地等。

（3）机械层

机械层是用于描述电路板的机械结构、标注以及加工等说明所使用的层面，不具有任何的电气连接特性。Protel DXP 2004 提供了 16 层机械层，分别是 Mechanical 1（第 1 机械层）～Mechanical 16（第 16 机械层）。第 1 机械层通常用于设置电路板的边框线，第 16 机械层通常记录着 PCB 的图纸信息，同时各层以不同的颜色显示。

（4）屏蔽层

Protel DXP 2004 为用户提供了 4 层屏蔽层，分为两种，分别是 Paste Mask（阻焊膜）和 Solder Mask（助焊膜），每一层以不同的颜色显示。

- ✧ Paste Mask：包括 Top Paste（顶层阻焊膜）和 Bottom Paste（底层阻焊膜）。这一层为虚层，并不存在于实际的电路板上，而是一张单独的钢网。钢网上有 SMD 焊盘的位置上的镂空，一般镂空的形状与 SMD 焊盘一样，尺寸略小。钢网是在 SMD 自动装配焊接工艺中用来在 SMD 焊盘上涂锡浆膏用的。

- ✧ Solder Mask：包括 Top Solder（顶层助焊膜）和 Bottom Solder（底层助焊膜）。在实际印刷电路板中该层为绿油层，实际上就是在绿油层上挖孔，把焊盘等不需要绿油层盖住的地方露出来。

（5）丝印层

Protel DXP 2004 提供了两层丝印层，分别是 Top Overlay（顶层丝印层）和 Bottom Overlay（底层丝印层）。丝印层主要用来放置组件的外形轮廓、文本标注、组件标号等，在印刷电路板上放置组件时，系统自动把组件的标号和外形轮廓放置在顶层丝印层上。

（6）其他层

分别是以下 4 层。

- ✧ Drill Guide（钻孔引导层）和 Drill Drawing（钻孔冲压层）：用于记录电路板中所有钻孔的信息。

- ✧ Keep-Out Layer（禁止布线层）：主要用于电路板的自动布局和自动布线操作。

- ✧ Multi-Layer（复合层）：复合层使印刷电路板上的当前层都叠加在一起显示，在复合层上放置组件时，能够很方便地把组件放到所有层中，所以可以在该层放置焊盘和过孔。

6.2.3　设置工作层面

Protel DXP 2004 为用户提供了很多的工作层面，但是在设计过程中并不需要都显示出来，设计时用到的工作层面是有限的，只要显示需要用到的工作层面就可以了。因此在电路板设计之前需要对板的层数及属性进行详细设置。此类工作可以由 Protel DXP 2004 的图层堆栈管理器来完成。

选择【设计】/【图层堆栈管理器】菜单命令，即可打开如图 6-4 所示的【图层堆栈管理器】对话框。

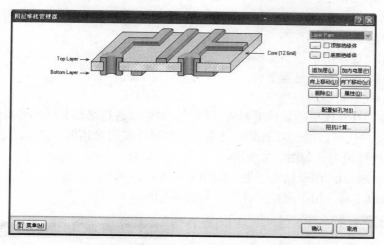

图 6-4　【图层堆栈管理器】对话框

在该对话框中可以增加层、删除层、移动层所处的位置，并可以对各层的属性进行编辑。

【图层堆栈管理器】对话框中各项参数的含义如下。

◇　层的堆叠类型：电路板的层叠结构中不仅包括拥有电气特性的信号层，还包括无电气特性的绝缘层，绝缘层主要有两种：Core（填充层）和 Prepreg（塑料层）。层的堆叠类型主要指绝缘层在电路板中的排列顺序，默认的 3 种堆叠类型为 Layer Pairs、Internal Layer Pairs、Build-Up，如图 6-5 所示。只有在信号完整性分析中需要用到盲孔或深埋过孔时才需要进行层的堆叠类型的设置。

◇　【顶部绝缘体】复选框：选中该复选框，印刷电路板上将附上顶层绝缘体，单击左边的▭按钮，可以打开【介电性能】对话框设置顶层绝缘体的属性，如图 6-6 所示。

◇　【底部绝缘体】复选框：选中该复选框，印刷电路板上将附上底层绝缘体，单击左边的▭按钮，可以打开【介电性能】对话框设置底层绝缘体的属性，如图 6-6 所示。

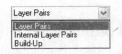

图 6-5　层的堆叠类型　　　　　　图 6-6　顶部绝缘体属性设置

在图 6-4 所示的【图层堆栈管理器】对话框中，在左侧单击选中某一个工作层面，然后单击下面的按钮，能够实现一些功能。

◇　追加层(L)：在该层的下方添加一个信号层，在 PCB 中最多可以拥有 32 个信号层。

◇　加内电层(P)：在该层的下方添加一个内部电源/接地层，在 PCB 中最多可以拥有 16 个内部电源/接地层。

◇　向上移动(U)：使该层的位置上移。

◇　向下移动(W)：使该层的位置下移。

◇　删除(D)：删除该层。

◇　属性(O)：打开该层的属性编辑对话框，从中可以进行名称、厚度等属性的设置。当然，用户也可以通过双击某一层来打开其属性编辑对话框。在此以 Core（绝缘层）为例进行说明，如图 6-7 所示。

◇　配置钻孔对(I)：用于钻孔设置，如图 6-8 所示。

◇　阻抗计算：用于阻抗的计算，如图 6-9 所示。

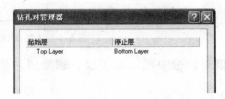

图 6-7　【介电性能】对话框　　　　　　图 6-8　【钻孔对管理器】对话框

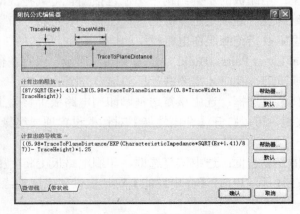

图 6-9　【阻抗公式编辑器】对话框

❖ 　![菜单(M)]：单击此按钮或者在【图层堆栈管理器】对话框中的任意位置单击鼠标右键，将弹出如图 6-10 所示的快捷菜单。【图层堆栈范例】菜单命令提供了常用的不同层数的电路板层数设置，用户可以自行选择而不需要重新设计。【复制到剪贴板】菜单命令用于把图层堆栈管理器中的设置复制到剪贴板中。

【实例 6-1】设置 4 层板工作层面。

（1）新建一个 PCB 项目，保存为 FourLayer.PRJPCB。选择【文件】/【创建】/【项目】/【PCB 项目】菜单命令，这样就建立了一个 PCB 项目，同时弹出 Projects 面板。选择【文件】/【保存项目】菜单命令，保存为 FourLayer.PRJPCB，如图 6-11 所示。

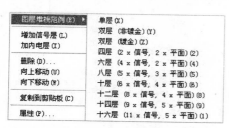

图 6-10　图层堆栈管理器的快捷菜单

图 6-11　Projects 面板

（2）在 FourLayer.PRJPCB 项目中新建一个 PCB 文件，保存为 FourLayer.PCBDOC。在 Projects 面板中右击项目名称，在弹出的快捷菜单中选择【追加新文件到项目中】/PCB 菜单命令，这样建立了一个 PCB 文件，选择【文件】/【保存】菜单命令，保存为 FourLayer. PCBDOC，如图 6-12 所示。

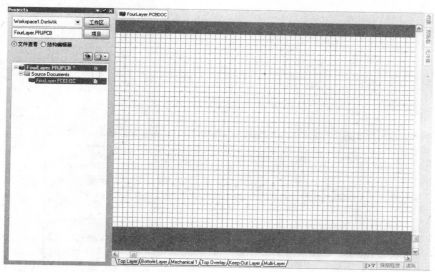

图 6-12　新建 PCB 文件

这时建立的 PCB 文件为双层板，下面将要讲解的是如何设置其工作层面。

（3）追加内部电源/接地层。选择【设计】/【图层堆栈管理器】菜单命令，即可打开如图 6-13 所示的【图层堆栈管理器】对话框，在左侧单击选中某一个工作层面，然后单击![加内电层(P)]

按钮即可在该层的下方添加一个内部电源层，再次单击即可添加第二个内部电源层。

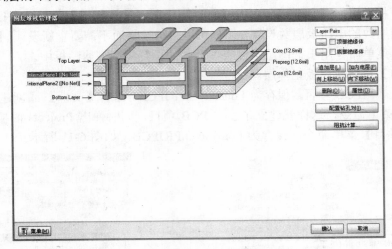

图 6-13　追加内部电源/接地层

（4）选中其中的一个内部电源层，单击【属性(O)】按钮，打开【编辑层】对话框，如图 6-14 所示，将其名称改为 VCC。用同样的方法把另一个内部电源/接地层的名称改为 GND。完成后的【图层堆栈管理器】对话框如图 6-15 所示。

图 6-14　【编辑层】对话框

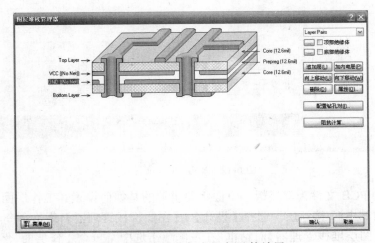

图 6-15　完成追加内部电源/接地层

6.3　设置环境参数

选择【工具】/【优先设定】菜单命令，将弹出如图 6-16 所示的【优先设定】对话框。

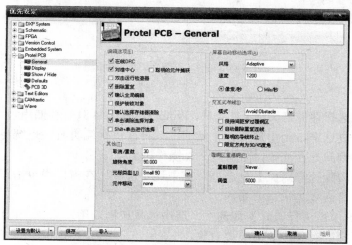

图 6-16　【优先设定】对话框

通过选择左边的 Protel PCB 中的标签页，可以对当前 PCB 文件的系统环境参数进行设置。下面将分别介绍各个标签页的功能。

6.3.1　General 标签页

（1）【编辑选项】区域

✧ 【在线 DRC】复选框：选中该复选框，则系统将实时地进行 DRC 检查，所有违反 PCB 设计规则的地方都将以绿色醒目地标识出来，用户可以直观地看到所有错误。

✧ 【对准中心】复选框：选中该复选框，光标将自动移动到所选对象的中心。

✧ 【聪明的元件捕获】复选框：选中该复选框，当选中组件时，光标会自动地移动到离这个组件最近的焊盘上。

✧ 【双击运行检查器】复选框：选中该复选框，再双击某一个对象时打开的是该对象的【检查器】面板，如图 6-17 所示。

✧ 【删除重复】复选框：选中该复选框，系统将自动删除印刷电路板上元件编号重复的元件。

✧ 【确认全局编辑】复选框：选中该复选框，用户在进行全局编辑时会提示当前操作影响到的对象的数量。

✧ 【保护被锁对象】复选框：选中该复选框，当用户对锁定的对象进行操作时，系统会自动弹出一个对话框，询问是否继续操作，以防止用户误操作。

图 6-17　【检查器】面板

❖　【确认选择存储器清除】复选框：Protel DXP 2004 具有存储用户选择记录的功能。选中该复选框，当用户对已存储的记录再次进行编辑时，系统将自动弹出一个对话框，询问是否继续，防止用户误操作。

❖　【单击清除选择对象】复选框：选中该复选框，在窗口中单击任意一处，已选择的对象将恢复为未选中状态。

❖　【Shift+单击进行选择】复选框：选中该复选框，用户需要在按住 Shift 键的同时单击选择的对象才能选中该对象。

（2）【屏幕自动移动选项】区域

❖　风格：在此下拉列表框中可以选择视图自动缩放的模式，如图 6-18 所示。

❖　速度：在【速度】文本框中设置移动速度，可选择单位为像素/秒或英寸/秒。

（3）【交互式布线】区域

该区域主要用于对交互式布线相关属性进行设置。

❖　模式：用来设置交互式布线模式，共有 3 种模式可选，如图 6-19 所示。

图 6-18　选择视图自动缩放的模式

图 6-19　交互式布线模式

● Ignore Obstacle：忽略障碍模式。

● Avoid Obstacle：避开障碍模式。

● Push Obstacle：移开障碍模式。

❖　【保持间距穿过敷铜区】复选框：选中该复选框，用户可以直接在敷铜上走线。

❖　【自动删除重复连线】复选框：选中该复选框，用户在进行手动布线时自动删除重复的连线。

❖　【聪明的导线终止】复选框：选中该复选框，在电路板的布线过程中，系统会自动将用户未完成的布线连接起来。

❖　【限定方向为 90/45 度角】复选框：选中该复选框，用户可以通过按 Space 键进行多种布线模式之间的切换。

（4）【其他】区域

◇ 【取消/重做】文本框：主要用于设置取消/重做操作的步数。

◇ 【旋转角度】文本框：在元件放置时，每按一次 Space 键元件所旋转的角度，默认为 90°。

◇ 【光标类型】下拉列表框：用于设置工作窗口中光标的显示类型，如图 6-20 所示。

◇ 【元件移动】下拉列表框：用于设定元件移动时是否拖动与元件相连的布线。none 表示只拖动元件，Connected Tracks 表示连线随着元件一起拖动。

（5）【覆铜区重灌铜】区域

◇ 【重新覆铜】下拉列表框：当覆铜被移动时，系统可以根据此处的设置确定是否重新进行覆铜。共有 3 种选择方式，如图 6-21 所示。

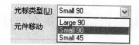

图 6-20　鼠标指针的类型　　　　　　　　图 6-21　【重新覆铜】下拉列表框

- Never：不进行重新覆铜操作。
- Threshold：根据阀值中设置的覆铜极限，当覆铜超出极限时，系统会提示以确认是否进行重新覆铜操作。
- Always：总是进行重新覆铜的操作。

◇ 【阀值】文本框：设置覆铜极限值。

6.3.2　Display 标签页

单击 Display 标签，打开该标签页，如图 6-22 所示。

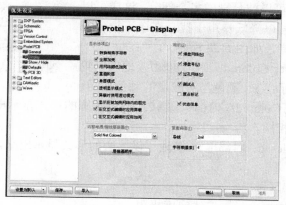

图 6-22　Display 标签页

（1）【显示选项】区域

◇ 【转换特殊字符串】复选框：选中该复选框，一些特殊的字符将以具体的内容显示在工作窗口中。

◇ 【全部加亮】复选框：选中该复选框，选中的对象将以当前的颜色突出地显示出来。

- ✧ 【用网络颜色加亮】复选框：选中该复选框，选择的网络将以网络的颜色定义突出地显示出来。
- ✧ 【重画阶层】复选框：选中该复选框，当用户在不同的板层之间切换时，窗口将被自动刷新。
- ✧ 【单层模式】复选框：选中该复选框，工作窗口只显示选中工作层面中的对象。
- ✧ 【透明显示模式】复选框：选中该复选框，每一层的颜色都是透明的，这样可以显示所有层的对象。
- ✧ 【屏蔽时使用透过模式】复选框：选中该复选框，在屏蔽状态下每一层的颜色都是透明的，这样可以显示所有层的对象。
- ✧ 【显示在被加亮网络内的图元】复选框：选中该复选框，在单层模式下，系统将显示所有层中的对象，包括隐藏的对象。
- ✧ 【在交互式编辑时应用屏蔽】复选框：选中该复选框，不是正在布线的对象将被隐藏显示。
- ✧ 【在交互式编辑时应用加亮】复选框：选中该复选框，用户在交互式编辑模式下可以使用加亮功能。

（2）【表示】区域

- ✧ 【焊盘网络】复选框：选中该复选框，系统将显示焊盘所在的网络名称。
- ✧ 【焊盘号】复选框：选中该复选框，系统将显示焊盘的数量。
- ✧ 【过孔网络】复选框：选中该复选框，系统将显示过孔的网络名称。
- ✧ 【测试点】复选框：选中该复选框，系统将在工作窗口中显示测试点。
- ✧ 【原点标记】复选框：选中该复选框，系统将在工作窗口中显示坐标原点。
- ✧ 【状态信息】复选框：选中该复选框，系统将显示当前的操作信息。

（3）【内部电源/接地层描画】区域

内部电源/接地层可以被分割成多个部分，这样可以节省布线时间，同时可以降低噪声干扰。在该下拉列表框中有 3 种不同的选择，如图 6-23 所示。

图 6-23　内部电源/接地层显示模式

- ✧ Outlined Layer Colored：内部电源/接地层以轮廓的形式显示出来，颜色与对应层的颜色相同。
- ✧ Outlined Net Colored：内部电源/接地层以轮廓的形式显示出来，颜色和与其连接的网络颜色相同。
- ✧ Solid Net Colored：内部电源/接地层以实心的形式显示出来，颜色与其所在的网络颜色相同。

（4）【草案阈值】区域

- ✧ 【导线】文本框：设置走线宽度极限。
- ✧ 【字符串（像素）】文本框：设置字符串像素高度极限。

6.3.3　Show/Hide 标签页

单击 Show/Hide 标签，打开 Show/Hide 标签页，如图 6-24 所示。

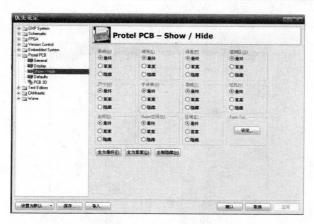

图 6-24　Show/Hide 标签页

该标签页中列出了 PCB 中所有对象的显示模式,每一种对象都有 3 种显示模式,即【最终】、【草案】、【隐藏】。

　　◇　【最终】单选按钮:选中该单选按钮,对应的对象将以实心的形式显示出来。

　　◇　【草案】单选按钮:选中该单选按钮,对应的对象将以空心的形式显示出来,即只显示其轮廓。

　　◇　【隐藏】单选按钮:选中该单选按钮,对应的对象将不显示在工作窗口中。

6.3.4　Defaults 标签页

单击 Defaults 标签,打开 Defaults 标签页,如图 6-25 所示。

在该标签页中用户可以对 PCB 编辑器中的各种对象的默认属性进行设置。通常情况下,用户不需要对此标签页中的内容进行改动。

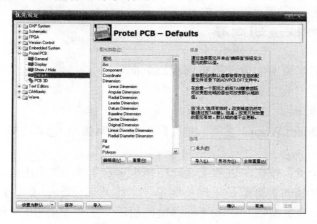

图 6-25　Defaults 标签页

(1)【图元类型】区域

在【图元】列表框中列出了 PCB 编辑器中的所有对象。选中某一个对象,单击 编辑值(V) 按钮,即可对该对象的属性进行设置,在此以 Arc 为例,如图 6-26 所示;单击 重置(R) 按钮,则可恢复系统原来的设置。

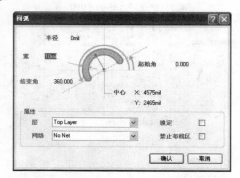

图 6-26　圆弧属性设置对话框

（2）【选项】区域

选中【永久】复选框，所有对象的默认属性将被锁定。

6.3.5　PCB 3D 标签页

PCB 3D 标签页用于 PCB 板的 3D 视图的相关设置，一般采用默认设置即可。

6.4　规划电路板和电气特性

设计一个电子产品，首先要设计其电路板，电路板的规划是产品规划的基础。所谓电路板的规划，就是指电路板物理层边界和电路板电气层边界的确定。

规划电路板的方法有两种：一种是手动规划，另一种是使用电路板规划向导。

6.4.1　使用电路板规划向导

下面用一个实例来说明如何使用电路板规划向导。

【实例 6-2】使用向导生成电路板。

（1）打开 Files 面板，如图 6-27 所示。

（2）单击 PCB Board Wizard 选项，进入【Protel 2004 新建电路板向导】界面，如图 6-28 所示。

（3）单击【下一步】按钮，进入【选择电路板单位】界面，如图 6-29 所示。标准封装库中的大多数元件封装的管脚都是采用英制单位，因此这里选中【英制】单选按钮。

（4）单击【下一步】按钮，进入【选择电路板配置文件】界面，如图 6-30 所示。在电路板类型列表框中，Custom 表示自定义，其他都是系统设置好的板框类型，这里选择 Custom 选项。

（5）单击【下一步】按钮，进入【选择电路板详情】界面，如图 6-31 所示。

（6）设置好电路板详情后单击【下一步】按钮，进入【选择电路板层】界面，如图 6-32

所示。

图 6-27　Files 面板

图 6-28　【Protel 2004 新建电路板向导】界面

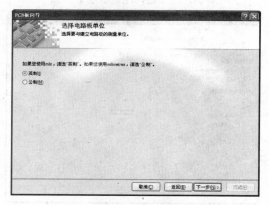

图 6-29　【选择电路板单位】界面

图 6-30　【选择电路板配置文件】界面

图 6-31　【选择电路板详情】界面

（7）单击【下一步】按钮，进入【选择过孔风格】界面，选中【只显示通孔】单选按钮，如图 6-33 所示。

（8）单击【下一步】按钮，进入【选择元件和布线逻辑】界面，选中【通孔元件】和
【两条导线】单选按钮，如图 6-34 所示。

（9）单击【下一步】按钮，进入【选择默认导线和过孔尺寸】界面，如图 6-35 所示。

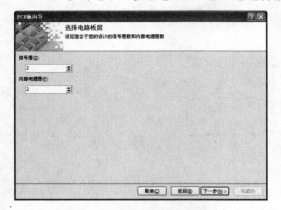

图 6-32　【选择电路板层】界面

图 6-33　【选择过孔风格】界面

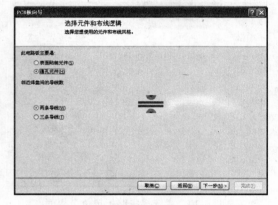

图 6-34　【选择元件和布线逻辑】界面

图 6-35　【选择默认导线和过孔尺寸】界面

（10）单击【下一步】按钮，进入【Protel 2004 电路板向导完成】界面，如图 6-36 所示。

图 6-36　【Protel 2004 电路板向导完成】界面

（11）单击【完成】按钮，完成 PCB 板的设置。这时 PCB 编辑器自动打开，系统将自动生成一个 PCB 文件 PCB1.PcbDoc，如图 6-37 所示。

（12）选择【文件】/【保存项目】菜单命令，弹出保存文件对话框，在【文件名】下拉列表框中修改文件名称，如图 6-38 所示。

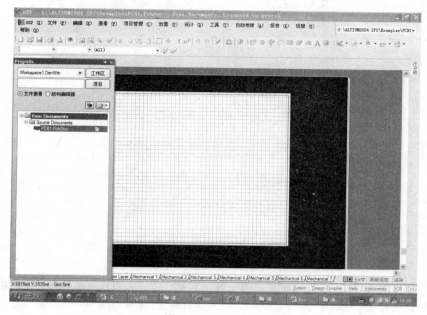

图 6-37　PCB 文件

图 6-38　保存文件对话框

6.4.2　手动规划 PCB 电路板

手动规划 PCB 电路板包括两个方面：手动规划电路板物理层边界和手动规划电路板电气层边界。

首先介绍手动规划电路板物理层边界的步骤。

【**实例 6-3**】手动规划电路板物理层边界。

（1）选择【文件】/【创建】/【PCB 文件】菜单命令，系统建立一个 PCB 文件 PCB1.PcbDoc，如图 6-39 所示。

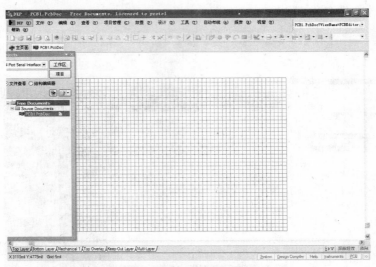

图 6-39 新建 PCB 文件

（2）单击工作窗口下方的 Mechanical 1 标签，将当前的工作层设置为 Mechanical 1，即机械层，用来设置电路板的大小和形状。选择【放置】/【直线】菜单命令，光标会变成十字形状，在电路板一角的某一位置单击鼠标确定一条边界的起点，然后在电路板另一个角的某一位置单击鼠标，确定这条边界的终点，这样就确定了这条边界。单击鼠标右键可以结束放置边界状态。用同样的方法可以绘制其他 3 条边界完成设定物理层边界，如图 6-40 所示。

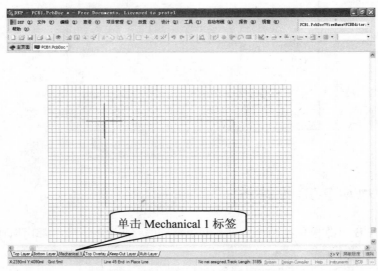

单击 Mechanical 1 标签

图 6-40 设定物理层边界

（3）在设置边界的状态下，按 Tab 键，可以进入【线约束】对话框，如图 6-41 所示。

（4）使用鼠标双击已经设置好的边界，系统会弹出【导线】对话框，如图 6-42 所示，通过该对话框可以对边界进行精确定位和设置。

图 6-41 【线约束】对话框

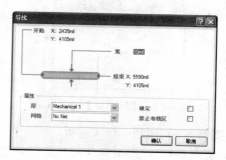

图 6-42 【导线】对话框

介绍完手动规划电路板物理层边界的步骤，接着介绍手动规划电路板电气层边界的步骤。

【实例 6-4】手动规划电路板电气层边界。

（1）单击工作窗口下方的 Keep-Out Layer 标签，将当前的工作层设置为 Keep-Out Layer，即禁止布线层，用来设置电路板电气层的边界，将元件限制在边界之内，如图 6-43 所示。

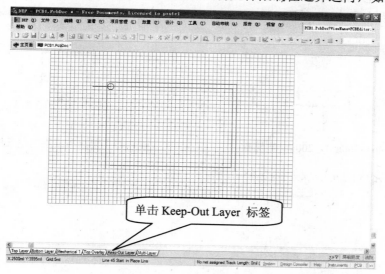

图 6-43 Keep-Out Layer 标签

（2）选择【放置】/【禁止布线区】/【导线】菜单命令，光标变成十字形状，在电路板一角的某一位置单击鼠标确定一条边界的起点，然后在电路板另一角的某一位置单击鼠标，确定这条边界的终点，这样就确定了这条边界。单击鼠标右键可以结束放置边界状态。用同样的方法可以绘制其他 3 条边界。

（3）在设置边界的状态下，按 Tab 键，可以进入【线约束】对话框，如图 6-44 所示。

（4）使用鼠标双击已经设置好的边界，系统会弹出【导线】对话框，如图 6-45 所示，通过该对话框可以对边界进行精确定位和设置。

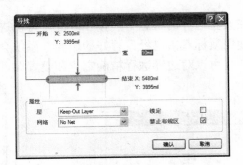

图 6-44 【线约束】对话框　　　　　图 6-45 【导线】对话框

【实例 6-5】规划一个 4 层板。

接实例 6-1，继续对该 4 层板进行规划。

（1）规划电路板。单击工作窗口下方的 Mechanical 1 标签，使该层面处于当前的工作窗口中。选择【放置】/【直线】菜单命令，此时光标变为十字形状，开始放置边框。通过编辑边框属性，使其成为一个 200mil×200mil 的封闭矩形框。放置效果如图 6-46 所示。

（2）PCB 板的电气边界的设置。单击工作窗口下方的 Keep-Out Layer 标签，使该层面处于当前的工作窗口中。选择【放置】/【禁止布线区】/【导线】菜单命令，此时光标变为十字形状，然后移动鼠标到工作窗口中，在禁止布线层上创建一个 200mil×200mil 的封闭区域。放置效果如图 6-47 所示。

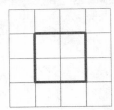

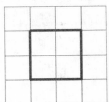

图 6-46 200mil×200mil 电路板　　　　图 6-47 禁止布线层的电气边界

（3）创建完成的 4 层板如图 6-48 所示。

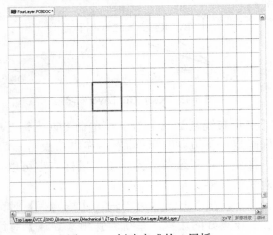

图 6-48 创建完成的 4 层板

6.5　准备电路原理图和网络表

原理图设计是 PCB 设计的第一步，一张正确完美的电路原理图能为以后的 PCB 设计带来极大的方便。

在此，以一个"基于 LM2576 的单片机系统供电电源"电路原理图为例进行讲解。为了讲解上的方便，本实例将与讲解内容穿插讲解。

【实例 6-6】基于 LM2576 的单片机系统供电电源。

图 6-49 所示为"单片机系统供电电源.PRJPCB"工程中的"单片机系统供电电源.SCHDOC"原理图，按照前面章节所讲述的内容，绘制该原理图。检查电路原理图中的元件是否选对、连线是否正确、元件封装是否正确等，为后续工作做好准备。

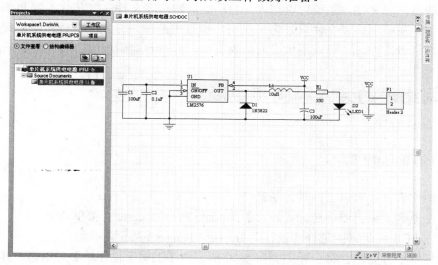

图 6-49　单片机系统供电电源原理图

原理图设计完成后，要进行网络表的生成，网络表是原理图设计与 PCB 设计之间的桥梁。选择【设计】/【文档的网络表】/Protel 菜单命令，即可完成网络报表的生成。生成的网络表自动命名为"单片机系统供电电源.NET"，生成的网络表如下：

```
[                          [                          U1
C1                         D2                         T05A
RAD-0.3                    LED-1                      LM2576
                           LED-1



                           ]                          ]
]                          [                          (
[                          L1                         C1-1
```

```
C2                        INDC1005-0402          C2-1
RAD-0.3                   Inductor                C3-2
                                                  D1-1
                                                  D2-2
                                                  P1-2
                          ]                       U1-3
]                         [                       U1-5
[                         P1                      )
C3                        HDRIX2                  (
CAPR5-4X5                 Header2                  NetC1_2
Cap2                                              C1-2
```

　　Protel DXP 2004 具有真正的双向同步设计技术,因此在执行网络表的载入时,并不一定需要生成网络表文件,系统可以在内部自动生成网络表文件并把其载入到 PCB 文件中。在此要求用户生成网络表文件只是为了让用户检查电路图,并完成对资料的整理,所以用户在载入网络表文件时,可以不生成网络表文件,但一定要确保电路原理图的正确性。

6.6　网络表的装入和同步更新

6.6.1　网络表的装入

　　装入网络表文件有以下两种方法:
　　◇　在原理图编辑器中选择【设计】/Update PCB Document 菜单命令。
　　◇　在 PCB 编辑器中选择【设计】/Import Changes From 菜单命令。
　　执行任意一种方法,将会弹出如图 6-50 所示的【工程变化订单】对话框,其中列出了载入网络表文件时所要进行的所有变化。

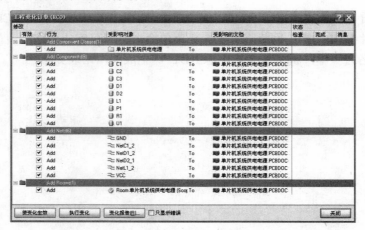

图 6-50　【工程变化订单】对话框

单击【工程变化订单】对话框中的 使变化生效 按钮，系统将检查所有改变能否在 PCB 上有效执行，检查结果将出现在【检查】栏中，如图 6-51 所示。若是对号，则表明该操作可以完成。若是错号，则表明该操作不能被执行，需要查出原因并进行修改。

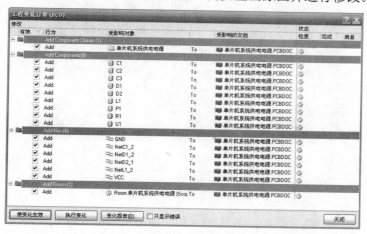

图 6-51　检查结果

单击【工程变化订单】对话框中的 变化报告(B) 按钮，弹出如图 6-52 所示的【报告预览】对话框，在其中可以查看并打印网络表。

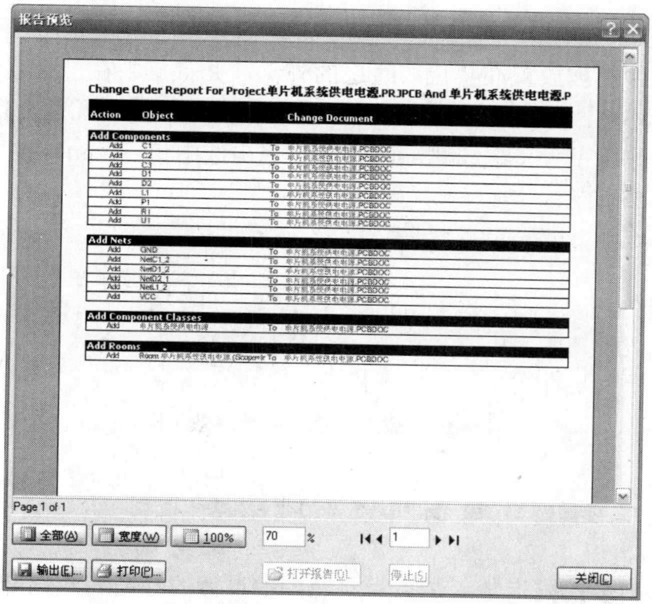

图 6-52　【报告预览】对话框

单击【工程变化订单】对话框中的 执行变化 按钮，此时系统将自动完成网络表的导入，导入成功后【完成】栏中将显示对号（"√"）标志，如图 6-53 所示。

关闭【工程变化订单】对话框，此时在 PCB 工作窗口的右侧导入了所有元件的封装模型，如图 6-54 所示。图中各个元件之间保持着与原理图相同的电气特性。

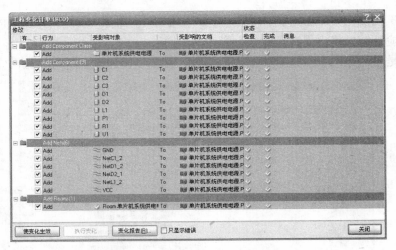

图 6-53　网络表导入完成

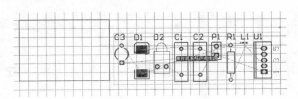

图 6-54　载入网络表文件效果图

　　载入的所有元件都被放置在禁止布线层的外侧，并且集中在一个名为"单片机系统供电电源"的元件空间内。元件空间 Room 并不是一个实际的物理元件，只是一个逻辑空间，在实际设计过程中作用不大，建议删除，方法是单击选中该 Room，按 Delete 键即可。最终的效果图如图 6-55 所示。

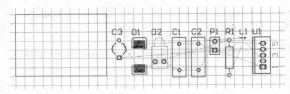

图 6-55　载入网络表的最终效果图

6.6.2　利用原理图设计同步器更新网络表

　　网络表与元件封装的同步装入是指将原理图中设计的数据装入到 PCB 板中。用户可以通过同步器来对原理图和 PCB 进行同步更新。

　　在同步更新时，应该确保原理图文件和 PCB 文件在同一个项目文件中，并且该项目中不包括其他的原理图和 PCB 文件，否则同步更新时可能会出现错误。

　　具体实现方法很简单，在原理图编辑界面，选择【设计】/【更新 PCB 文档】菜单命令，即可完成同步更新。

6.7　元件布局

　　元件的布局操作是整个 PCB 设计中不容忽视的一个步骤，是布线的基础，只有好的布局才能实现完美的布线。元件的布局没有完整的、统一的规律可循，只有一些指导性的原则，要在实践中摸索布局的技巧。

　　元件的布局以整齐、美观为主，而且要考虑元件之间的走线问题。在元件布局时应以核心元件为中心，其余元件整齐、均匀、紧凑地排列在 PCB 上，而且放置元件时还应考虑焊接是否方便，元件不能放置得太过密集。

6.7.1　元件的自动布局

　　元件的自动布局是系统根据自动布局的约束规则对元件进行初步的布局。Protel DXP 2004 的 PCB 编辑器根据一套智能算法可以对元件进行自动布局，但自动布局并不能一步就实现完美的布局，还需要用户进行相应的调整。但用户仍然可以在布局的初期进行自动布局，这样可以节省不少的时间，而对于不合理的地方用户则可以采用手动布局的方式进行调整。

　　选择【工具】/【放置元件】菜单命令，即可打开自动布局的子菜单，如图 6-56 所示。

　　1．【自动布局】菜单命令

　　选择【自动布局】菜单命令，即可启动系统自动布局功能，此时将弹出如图 6-57 所示的对话框，提示用户对自动布局的方式进行设定。

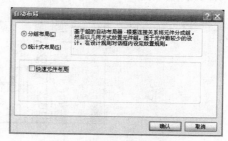

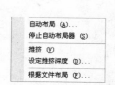

图 6-56　【自动布局】子菜单　　　　　图 6-57　自动布局方式设定

　　（1）分组布局方式

　　选中【分组布局】单选按钮，将显示如图 6-57 所示的对话框。分组布局方式是根据连接关系将元件分成组，然后以几何方式放置元件组。这种方式适用于元件数较少的设计。

　　如果选中【快速元件布局】复选框，系统将进行快速元件自动布局，可以在较短的时间内完成元件的布局，但是无法达到最优化的布局效果。

　　（2）统计式布局方式

　　选中【统计式布局】单选按钮，将显示如图 6-58 所示的对话框。统计式布局是基于统计的自动布局，它以最小连接长度放置元件。这种方式适用于元件数较多的设计，一般大于 100 个元件。

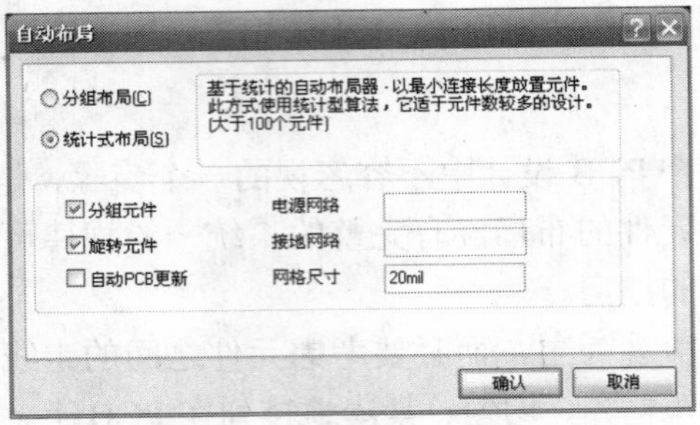

图 6-58 统计式布局方式设定

图 6-58 所示对话框中各个选项的含义如下。

◇ 【分组元件】复选框：选中该复选框，将 PCB 设计中网络连接关系密切的元件归为一组，布局是把这组元件作为一个整体考虑。

◇ 【旋转元件】复选框：选中该复选框，在进行元件布局时，系统可以根据需要对元件进行旋转。

◇ 【自动 PCB 更新】复选框：选中该复选框，在布局时系统将自动更新 PCB 文件。

◇ 【电源网络】文本框：在该文本框中可以输入一个或多个电源网络的名称。

◇ 【接地网络】文本框：在该文本框中可以输入一个或多个接地网络的名称。

◇ 【网格尺寸】文本框：在该文本框中可以定义元件布局时格点的距离，也就是元件之间的最小距离。

在单片机系统供电电源的设计中，由于该电路的元件较少，所以采用分组布局的方式进行自动布局，效果如图 6-59 所示。

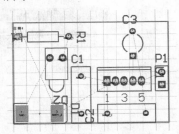

图 6-59 元件自动布局效果图

如果对此次布局的效果不满意，可以进行第二次、第三次自动布局，直到出现比较满意的结果。

2．【停止自动布局器】菜单命令

对于复杂的电路设计来说，系统的自动布局往往需要很长的时间，因此 Protel DXP 2004 提供了【停止自动布局器】菜单命令，用户可以在自动布局的任何时间选择该命令来终止自动布局操作。选择该命令后会弹出如图 6-60 所示的对话框，询问是否要终止自动布局。若选中【恢复元件到原来位置】复选框，单击 是 按钮后即可恢复到自动布局之前的 PCB 显示效果。

3．【推挤】菜单命令

该菜单命令主要用于元件的推挤式自动布局。在进行元件的推挤式布局时，系统将对重叠的元件或者有特殊放置要求的元件进行推挤操作。

选择【工具】/【放置元件】/【推挤】菜单命令即可开始推挤布局操作，此时光标变为十字形状，移动光标到某一元件上并单击，此时该元件不动，其他元件将以用户设置的推挤深度值为标准向外移动。此时鼠标仍处于激活状态，继续操作要求修改的元件。单击鼠标右键或者按 Esc 键退出。

4．【设定推挤深度】菜单命令

该菜单命令主要用于推挤式布局中推挤深度的设置。选择【工具】/【放置元件】/【设定推挤深度】菜单命令，将弹出如图 6-61 所示的设定推挤深度对话框。

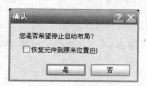

图 6-60　询问是否终止自动布局

图 6-61　设定推挤深度对话框

5．【根据文件布局】菜单命令

该菜单命令主要用于自动布局文件的导入操作。选择【工具】/【放置元件】/【根据文件布局】菜单命令，将弹出如图 6-62 所示的导入自动布局文件对话框。在其中找到自动布局文件（后缀名为.PIK），然后导入此文件进入自动布局阶段。

图 6-62　导入自动布局文件对话框

6.7.2　手动调整元件布局

使用自动布局往往无法达到完美的布局效果，这时就需要用户进行手动布局。用户可以通过拖动元件、元件标注来完成元件的放置，另外还要根据元件布局的需要，调整元件以及元件标注的放置方向。

但是单纯的手动移动并不能精确地放置元件，为此 Protel DXP 2004 提供了一系列的排列功能，使用这些功能可以使 PCB 布局更加整齐、美观大方。选择【编辑】/【排列】菜单命令，在打开的子菜单中提供了一系列排列对齐功能，如图 6-63 所示。

选择相应菜单命令进行手动元件布局调整，最终效果如图 6-64 所示。

图 6-63　【排列】子菜单

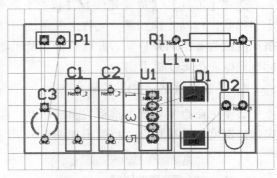

图 6-64　手动布局最终效果图

6.7.3　元件标注的调整

调整元件标注的方法有两种：第一种是选中需要调整的字符串，单击鼠标右键，在弹出的快捷菜单中选择【属性】命令，弹出【标识符】对话框，在【属性】区域的【文本】文本框中调整元件标注，如图 6-65 所示。

图 6-65　【标识符】对话框

第二种是双击需要调整的字符串，系统也会弹出【标识符】对话框，按照上面介绍的方法修改元件标注即可。

6.7.4　制定设计规则

为了实现完美的 PCB 设计，进行设计规则的制定是非常重要的。选择【设计】/【规则】菜单命令，将弹出如图 6-66 所示的【PCB 规则和约束编辑器】对话框，在此可以制定各种设计规则。

图 6-66 【PCB 规则和约束编辑器】对话框

下面将对各类规则的含义进行详细介绍。

1．Electrical（电气）规则设置

该规则主要用于 DRC 校验，包括 4 个子规则。

（1）Clearance：安全间距设置，如图 6-67 所示。

安全距离指的是 PCB 板不同电气连接网络之间在满足电路板正常工作时的最小距离。用户可以根据实际电路的需要在【约束】区域中的【最小间隙】中设置安全距离。同时也可以在【第一个匹配对象的位置】和【第二个匹配对象的位置】区域中设置安全距离所适用的范围。

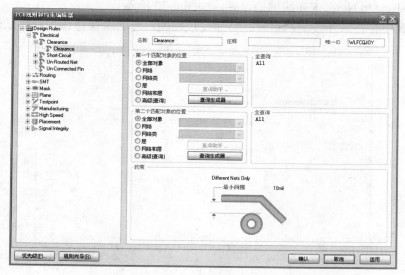

图 6-67 安全间距设置

用户还可以创建多个子规则。右击对话框左侧的选项，将弹出如图 6-68 所示的快捷菜单，选择相应命令可以实现新建规则、删除规则等功能。

图 6-68　右键快捷菜单

（2）Short-Circuit：短路规则设置，如图 6-69 所示。

在一般情况下，电路设计中是不允许出现这种情况的，如果存在短路系统将报错。但在某些极特殊的情况下，允许短路，否则将产生严重的后果。

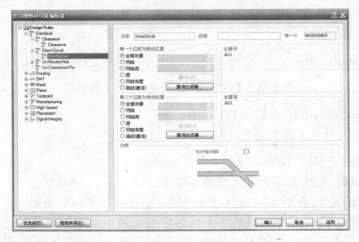

图 6-69　短路规则设置

（3）Un-Routed Net：未布线网络设置，如图 6-70 所示。

当电路板中存在未布线的网络时，将违反该规则，通常应保持该规则的默认设置。

图 6-70　未布线网络设置

（4）Un-Connected Pin：未连接引脚设置。

电路板中存在未布线的引脚时将违反该规则。

2．Routing（布线）规则设置

该类规则主要用于自动布线中。

（1）Width：导线宽度设置，如图 6-71 所示。

导线宽度指的是 PCB 铜膜走线的实际宽度，分为最小宽度、最大宽度、优选尺寸 3 种。导线的宽度太大会使电路显得不够紧凑，而且增加了制作印刷电路板的成本，因此导线宽度通常设置在 10～20mil 之间，而且应该根据不同的电路需求设置不同的导线宽度。

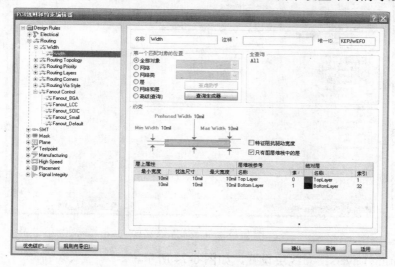

图 6-71　导线宽度设置

（2）Routing Topology：布线拓扑规则设置，如图 6-72 所示。

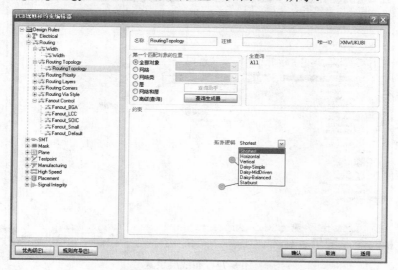

图 6-72　布线拓扑规则设置

在图 6-72 中有多种布线拓扑规则可以选择，分别是 Shortest：最短路径连线；Horizontal：水平路径连线；Vertical：垂直路径连线；Daisy-Simple：简单菊花连线；Daisy-MidDriven：由中间向外的菊花连线；Daisy-Balanced：平衡式菊花连线；Starburst：放射状星形连线。

（3）Routing Priority：布线优先级设置，如图 6-73 所示。

用户可以在此规则中定义不同网络的布线优先级。0 表示优先级最低，100 表示优先级最高。

图 6-73　布线优先级设置

（4）Routing Layers：布线层设置，如图 6-74 所示。

该项主要用于设置单个层上走线的主方向。

图 6-74　布线层设置

（5）Routing Corners：导线拐角模式设置，如图 6-75 所示。

Protel DXP 2004 提供了 3 种拐角模式，分别是 90°拐角、45°拐角和弧形拐角。【缩进】选项用来设置拐角尺寸的范围。

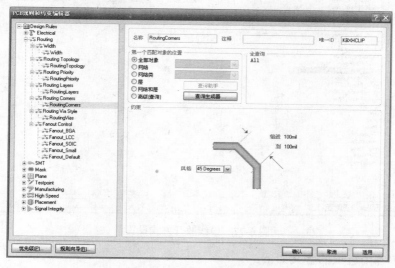

图 6-75　导线拐角模式设置

（6）Routing Via Style：过孔设置，如图 6-76 所示。

该规则主要用于交互式布线中。用户可以对某一个网络或者整个网络的过孔直径和过孔孔径进行设置。过孔直径和过孔孔径都有 3 种设置尺寸：最大值、最小值、优先值。孔径不能太大也不能太小，太大了就可能降低了板的布通率，太小了过孔制作的成本将增加，而且太小了工艺是无法实现的。

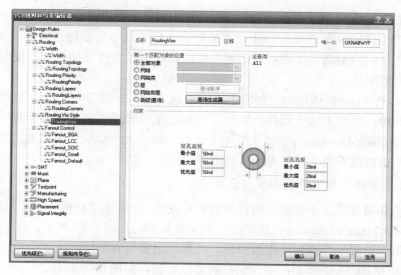

图 6-76　过孔设置

（7）Fanout Control：导线散开方式设置，如图 6-77 所示。

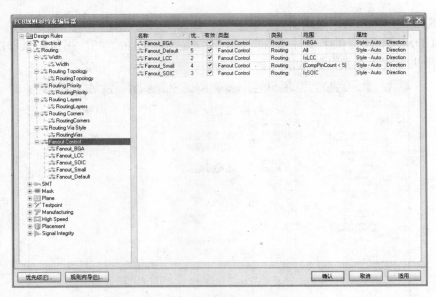

图 6-77　导线散开方式设置

对话框中各个选项的含义如下。

❖　Fanout_BGA：设置 BGA 封装的元件的导线散开方式。

❖　Fanout_Default：设置默认的导线散开方式。

❖　Fanout_LCC：设置 LCC 封装的元件的导线散开方式。

❖　Fanout_Small：设置小外形封装的元件的导线散开方式。

❖　Fanout_SOIC：设置 SOIC 封装的元件的导线散开方式。

3．SMT（表贴式元件）规则设置

该规则主要是针对表贴式元件的走线而设置的，其下共有 3 个子规则。

❖　SMD To Corner：该规则用于设置表贴式元件焊盘与导线拐角的最小间距。焊盘与
　　拐角之间的距离直接影响着信号的传输，间距过大会增加信号的反射，引起信号
　　之间的串扰。

❖　SMD To Plane：该规则主要用于设置表贴式元件焊盘与内部电源/接地层过孔之间
　　的间距。因为表贴式元件的焊盘与内部电源/接地层的连接只能借助于过孔。

❖　SMD Neck-Down：该规则主要用于设置表贴式元件焊盘引线宽度。表贴式元件焊
　　盘的引出线不能太细，否则容易断裂。

4．Mask（助焊膜和阻焊膜）规则设置

该规则主要用来设置助焊膜和阻焊膜的扩展宽度，在印刷电路板的加工过程中起作用。

（1）Solder Mask Expansion：阻焊膜扩展宽度设置，如图 6-78 所示。

在其中可以设置阻焊膜到焊盘的距离，注意一定要写入单位。

（2）Paste Mask Expansion：助焊膜扩展宽度设置，如图 6-79 所示。

在其中可以设置助焊膜到焊盘的距离，注意一定要写入单位。

图 6-78　设置阻焊膜扩展宽度

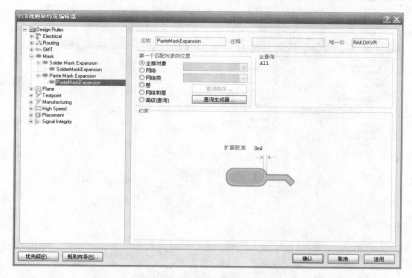

图 6-79　设置助焊膜扩展宽度

5. Plane（内部电源/接地层）规则设置

该规则主要用于内部电源/接地层规则的设置，其下包括 3 个子规则。

（1）Power Plane Connect Style：内部电源/接地层连接方式设置，如图 6-80 所示。

其提供了 3 种连接方式：Relief Connect（连接线连接方式）、Direct Connect（过孔或者焊盘和内部电源/接地层直接连接）、No Connect（过孔或者焊盘和内部电源/接地层不连接）。若选择连接线连接方式，还要设置与内部电源/接地层的连接数、导线的宽度、过孔或者焊盘和内部电源/接地层的空隙间距、过孔或者焊盘和内部电源/接地层的扩展距离。

（2）Power Plane Clearance：内部电源/接地层安全间距设置，如图 6-81 所示。

主要用来设置在内部电源/接地层中不属于内部电源/接地层网络的过孔或者焊盘和内

部电源/接地层之间的间距。

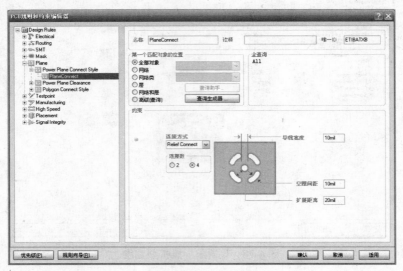

图 6-80　内部电源/接地层连接方式设置

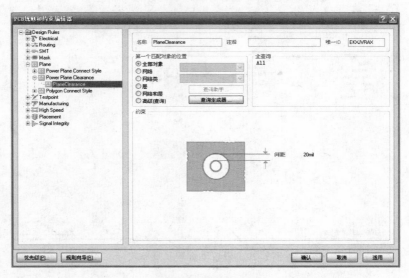

图 6-81　内部电源/接地层安全间距设置

（3）Polygon Connect Style：多边形敷铜连接方式设置，如图 6-82 所示。
其也有 3 种连接方式，与内部电源/接地层连接方式相同。

6．Testpoint（测试点）规则设置

为了方便电路板的调试，在 PCB 上引入了测试点。测试点主要用于信号的仿真和调试，
其包括两个子规则的设置。

（1）Testpoint Style：测试点样式设置，如图 6-83 所示。

该规则描述了测试点的形式以及各种参数。

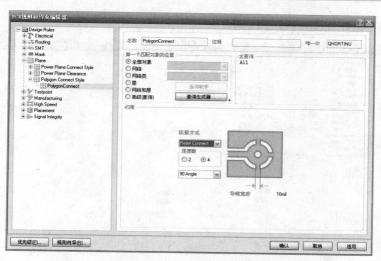

图 6-82　多边形敷铜连接方式设置

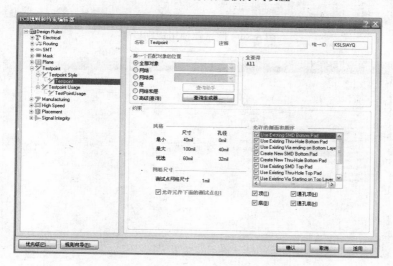

图 6-83　测试点样式设置

（2）Testpoint Usage：测试点使用规则设置，如图 6-84 所示。

选中【允许同一网络上多测试点】复选框，则系统将允许在目标网络上有多个测试点。选中【必要的】单选按钮，则对于某一个目标网络要求必须使用测试点；选中【无效的】单选按钮，则对于指定的某一个网络不能使用测试点；选中【不必介意】单选按钮，则对于指定的某一个网络可以使用测试点，也可以不使用测试点。

7．Manufacturing（制作印刷电路板）规则设置

该规则用于设置在制作印刷电路板时的一些规则，其包括 4 个相关的子规则。

◇　Minimum Annular Ring：最小环孔限制设置。

◇　Acute Angle：锐角限制规则设置。

◇　Hole Size：孔径大小设置，如图 6-85 所示。

✧ Layer Pairs：板层对设计规则设置。

图 6-84　测试点使用规则设置

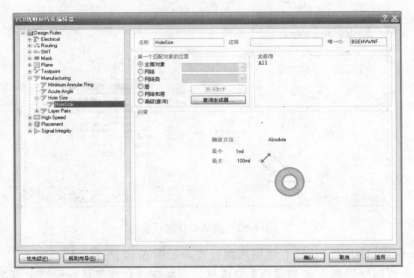

图 6-85　孔径大小设置

8．High Speed（高频电路布线）规则设置

该规则在高速电路设计中非常重要，主要用于线 DRC 和批处理 DRC 的进程中，包括以下 6 个子规则。

✧ Parallel Segment：平行走线间距设置。

✧ Length：网络长度设置。

✧ Matched Net Lengths：网络长度匹配设置。

✧ Daisy Chain Stub Length：菊花状布线分支长度设置。

◇　Vias Under SMD：SMD 焊盘下过孔限制规则的设置。

◇　Maximum Via Count：最大过孔数目设置。

9．Placement（元件布局）规则设置

用于对自动布局规则的设置，其包括 6 个子规则。

（1）Room Definition：Room 定义的设置。

该规则主要用于线 DRC、批处理 DRC 和自动布局中。

（2）Component Clearance：元件间距设置，如图 6-86 所示。

在此对话框中，通过设置【间隙】来进行元件间距最小值的设置。Protel DXP 2004 提供了 3 种检查模式：Quick Check（仅根据元件的外形尺寸来布局）、Multi Layer Check（根据元件的外形尺寸和焊盘位置来布局）、Full Check（根据元件的真实外形尺寸来布局）。

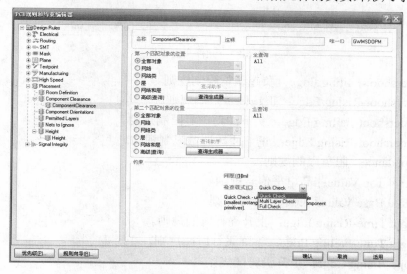

图 6-86　元件间距设置

（3）Component Orientations：元件布局方向设置。

用户可以设置在 PCB 板上元件允许旋转的角度。

（4）Permitted Layers：电路板工作层面设置。

在该规则中用户可以设置在元件自动布局时元件可以放置的工作层面。

（5）Nets to Ignore：网络忽略设置。

用户可以设置元件自动布局时需要忽略布局的网络。

（6）Height：元件高度设置，如图 6-87 所示。

在对一些特殊的电路板进行自动布局操作时，对电路板某一个区域内元件的高度可能有严格的要求，此时就需要设置此规则。

10．Signal Integrity（信号完整性分析）规则设置

该规则包括 13 个子规则，用于信号完整性分析。

◇　Signal Stimulus：激励信号规则。

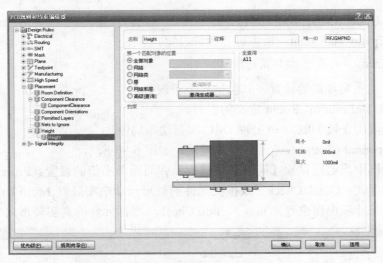

图 6-87　元件高度设置

- ✧ Overshoot-Failing Edge：负超调量限制规则。
- ✧ Overshoot-Rising Edge：正超调量限制规则。
- ✧ Undershoot-Failing Edge：负下冲超调量限制规则。
- ✧ Undershoot-Rising Edge：正下冲超调量限制规则。
- ✧ Impedance：阻抗限制规则。
- ✧ Signal Top Value：高电平信号规则。
- ✧ Signal Base Value：低电平信号规则。
- ✧ Flight Time-Rising Edge：上升飞行时间规则。
- ✧ Flight Time-Failing Edge：下降飞行时间规则。
- ✧ Slope-Rising Edge：上升沿时间规则。
- ✧ Slope-Failing Edge：下降沿时间规则。
- ✧ Supply Nets：电源网络规则。

6.8　自动布线

　　布线工作是制作印刷电路板的最重要的工作，电路板布线的好坏决定着印刷电路板是否能够正常地工作。布线工作是制作印刷电路板的核心工作，它没有具体的理论指导，没有统一的方法，要根据电路实际工作要求采用不同的布线策略，用户需要掌握的是布线的技巧，只有通过实际的设计，多摸索总结。

6.8.1　设定自动布线策略

　　设置好布线规则参数后，用户还需要对自动布线策略进行设置，选择【自动布线】/【设定】菜单命令，将弹出【Situs 布线策略】对话框，如图 6-88 所示。

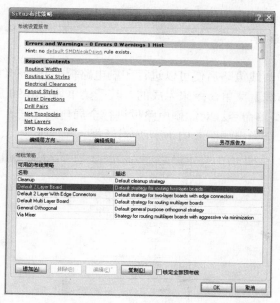

图 6-88　【Situs 布线策略】对话框

Protel DXP 2004 提供了多种自动布线策略，用户可以选择其中的一种用于当前电路板的自动布线操作。

♦　Cleanup：清除策略。

♦　Default 2 Layer Board：默认双面板布线策略。

♦　Default 2 Layer With Edge Connectors：默认的具有边缘连接器的双面板布线策略。

♦　Default Multi Layer Board：默认多层板布线策略。

♦　General Orthogonal：默认通用正交策略。

♦　Via Miser：在多层板中尽量减少过孔使用的策略。

但有时系统提供的自动布线策略并不适合当前电路板的设计要求，这就需要用户定制适合的布线策略。单击【Situs 布线策略】对话框中的 追加(A) 按钮，将弹出如图 6-89 所示的对话框，从中可以进行布线策略的设置。

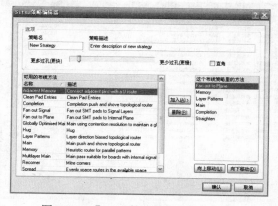

图 6-89　【Situs 策略编辑器】对话框

6.8.2　自动布线操作

设置好布线规则和布线策略后便可以进行印刷电路板的自动布线操作了。自动布线操作主要是通过【自动布线】菜单命令来完成的，其子菜单如图 6-90 所示。

（1）【全部对象】菜单命令：对印刷电路板进行全局自动布线。

选择此菜单命令，会弹出如图 6-91 所示的对话框。

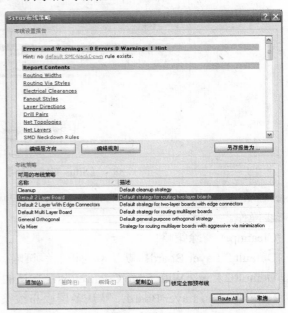

图 6-90　【自动布线】子菜单　　　　　　图 6-91　布线前布线策略的选择

选择好自动布线策略后，单击 Route All 按钮，系统即可根据布线规则和布线策略对印刷电路板进行全局布线。在布线过程中，系统会自动弹出 Messages 面板，给出自动布线的状态信息，如图 6-92 所示。

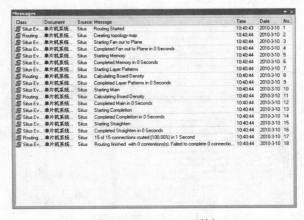

图 6-92　Messages 面板

自动布线结束后，全局布线的效果如图 6-93 所示。

（2）【网络】菜单命令：对指定的网络进行自动布线。

选择此菜单命令，此时光标变为十字形状，移动光标到某一网络的任意一个电气连接点（预拉线或者焊盘），系统将对整个网络进行布线。在此以 GND 网络为例进行说明，选择【自动布线】/【网络】菜单命令，此时光标变为十字形状，在印刷电路板上单击任意一个 GND 节点，即可完成对 GND 网络的自动布线，如图 6-94 所示。

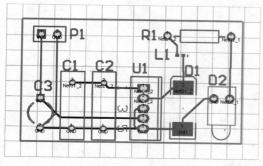 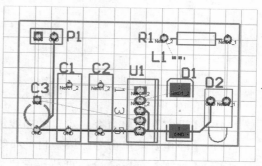

图 6-93　全局布线效果图　　　　　图 6-94　指定网络的自动布线效果图

此时光标仍处于布线状态，用户可以继续对其他网络进行布线。单击鼠标右键或者按 Esc 键退出该操作。

（3）【连接】菜单命令：对指定的连接线进行自动布线。

选择此菜单命令，此时光标变为十字形状，移动光标到某两点之间的预拉线上，即可完成布线。用户可以单击预拉线上的任意焊盘，此时将弹出一个选择菜单，从中选择想要自动布线的连接。此次操作完成后，光标仍处于布线状态，可以继续进行其他连接线的布线，单击鼠标右键或者按 Esc 键退出操作。

（4）【整个区域】菜单命令：对印刷电路板指定的区域进行自动布线。

选择此菜单命令，此时光标变为十字形状，在工作窗口中单击鼠标左键，然后移动鼠标到适当的位置，再次单击，便确定了一个矩形区域，系统将对此区域中的网络进行布线。此次操作完成后，光标仍处于布线状态，可以继续进行其他区域的布线，单击鼠标右键或者按 Esc 键退出操作。

（5）【Room 空间】菜单命令：该菜单命令用于一个 Room 内所有网络的布线操作。

（6）【元件】菜单命令：对指定的元件进行自动布线。

选择此菜单命令，此时光标变为十字形状，在工作窗口中选中某一个元件，系统将自动完成与该元件相连接的所有布线。此次操作完成后，光标仍处于布线状态，可以继续进行其他元件的布线，单击鼠标右键或者按 Esc 键退出操作。

（7）【在选择的元件上连接】菜单命令：对已选择的元件进行自动布线。

首先在 PCB 图中选中某一个元件，然后选择此菜单命令，这时系统将自动完成与该元件相连接的所有布线。

（8）【在选择的元件之间连接】菜单命令：对已选择的有电气连接的两个或者多个元件进行自动布线。首先在 PCB 图中选择两个或者多个有电气连接关系的元件，然后选择此菜单命令，系统将自动完成对有电气连接关系的元件的布线。

（9）【扇出】菜单命令：该菜单命令下面包含多个子菜单命令，如图 6-95 所示，从中可以完成对不同对象的扇出操作。扇出就是把表贴元件的焊盘通过导线引出并加以过孔，使其可以在其他层面上继续布线。扇出布线大大提高了系统自动布线成功的几率。

图 6-95　【扇出】子菜单

（10）【设定】菜单命令：对自动布线策略进行设置。

（11）【停止】菜单命令：终止自动布线操作。

（12）【重置】菜单命令：重新设置自动布线策略。

（13）Pause 菜单命令：暂停自动布线操作。

6.9　电路板的手工调整

电路板的手工调整功能包括拆线、敷铜、设计规则检测等，下面逐一讲解。

6.9.1　拆线功能简介

用户可以通过拆线功能对不合理的走线进行删除。选择【工具】/【取消布线】菜单命令，弹出如图 6-96 所示的子菜单。

◇　【全部】菜单命令：选择该菜单命令后即可对这个电路板进行拆线操作，即拆除 PCB 中所有的走线。

◇　【网络】菜单命令：选择该菜单命令后鼠标将变成十字形状，然后单击某一个网络即可删除该网络中的所有走线。

图 6-96　取消布线菜单

◇　【联接】菜单命令：选择该菜单命令后鼠标将变成十字形状，然后单击某一条走线即可删除该走线。

◇　【器件】菜单命令：选择该菜单命令后鼠标将变成十字形状，然后单击某一个元件即可删除与该元件相连的所有走线。

◇　Room 菜单命令：选择该菜单命令后鼠标将变成十字形状，然后单击某一个 Room 即可删除该 Room 内的所有走线。

6.9.2　敷铜

在手工调整好板子后，为了增强 PCB 板的抗干扰能力，需要对各布线层中的地线网络进行敷铜。需要过大电流的地方也可以采用敷铜的方法来加大过电流的能力。

下面简单介绍敷铜的方法：

（1）合理地分布元件，以达到最佳利用效果。

（2）选择【设计】/【规则】菜单命令，进入布线规则设置对话框，双击 Plane/Polygon Connect Style 规则，进行多边形敷铜连接方式设置，如图 6-97 所示。

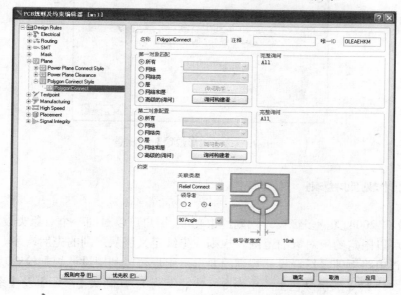

图 6-97　敷铜规则设置

其中，当关联类型选择 Relief Connect 时，将会有如图 6-98 所示的几种连接方式。

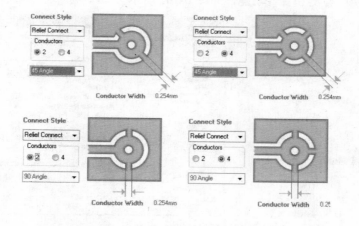

图 6-98　选择 Relief Connect 时的连接方式

167

（3）当设置完成后，选择【放置】/【多边形敷铜】菜单命令，即可进入【多边形敷铜】对话框，在此进行相关设置即可，如图 6-99 所示。

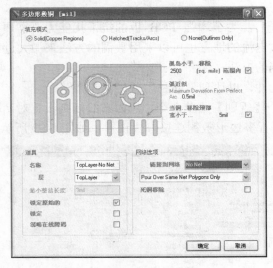

图 6-99 【多边形敷铜】对话框

6.9.3 设计规则检测

Protel DXP 2004 支持多级设计规则约束功能。用户可以对同一个对象类设置多个规则，每条规则还可以限定约束对象的范围。规则优先级定义服从规则的先后次序。

为了校正电路板使之符合设计规则的要求，用户可以利用设计规则检查功能（DRC）。

选择【设计】/【板层颜色】菜单命令（快捷键为 L），确认【展示】及【系统颜色】栏中的 DRC Error Markers 选项已被选中，这样 DRC 错误标记将被显示，如图 6-100 所示。

选择【工具】/【设计规则检测】菜单命令（快捷键为 T、D），打开【设计规则检测】对话框，启用 DRC 检测和警告功能，如图 6-101 所示。

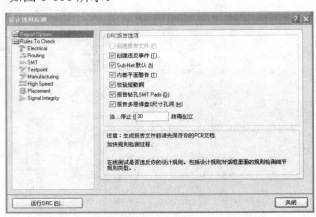

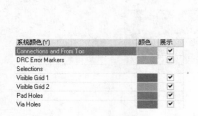

图 6-100 DRC 颜色开启及设置

图 6-101 DRC 规则选择

6.9.4 文件的打印与输出

完成了原理图的设计后，为了方便审查、校对和参考，用户可能会将原理图文件打印并保存下来。原理图的打印操作主要是通过【文件】菜单中的一系列菜单命令来完成的，如图 6-102 所示。

（1）【页面设计】菜单命令：打开页面设置对话框，如图 6-103 所示。

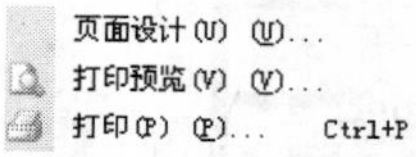

图 6-102 原理图打印菜单项

图 6-103 页面设置对话框

在该对话框中，用户可以对页面的大小、打印方向、页边距、打印比例以及打印颜色等进行详细设置。完成页面的设置后，单击 打印... 按钮即可打开如图 6-104 所示的对话框，用户可以从中选择打印机并查看其所处的状态、设置打印范围以及打印份数等。

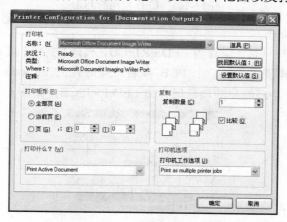

图 6-104 打印机设置对话框

（2）【打印预览】菜单命令：预览要打印的文件。

（3）【打印】菜单命令：开始打印操作。

原理图文件也可以保存为各种 Protel DXP 2004 兼容的格式，包括常用的原理图文件格式、电路图模板以及二进制文件等。

6.10 实例讲解——LED 控制的 PCB 设计

本节将以 LED 控制的 PCB 设计为实例，讲解 PCB 的基础绘图知识，使读者能对本章的内容从整体上进行把握。

【实例 6-7】 LED 控制的 PCB 设计。

LED 控制的 PCB 设计如图 6-105 所示。

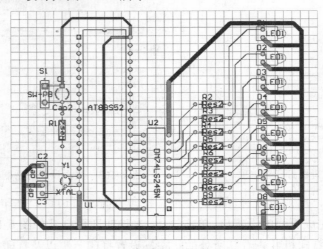

图 6-105　LED 控制的 PCB

具体的操作步骤如下：

（1）新建一个 PCB 项目，保存为 LED.PRJPCB。选择【文件】/【创建】/【项目】/【PCB 项目】菜单命令，这样就建立了一个 PCB 项目，同时弹出 Projects 面板。选择【文件】/【保存项目】菜单命令，将创建的项目保存为 LED.PRJPCB，如图 6-106 所示。

图 6-106　Projects 面板

（2）在 LED.PRJPCB 项目中新建一个 PCB 文件，保存为 LED.PCBDOC。在 Projects 面板中右击项目名称，在弹出的快捷菜单中选择【追加新文件到项目中】/PCB 菜单命令，这样就建立了一个 PCB 文件，选择【文件】/【保存项目】菜单命令，保存为 LED.PCBDOC，如图 6-107 所示。

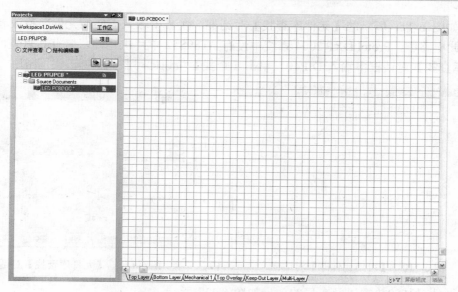

图 6-107　新建 PCB 文件

（3）在 PCB 文件中放置元件封装并进行布局。单击工作窗口右侧的【元件库】标签，弹出如图 6-108 所示的【元件库】面板，在其中选择所需要的元件并放置。放置元件后，双击元件，在弹出的对话框中对其属性进行相应的设置，如图 6-109 所示。

图 6-108　【元件库】面板

图 6-109　设置元件属性

　　如果此时还没有加载元件库，则单击【元件库】面板中的 元件库 按钮，将弹出如图 6-110 所示的【可用元件库】对话框，单击其中的 安装(I) 按钮，在弹出的对话框中选择需要用到的元件库，常用到的元件库有 Miscellaneous Connectors.IntLib 和 Miscellaneous Devices. IntLib。

　　若是在常用的元件库中没有所需要的元件，可以单击【元件库】面板中的 查找 按钮，将弹出如图 6-111 所示的【元件库查找】对话框，在其中输入需要的元件名称或者元件封装。在此电路中，Protel DXP 2004 系统中没有 AT89S52 单片机元件，但有其封装，因此在【元件库查找】对话框中输入 DIP40，单击【查找】按钮即可找到。

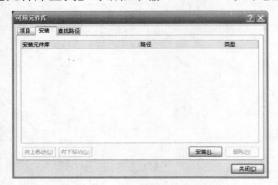

图 6-110　【可用元件库】对话框　　　　图 6-111　【元件库查找】对话框

其元件封装的放置以及布局的效果如图 6-112 所示。

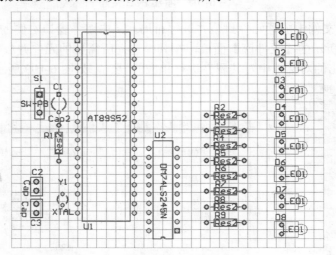

图 6-112　元件放置效果图

（4）布线。选择【放置】/【交互式布线】菜单命令，按照图 6-112 所示的电路图进行布线。其中细线的线宽为 10mil，中细线的线宽为 30mil，宽线的线宽为 50mil。

注意： 由于在布线时没有导入网络表，此时布线会布不通，因此需要忽略错误。选择【工具】/【优先设定】菜单命令，将弹出如图 6-113 所示的【优先设定】对话框，在其中选择 Protel PCB/General 标签页，在【交互式布线】区域中的【模式】下拉列表框中选择 Ignore Obstacle，然后单击【确认】按钮，这时就可以布线了。

在布线宽为 50mil 的线时，系统会提示线宽超过极限值。这时选择【设计】/【规则】菜单命令，将弹出【PCB 规则和约束编辑器】对话框，在其中选择 Routing/Width/Width，把最大宽度设置为 100mil 或者更大，如图 6-114 所示。

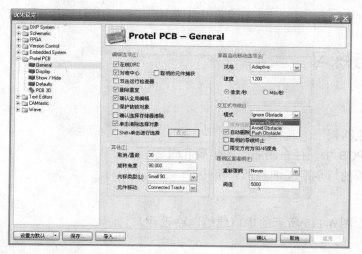

图 6-113　【优先设定】对话框

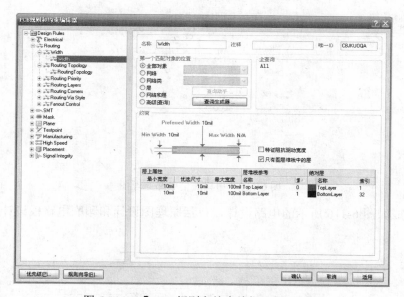

图 6-114　【PCB 规则和约束编辑器】对话框

本章小结

在进行 PCB 设计时，用户首先要对 PCB 的电路板层和环境参数进行详细了解，良好的设计环境可以为以后的布局以及布线操作带来很大的方便。在设计印刷电路板之前，用户首先要设置好需要用到的各个工作层面，根据自己的习惯定制好所需的工作层面，这样在实际设计中能起到事半功倍的效果；除了设置电路板层外，还要设置电路板的环境参数，这也是非常重要的，根据自己的习惯定制电路板的环境参数，将极大地提高工作效率。

思考与练习

1．简答题

（1）简述电路板层的几种类型。

（2）简述 PCB 中元件自动布局的步骤和过程。

（3）电路板的后期手工调整都有哪些？

2．操作题

（1）完成如图 6-115 所示的串口通信电路设计。

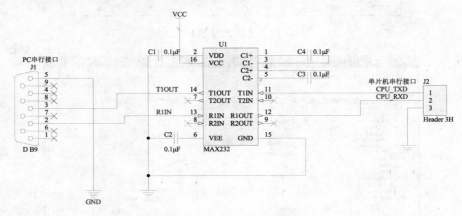

图 6-115　串口通信电路原理图

（2）完成如图 6-116 所示的电路设计，包括原理图设计和印刷电路板设计。

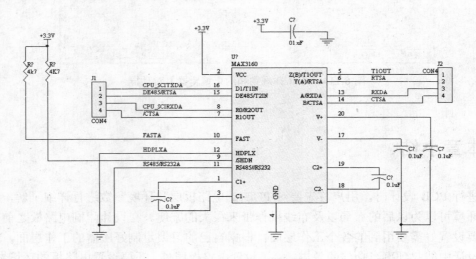

图 6-116　操作实例

第 7 章　创建自己的元件库

在设计绘制原理图时，通常都是从元件所在的库中选择元件，然后进行元件的放置。在 Protel DXP 中，这种添加元件的方式大大方便了用户的使用。虽然 Protel DXP 内置的元件库已经相当完整，但随着电子器件的不断推陈出新，用户有时还是无法从已有的元件库中找到自己所需的元件，在这种情况下，就需要用户自己建立新的元件及元件库。Protel DXP 提供了完整的制作元件和建立元件库的工具——元件库编辑器，用以生成元件和元件库。同样地，在前面章节中所涉及的 PCB 元件封装，都可以通过查询 Protel 系统自带的元件封装库来获取。但是当所需的元件封装无法在系统的封装库中找到时，就需要使用元件封装编辑器来生成一个元件封装。

本章主要介绍创建原理图元件库、绘制元件符号以及利用元件封装编辑器创建新的元件封装的方法。通过本章的学习，读者应熟练掌握【元件库】面板及库元件符号的管理，掌握如何创建原理图元件库及利用元件库编辑器制作元件和元件库，掌握在元件库编辑器中利用手工和向导创建元器件封装的方法，掌握根据项目创建项目元件封装库的方法和利用原理图库、PCB 封装库和仿真模型库等库文件创建集成库的方法。

7.1　Protel DXP 元件库概述

Protel DXP 2004 为用户提供了种类繁多的集成库，其文件的后缀名是*.IntLib。所谓的集成库就是把元件的原理图符号、引脚的封装形式、仿真模型以及信号完整性分析模型等信息都集成在一个库文件中，在调用某个元件时，可以同时把这个元件的所有信息都显示出来。同时 Protel DXP 2004 也为用户提供了 PCB 封装形式库文件，其文件的后缀名为*.PcbLib。

但是 Protel DXP 2004 不提供元件的原理图库文件，而是把所有元件的原理图符号都放到了集成库文件中，如果用户想要放置相应的原理图符号，需要在元件的集成库文件中寻找。对于制作印刷电路板来说，元件的原理图符号只是元件的一种标注形式，并不反映元件的本质，而元件的封装形式才具有实际意义，因此 Protel DXP 2004 不仅提供了集成库文件，还提供了 PCB 库文件，而省略了原理图库文件。当然为了用户使用方便，用户也可以自己创建单独的元件的原理图库文件，其文件后缀名为*.SchLib。

7.2　创建元件原理图库

原理图中的元件符号代表实际的元器件，连线代表实际的电气连接关系，这两个组成部分就是原理图中的基本内容。在绘制原理图时，经常多次使用同一个元件，因此把功能相关的元件符号组成一个集合，在需要时从中反复调用此元件，避免了反复绘图的重复操作，这种为绘制原理图而准备的元件符号的集合称为原理图库，简称元件库。

元件库是大量元件符号的集合，元件符号主要由标识图和引脚两部分组成。

1．标识图

标识图主要用来提供元件的功能，默认标识图或者随意绘制的标识图都不会影响原理图的正确性。但是，标识图对于原理图的可读性具有重要作用，直接影响原理图的维护，关系到整个工程的质量。因此，应该尽量绘制能够直观表达元件功能的元件标识图。

如果是引脚较少的分立元件，一般直接绘出能够表达元件功能的标识图，如电阻、电容、光耦等，如图 7-1 所示。如果要绘制集成电路的元件标识符，由于功能复杂，元件引脚较多，不可能用标识图表达清楚，往往使用一个矩形框代表整个集成电路，这样也方便读图，如图 7-2 所示。

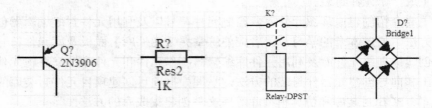

图 7-1　分立元件标识符

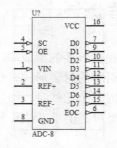

图 7-2　集成元件标识符

2．引脚

引脚是元件的核心部分，元件符号中的每个引脚都要和元件的实际引脚对应，而这些引脚在元件符号中的位置是不重要的。每个引脚都包含序号和名称等信息，引脚序号用来区分各个引脚，引脚名称用来提示引脚功能。

7.2.1　熟悉原理图库的编辑环境

使用 Protel 的元件库编辑器来制作元件和建立元件库是一个复杂的过程。在进行元件库制作和建立元件库之前，首先必须了解元件库编辑器的组成和相关功能。

元件库编辑器提供了一个环境，通过该环境，用户可以根据自己的需要，自由绘制想要的元器件，并且可以详细地设置元器件的功能属性和引脚的电气属性。

在介绍元件库编辑器的组成和相关功能之前，首先必须进入到元件库编辑环境。步骤如下：

（1）选择【文件】/【创建】/【库】/【原理图库】菜单命令，进入原理图元件库编辑工作界面，如图 7-3 所示。

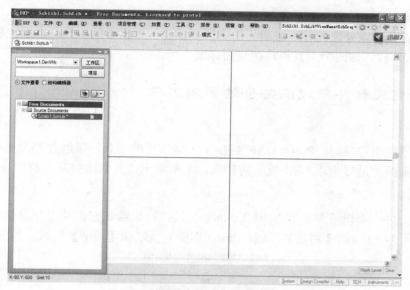

图 7-3　第一次启动元件库编辑界面

（2）选择【查看】/【工作区面板】/SCH/SCH Library 菜单命令，打开元件库编辑管理器，即 SCH Library 面板，如图 7-4 所示。

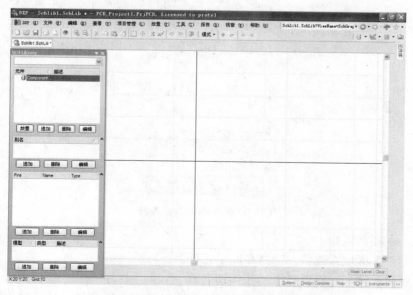

图 7-4　元件库编辑界面及编辑管理器

元件库编辑与原理图设计编辑界面很相似，主要有元件库编辑管理器、主工具栏、菜单栏、常用工具栏和工作窗口等组成。但两者有一个很明显的不同之处，即在图 7-1 中可以清晰地看出来，在元件库编辑界面的工作窗口中有一个十字形坐标轴，将工作窗口划分为 4 个象限。这 4 个象限和数学上的定义相同，即右上角为第一象限，左上角为第二象限，左下角为第三象限，右下角为第四象限。用户一般都在第四象限中进行元件的编辑　工作。

除了主工具栏以外，元件库编辑界面中还提供了两个重要的工具栏，即绘制图形工具栏和 IEEE 工具栏，这两个工具栏将在后面详细介绍。

7.2.2　绘制元器件原理图符号的常用工具

在绘制原理图符号时，Protel DXP 提供了一些常用的工具，了解并熟悉这些常用的工具是绘制原理图并最终生成 PCB 板图的基础，下面将重点介绍这些常用的工具。

1．原理图库文件面板

打开的元件库编辑管理器即 SCH Library 面板，可以看见它由 4 个部分组成，从上到下依次为【元件】区域、【别名】区域、Pins（引脚）区域和【模型】区域，如图 7-5 所示。

图 7-5　元件库编辑管理器

各区域的主要功能如下。

- ✧　【元件】区域：查找、选择和取用元件。
- ✧　【别名】区域：设置选中的元件别名。
- ✧　Pins（引脚）区域：将当前工作中的元件引脚的名称及状态显示在引脚列表中，

　　用于显示引脚信息。

◇　【模型】区域：确定原件的 PCB 封装、信号完整性或仿真模式等。

2．绘图工具栏

　　单击实用工具工具栏中的 ![按钮图标]·按钮，可以打开绘图工具栏，如图 7-6 所示。绘图工具栏中按钮的功能也可以通过【放置】菜单中对应的命令实现，如图 7-7 所示。

图 7-6　绘图工具栏

图 7-7　【放置】菜单

　　绘图工具栏中各个按钮的功能及对应的菜单命令如表 7-1 所示。

表 7-1　绘图工具栏中各个按钮的功能及对应的菜单命令

图　标	功　能	对应的菜单命令
	绘制直线	【放置】/【直线】
	绘制贝塞尔曲线	【放置】/【贝塞尔曲线】
	放置椭圆弧	【放置】/【椭圆弧】
	放置多边形	【放置】/【多边形】
	放置文本字符串	【放置】/【文本字符串】
	新建元件原理图符号	【工具】/【新元件】
	放置元件的子部件	【工具】/【创建元件】
	绘制直角矩形	【放置】/【矩形】
	绘制圆角矩形	【放置】/【圆边矩形】
	绘制椭圆	【放置】/【椭圆】
	粘贴图片	【放置】/【图形】
	阵列式粘贴	【编辑】/【粘贴队列】
	放置元件引脚	【放置】/【引脚】

3．IEEE 符号工具栏

　　单击实用工具工具栏中的 ![按钮图标]·按钮，可以打开 IEEE 符号工具栏，如图 7-8 所示。IEEE 符号工具栏中按钮的功能也可以通过【放置】/【IEEE 符号】菜单中对应的命令实现，如图 7-9 所示。

　　IEEE 符号工具栏中各个按钮的含义如表 7-2 所示。

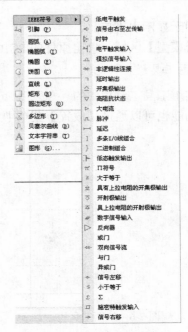

图 7-9 【IEEE 符号】菜单

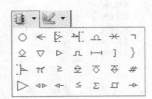

图 7-8 IEEE 符号工具栏

表 7-2 IEEE 符号工具栏中各个按钮的功能

图 标	功 能	图 标	功 能
○	放置低态触发符号	◇	放置开射极输出符号
←	放置左向信号	⇔	放置具有电阻接地的开射极输出符号
▷	放置上升沿触发时钟脉冲	#	放置数字输入符号
⊣	放置低态触发输入符号	▷	放置反相器符号
⏦	放置模拟信号输入符号	◁▷	放置双向符号
✳	放置无逻辑性连接符号	←	放置数据左移符号
⌐	放置具有暂缓性输出的符号	≤	放置小于等于符号
◇	放置具有开集性输出的符号	Σ	放置 Σ 符号
▽	放置高阻抗状态符号	⊓	放置施密特触发输入特性的符号
▷	放置高输出电流符号	⊸	放置数据右移符号
⊓	放置脉冲符号	⊦	放置低态触发输出符号
⊢	放置延时符号	ᴨ	放置 π 符号
]	放置多条 I/O 线组合符号	≥	放置大于等于符号
}	放置二进制组合符号	⊜	放置具有提高阻抗的开集性输出符号

4. 工具菜单管理元件

元件库管理器的功能也可以通过如图 7-10 所示的菜单栏来实现。

DXP (X)　文件 (F)　编辑 (E)　查看 (V)　项目管理 (C)　放置 (P)　工具 (T)　报告 (R)　视窗 (W)　帮助 (H)

图 7-10 菜单栏

7.2.3 创建用户自己的原理图库

在熟悉了原理图库文件编辑器的编辑环境后，下面将进一步介绍制作元件及创建元件库的方法及步骤。本节以绘制继电器的原理图符号为例进行讲解。

【实例 7-1】绘制继电器的原理图符号。

（1）选择【文件】/【创建】/【库】/【原理图库】菜单命令，系统将会进入原理图文件库编辑工作界面，默认文件名是 Schlib1.Schlib，然后保存文件并更名为 DPDT.Schlib。打开 SCH Library 面板，可以看到在新建的库文件中已经存在一个默认的名为 Component_1 的元件符号，如图 7-3 所示。

（2）选择【放置】/【圆弧】菜单命令或者单击实用工具工具栏中 中的 按钮，此时光标变为十字形状，在工作窗口的第四象限画一个圆，第一次单击鼠标确定圆心，第二次确定半径，第三次确定弧度（圆的弧度为 360°），再次单击鼠标即完成，如图 7-11 所示。连续放置 6 个，摆放顺序如图 7-12 所示。

图 7-11 放置的圆形    图 7-12 放置的 6 个圆形

（3）选择【放置】/【直线】菜单命令或者单击实用工具工具栏中 中的 按钮，此时光标变为十字形状，依次放置 7 条直线，线段长短按照实际需要设置，如图 7-13 所示。

（4）绘制长方形，选择【放置】/【直线】菜单命令或者单击实用工具工具栏中 中的 按钮，此时光标变为十字形状，绘出如图 7-14 所示的图形。

 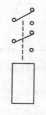

图 7-13 放置直线   图 7-14 放置矩形

（5）绘制元件的引脚。选择【放置】/【引脚】菜单命令或者单击实用工具工具栏中 中的 按钮，光标变成一个元件引脚的虚影，如图 7-15 所示。在放置引脚到矩形边框时，一定要保证具有电气特性的一端，即带"×"标志的一端朝外。

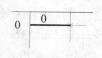

图 7-15 放置元件引脚

（6）设置元件引脚的属性。在放置引脚时按 Tab 键或者在放置引脚后双击该引脚，即可弹出【引脚属性】对话框，如图 7-16 所示，可以在该对话框中

设置引脚的各项属性。

【引脚属性】对话框中各个选项的含义如下。

◇ 【显示名称】文本框：用来设置元件引脚的名称。

◇ 【标识符】文本框：用来设置元件引脚的编号，它必须与实际的元件引脚编号一一对应。

◇ 【电气类型】下拉列表框：用来设置元件引脚的电气特性。

◇ 【描述】文本框：用来说明元件引脚的特性。

◇ 【零件编号】数值框：用来设置该元件的子部件编号。

◇ 【符号】区域：在该区域中可以选择不同的 IEEE 符号，分别把它们放置在元件轮廓的内部、内部边沿、外部边沿、外部。

◇ 【图形】区域：在该区域中可以设置元件引脚的坐标、长度、方向、颜色。

◇ 【VHDL 参数】区域：在该区域中可以设置元件的 VHDL 参数。

◇ 【对换选项】区域：在该区域中可以设置该元件的子部件的引脚。

按照上述方法把所用元件引脚放置到对应位置上，并进行相应的颜色设置，最后结果如图 7-17 所示。

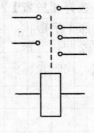

图 7-16 【引脚属性】对话框　　　　　　　图 7-17 绘制的继电器原理图符号

（7）设置元件原理图符号属性。在绘制好原理图符号后，还要对其进行属性设置。在 SCH Library 面板中双击原理图符号名称 Component_1 或者选中 Component_1 并单击 编辑 按钮，将弹出如图 7-18 所示的对话框，在此可以设置元件原理图符号的相关属性。

图 7-18 所示的元件原理图符号属性对话框中各个选项的含义如下。

① 【属性】区域

◇ Default Designator 文本框：默认元件序号，把该元件原理图符号放到原理图文件中，最初显示的是默认的元件序号，在此处设置为 U？，并在其后选中【可视】复选框，则在放置该元件原理图符号到原理图图纸时就会显示"U？"。

◇ 【注释】下拉列表框：元件型号，用来说明元件的特征，在此处设置为 DPDT，并选中其后的【可视】复选框，这样就会将其显示在原理图图纸上。

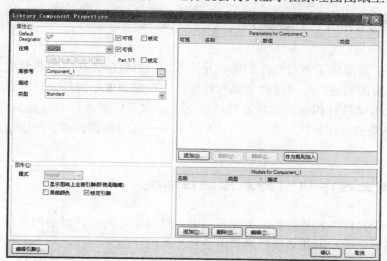

图 7-18 元件原理图符号属性对话框

◇ 【库参考】文本框：元件标识，它是元件在 Protel DXP 2004 中的标识符。在此设置为 AT89S52 单片机。

◇ 【描述】文本框：对元件符号的描述。

◇ 【类型】下拉列表框：元件符号的类型，此处采用默认值 Standard。

② 【图形】区域

◇ 【显示图纸上全部引脚（即使是隐藏）】复选框：选中该复选框，将在原理图上显示元件符号的所有引脚。

◇ 【局部颜色】复选框：选中该复选框，将采用元件符号本身的颜色设置。

◇ 【锁定引脚】复选框：选中该复选框，则元件符号的引脚将和元件合成为一个整体，无法在原理图上单独移动引脚。

单击图 7-18 中的 编辑引脚(I)... 按钮，将弹出如图 7-19 所示的对话框，在此可以对所有引脚进行编辑。

图 7-19 【元件引脚编辑器】对话框

7.3 创建元器件 PCB 库

如果元件厂商提供了所用元件的集成元件库，用户就应该严格按照集成元件库中的信息进行元件封装的创建。如果没有集成元件库，用户则需要用游标卡尺等测量工具对元件的外形尺寸及引脚进行相应的测量，然后根据实际测量结果进行元件封装的创建。Protel DXP 提供了完整的制作元件和建立元件库的工具——元件库编辑器，用以生成元件和建立元件库。

7.3.1 熟悉元器件 PCB 封装库编辑环境

要创建一个元件的元件封装，首先要启动元件封装编辑器，以后的元件封装设计工作都将在该环境下完成，因此必须熟悉其中各种工具的使用。

无论采用哪种方法创建新的元件封装库，都要先建立一个设计数据库。执行【文件】/【创建】/【库】/【PCB 库】菜单命令，进入如图 7-20 所示的 PCB 库文件编辑界面。

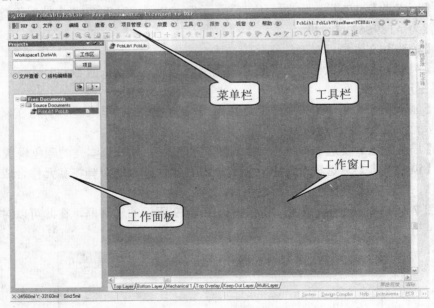

图 7-20 PCB 库文件编辑界面

7.3.2 绘制元器件 PCB 封装库的常用工具

1. PCB 库放置工具栏

如图 7-21 所示是 PCB 库放置工具栏，其中各个按钮的功能通过【放置】菜单中对应的命令也可以实现，如图 7-22 所示。

图 7-22　【放置】子菜单

图 7-21　PCB 库放置工具栏

表 7-3 列出了 PCB 库放置工具栏中各按钮的功能。

表 7-3　PCB 库放置工具栏中各按钮的功能

图　标	功　能	图　标	功　能
	绘制直线		边缘法放置圆弧
	放置焊盘		边缘法放置任意角度圆弧
	放置过孔		放置圆
A	放置字符串		放置矩形填充
	放置坐标位置		放置铜区域
	放置尺寸标注		阵列式粘贴
	中心法放置圆弧		

2．PCB Library 面板

选择【查看】/【工作区面板】/PCB/PCB Library 菜单命令，即可打开 PCB 库文件编辑器，如图 7-23 所示。

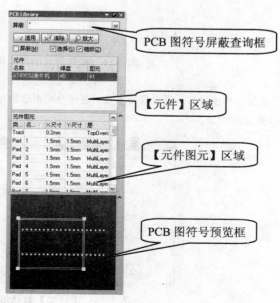

图 7-23　PCB Library 面板

PCB 图符号屏蔽查询框

【元件】区域

【元件图元】区域

PCB 图符号预览框

◇ PCB 图符号屏蔽查询框：用来快速查询已知的 PCB 图符号。

◇ 【元件】区域：用来显示各个元件的封装形式的名称，同时显示该封装形式的焊盘数和图元数。

◇ 【元件图元】区域：显示 PCB 图符号使用的各种图元信息。

◇ PCB 图符号预览框：在该窗口中有一个双虚线框，用鼠标拖动该虚线框就可以在工作窗口浏览该元件封装形式的具体细节。

7.3.3 手工创建用户自己的封装图库

掌握了元件封装编辑器的使用后，下面就以创建继电器的元件封装为例说明创建元件封装的步骤。

【实例 7-2】创建继电器的元件封装。

（1）选择【文件】/【创建】/【库】/【PCB 库】菜单命令，新建一个 PCB 库文件，同时打开 PCB Library 面板。PCB 工作窗口并不像原理图库工作窗口那样有一个大的"十"字，因此用户可以按 Ctrl+End 键来快速定位工作区的原点。

（2）放置元件封装外边框。单击工作窗口下方的 Top Overlay 标签使该层处于当前的工作窗口中，然后单击 按钮绘制出元件封装的轮廓，通常将线宽设置为 10mil 即可。绘制好的元件封装的轮廓如图 7-24 所示。由于集成元件库中显示的是以 mm 为单位，但系统默认的是以 mil 为单位，因此需要切换单位。选择【查看】/【切换单位】菜单命令即可完成 mm 和 mil 单位之间的转换。

图 7-24 元件封装的外边框

注意：为了保证绘图的准确性，可以双击直线，在弹出的对话框中设置直线的相关属性，包括长度、宽度等，如图 7-25 所示。

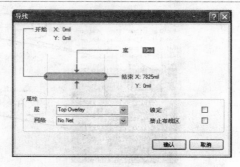

图 7-25 【导线】对话框

（3）放置元件封装的焊盘。通孔焊盘通常放置在 Multi-Layer 层上，而表贴型元件的焊盘则应该放置在 Top Layer 层上并将焊盘的孔径尺寸设置为 0。单击工作窗口下方的 Multi-Layer 标签使该层处于当前的工作窗口中，然后单击 ⬛ 按钮放置焊盘。焊盘放置的位置应以厂商提供的集成元件库为依据。

（4）双击焊盘打开【焊盘】对话框，如图 7-26 所示，进行焊盘属性的设置。注意 PCB 封装的引脚标号必须与原理图符号中元件的引脚标号一致，否则在同步更新或者网络布线时会出现错误。

图 7-26　【焊盘】对话框

说明：通常将一号焊盘设置为正方形，其他焊盘设置为圆形。焊盘的尺寸、孔径的大小都要根据实际情况进行设置。焊盘放置完成后如图 7-27 所示。

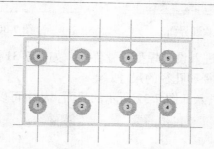

图 7-27　焊盘放置完成效果

（5）在 PCB Library 面板中双击新建的元件，将弹出如图 7-28 所示的对话框。在此输入名称、封装高度以及封装描述的内容，这里将名称修改为 RELAY-DPDT。

图 7-28　库元件参数设置对话框

（6）如果用户还想建立其他元件的封装模型，则在 PCB Library 面板中【元件】区域内右击，在弹出的快捷菜单中选择【新建空元件】菜单命令即可新建一个元件。

（7）保存整个 PCB 库文件。这样就完成了 PCB 库文件的创建。

7.3.4　利用向导创建元器件 PCB 封装

Protel DXP 2004 提供的元器件封装向导允许用户预先定义设计规则，元器件封装库编辑器根据这些规则可以自动生成新的元器件封装。

下面以创建双列直插式 16 脚的元器件封装为例，介绍利用向导创建元器件封装的基本方法。

【实例 7-3】创建双列直插式 16 脚的元器件封装。

（1）选择【工具】/【新元件】菜单命令，将弹出如图 7-29 所示的元件封装向导对话框。

（2）单击 下一步> 按钮，进入如图 7-30 所示的选择元件封装形式界面，在右下角还可以选择长度的单位。在这里选择 DIP，单位选择 mil。

图 7-29　元件封装向导欢迎界面

图 7-30　选择元件封装形式

（3）单击 下一步> 按钮，进入设置焊盘尺寸界面，如图 7-31 所示，从中可以详细地设置焊盘的尺寸，包括焊盘的外径和孔径的尺寸。

（4）单击 下一步> 按钮，进入如图 7-32 所示的界面，从中可以设置焊盘的行和列的间距。

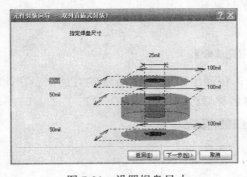

图 7-31　设置焊盘尺寸

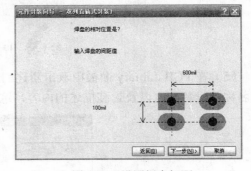

图 7-32　设置焊盘间距

（5）单击 下一步> 按钮，进入设置边框线宽度界面，如图 7-33 所示。

（6）单击 下一步> 按钮，进入设置焊盘个数界面，如图 7-34 所示。

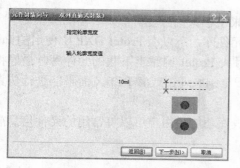

图 7-33 设置边框线宽度

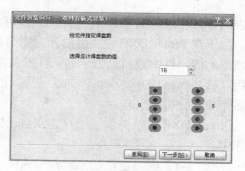

图 7-34 设置焊盘个数

（7）单击 下一步> 按钮，进入如图 7-35 所示的界面，在其中给元件命名。

（8）单击 下一步> 按钮，进入如图 7-36 所示的界面，系统提示元件封装的创建已经完成，单击 Finish 按钮完成创建元件封装。

图 7-35 命名元件封装

图 7-36 提示完成创建元件封装

（9）选择【报告】/【元件规则检查】菜单命令，将弹出如图 7-37 所示的【元件规则检查】对话框，从中可以设置条件检查在封装设计的过程中是否存在错误。

（10）单击 确认 按钮，检查结果如图 7-38 所示。

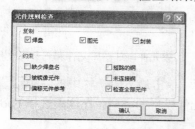

图 7-37 【元件规则检查】对话框

图 7-38 规则检查结果

7.4 建立 Protel DXP 元器件集成库

Protel DXP 2004 系统提供了集成库管理模式，用户在调用某一个元件时可以同时查看该元件的原理图符号、PCB 封装形式、仿真模型等。集成库管理模式给元件库的加载、网络表的导入、原理图与 PCB 之间的同步更新带来了极大的方便。

由于在 Protel DXP 中使用的元件库为集成元件库，所以在 Protel DXP 中使用的 Protel 以前版本的元件库或自己创建的元件库及在使用从 Protel 网站上下载的元件库时最好将其打包，转换为集成元件库。否则这些库只能用于绘制原理图或者 PCB，而不能进行仿真和电路完整性分析等工作。

Protel DXP 系统提供了用户建立自己的集成库功能，用户可以将常用的元件信息放在该库中。

【实例 7-4】创建自己的元器件集成库。

在此以 RELAY-DPDT 为例，根据在 7.2.3 节中创建的原理图库文件和在 7.3.3 节中创建的 PCB 封装形式，创建该元件的集成库文件，具体步骤如下：

（1）选择【文件】/【创建】/【项目】/【集成元件库】菜单命令即可创建一个集成元件库，此时将在 Projects 工作面板中新建一个 Integrated_Library1.LibPkg 文件夹，此时它里面没有任何信息，如图 7-39 所示。

（2）保存并命名该集成库文件，命名为 My Library.LibPkg。

（3）在 Projects 面板中新建的集成库文件上右击，在弹出的快捷菜单中选择【追加已有文件到项目中】菜单命令，将弹出一个对话框，在其中选择要添加的原理图库文件。在此选择 7.2 中创建的 DPDT 继电器原理图文件。

（4）用同样的方法把对应的 PCB 封装库文件也加载到 My Library 集成库文件中。加载完成后如图 7-40 所示。

图 7-39　新建的集成库文件　　　　图 7-40　加载元件原理图库文件和封装库文件

（5）双击原理图库文件，并打开 SCH Library 面板。单击最下面一栏中的 追加 按钮，将弹出如图 7-41 所示的对话框，从中选择要添加的元件模型的类型。在这里选择 Footprint。

图 7-41　【加新的模型】对话框

（6）单击 确认 按钮，将弹出如图 7-42 所示的对话框，单击 浏览(B) 按钮，在弹出的对话框中选择要添加的元件封装模型，如图 7-43 所示。

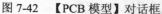

图 7-42 【PCB 模型】对话框

图 7-43 选择封装模型

（7）单击 确认 按钮，用户可以在 SCH Library 面板最下面一栏中看到刚添加的封装模型，如图 7-44 所示。

（8）选择【项目管理】/Compile Integrated Library My Library.LibPkg 菜单命令，即可完成对该集成库的编译。编译完成后，系统将自动激活【元件库】面板，用户可以在其中看到编译后的集成库文件，如图 7-45 所示。

图 7-44 添加封装模型后的 SCH Library 面板

图 7-45 【元件库】面板

按照上述步骤可以继续添加更多元件的原理图符号模型和 PCB 封装模型，然后再生成集成元件库。

7.5 生成项目元器件封装库

项目元器件封装库就是把整个项目中用到的所有元器件封装都放到一个库文件中，以便于使用和管理。当绘制完项目的 PCB 图后，就可将本项目中所有用到的元器件封装组成一个封装库。

【实例 7-5】创建项目元器件封装库。

下面以 DXP 自带的 "C:\Program Files\Altium 2004\Examples\PCB AutoRouting\PCB-Routing.PrjPCB" 为例，说明创建项目元器件封装库的步骤。

（1）执行【文件】/【打开】菜单命令，打开 PCB-Routing.PrjPCB 项目，然后在项目中打开 Routed BOARD1.PcbDoc 文件，如图 7-46 所示。

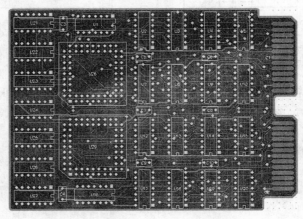

图 7-46 打开的 Routed BOARD1.PcbDoc 文件

（2）执行【设计】/【生成 PCB 库】菜单命令，程序会自动切换到元器件封装库编辑器窗口，生成相应的项目元器件封装库文件 Routed BOARD1.PcbLib，如图 7-47 所示。

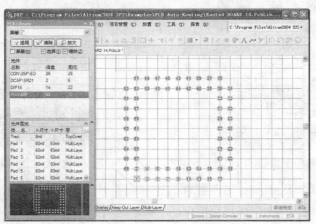

图 7-47 根据项目生成的项目元器件封装库文件

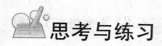 **本章小结**

本章主要讲解如何建立用户自己的元件库，并在其中建立自己的新元件。

（1）创建元器件原理图库。介绍原理图库的编辑环境，以及如何创建自己的原理图库。

（2）创建元器件 PCB 库。介绍元器件 PCB 封装库编辑环境，以及如何创建自己的 PCB 图库和利用向导创建元器件 PCB 封装。

（3）建立 Protel DXP 元器件集成库。通过实例讲解的方式介绍如何将已建立好的原理图库和相应的 PCB 封装库连接并编译成一个集成库，以及生成项目元器件封装库。

思考与练习

1．概念题

（1）叙述原理图库文件的创建步骤。

（2）元件的符号模型由几部分组成？元件的封装模型由几部分组成？内容分别是什么？

（3）叙述 PCB 库文件的创建步骤。

（4）叙述创建元件集成库的步骤。

（5）如何通过向导创建元件的 PCB 封装模型？

2．操作题

（1）综合运用本章知识创建元件 TMS320LF2407 的一种形式的元件封装。

（2）创建 TLP521-4 的集成元件库，如图 7-48 所示。

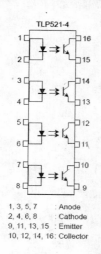
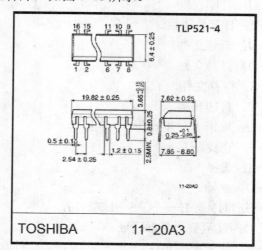

图 7-48　TLP521-4 的集成元件库

第 8 章　Protel DXP 原理图绘制与技巧

在原理图的绘制过程中如果能够熟练掌握一些常用的绘制技巧，则会提高设计人员的工作效率，起到事半功倍的效果。本章主要讲解在原理图绘制过程中经常用到的各种操作技巧以及后期管理与修改工作中遇到的疑难问题。

8.1　常用快捷键一览

在 Protel DXP 2004 中提供了各种快捷键，方便用户在设计中的应用，下面将在工程设计中经常用到的快捷键列出，以便用户查阅。

- ❖　Enter 键：选取或启动。
- ❖　Esc 键：放弃或取消。
- ❖　Tab 键：选中元件后，可以显示该元件的属性。
- ❖　Page Up 键：以鼠标所在点为中心，放大视图。
- ❖　Page Down 键：以鼠标所在点为中心，缩小视图。
- ❖　Home 键：居中，可以从原来光标下的图纸位置，移位到工作窗口中心位置显示。
- ❖　End 键：更新绘图区的图形。
- ❖　4 个方向键：用于逐步往各个方向移动。

以下"——"之前的字母表示需要同时按住 Alt 键进行菜单打开；"——"之后的字母表示对需要进行的操作所做的选择。

- ❖　F——U：打印设置。
- ❖　F——P：打开打印机。
- ❖　F——N：新建文件。
- ❖　F——O：打开文件。
- ❖　F——S：保存文件。
- ❖　F——V：打印预览。
- ❖　E——U：取消上一步操作。
- ❖　E——F：查找。
- ❖　E——S：选择。
- ❖　E——D：删除。
- ❖　E——G：对齐，E——G——L 左对齐。
- ❖　V——D：显示整个图形区域。
- ❖　V——F：显示所有元件。
- ❖　V——A：区域放大。

- ◇ V——E：放大选中的元件。
- ◇ V——P：以鼠标单击点为中心进行放大。
- ◇ V——O：缩小。
- ◇ V——5、1、2、4：放大或缩小至 50%、10%、200%、400%。
- ◇ V——N：将鼠标所在点移动到中心，相当于 Home 键的作用。
- ◇ V——R：更新视图，相当于 End 键的作用。
- ◇ V——T：工具栏选择。
- ◇ V——W：工作区面板选择。
- ◇ V——G：网格选项。
- ◇ C——：在视图区打开工程快捷菜单。
- ◇ P——B：放置总线。
- ◇ P——U：放置总线接口。
- ◇ P——P：放置元件。
- ◇ P——J：放置接点。
- ◇ P——O：放置电源。
- ◇ P——W：连线。
- ◇ P——N：放置网络编号。
- ◇ P——R：放置 IO 口。
- ◇ P——T：放置文字。
- ◇ P——D：绘图工具栏。
- ◇ D——B：浏览库。
- ◇ D——L：增加/删除库。
- ◇ D——M：制作库。
- ◇ T——：打开工具菜单。
- ◇ R——：打开报告菜单。
- ◇ W——：打开窗口菜单。

Protel DXP 提供了 3 种导线延伸模式：按 Space 键用于横/竖的切换；按 Shift+空格键用于水平/垂直/45 度/任意角度的切换；放置元件时，按 X 键，实现水平翻转，按 Y 键，实现上下翻转。

按 Ctrl+Q 键打开选择记忆器窗口，可快速选择记忆器中已存储的元件。

8.2　熟练使用工作窗口面板

工作窗口面板有两种状态，即贴合屏幕边缘和浮动。以 Projects 面板为例，两种状态分别如图 8-1 和图 8-2 所示。

图 8-1　贴合屏幕边缘状态的 Projects 面板

图 8-2　浮动状态的 Projects 面板

两种状态的切换可以通过拖动面板的蓝色上边框实现。

当面板处于边缘贴合状态时，可以通过单击█按钮来实现面板的锁定和解锁。当面板处于锁定状态时，无论在什么情况下，都会保持在整个软件的最上方；而当处于解锁状态时，当在进行原理图的绘制时，面板将自动收缩回屏幕边缘，成为标签形式。

8.3　原理图绘制技巧

下面通过实例介绍一些常见的原理图绘制技巧。

8.3.1　库元器件的快速查询与对应元器件库的添加

【实例 8-1】查找名为 2N3904 的晶体管，并装载其所在的库。

（1）单击 Libraries 标签，打开【元件库】面板，如图 8-3 所示。

（2）在【元件库】面板中单击 ⌈搜索⌉ 按钮，或选择【工具】/【发现器件】菜单命令，将打开【搜索库】对话框。

（3）确认在【范围】区域中选中了【库文件路径】单选按钮，并且【路径】区域中含有指向库的正确路径，如果接受安装过程中的默认目录，路径中会显示 C:\Program Files\Altium\Library\，确认【包括子目录】复选框未被选中，如图 8-4 所示。

（4）这里想查找所有与 3904 有关的内容，所以在【搜索库】对话框中的文本框内输入 "*3904*"。

（5）单击【搜索】按钮开始查找。如果输入的规则正确，一个库将被找到并显示在【浏览库】对话框中。

（6）单击 Miscellaneous Devices.IntLib 库以选择它。

（7）单击【安装库】按钮使这个库在你的原理图中可用。

（8）关闭【搜索库】对话框。

添加的库将显示在【元件库】面板的顶部。如果单击上面列表中的库名，库中的元件会显示在下面的列表中。面板中的元件过滤器可以用来在一个库内快速定位一个元件。

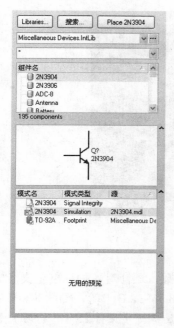

图 8-3　【元件库】面板

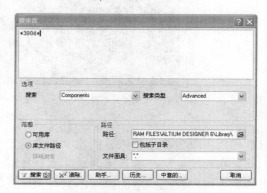

图 8-4　【搜索库】对话框

8.3.2　图纸模板文件的使用与创建

打开 Files 面板，选择【从模板新建】栏中的 PCB Templates 选项，如图 8-5 所示。

在弹出对话框的【文件类型】下拉列表框中选择 PCB file（*.pcbdoc；*.pcb）选项，即可显示所有 PCB 模板，如图 8-6 所示。

图 8-5　Files 面板

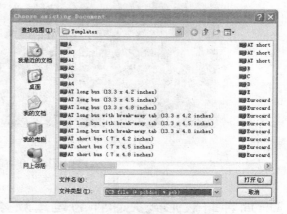

图 8-6　选择要打开的模板

Protel DXP 提供的 PCB 模板包括各种图纸模板和各种标准模板。

其中，图纸模板定义了图纸、网格、电路板尺寸等参数的大小。如 A、A0、A1、A2、A3、A4、B、C、D 等，如图 8-7 所示。

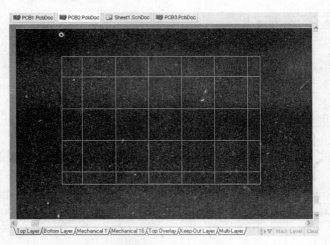

图 8-7　图纸模板

标准模板不仅定义了图纸、网格、电路板尺寸等参数，还针对各种标准定义了电路板外形、禁止布线层、标注等具体参数。如 PCI long card 3.3V-32 BIT 等，如图 8-8 所示。

设计者也可将自己指定的原理图保存为模板，方法是执行【文件】/【保存项目】菜单命令，并在【保存类型】下拉列表框中选择 Advanced Schematic Template 选项即可。

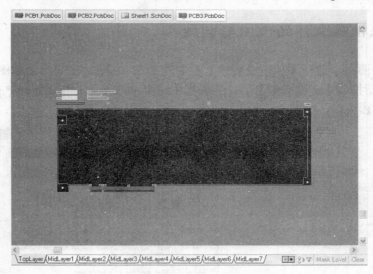

图 8-8　标准模板

8.3.3　同种封装形式元器件的连续放置

如果某一电路中同种封装形式的元件较多，那么在原理图绘制时最好连续进行放置。当要放置第一个元件时，按下 Tab 键为其制定好封装形式和编号，在接下来的连续放置中，所放置的元件都会采用第一个元件的封装形式，并且元件的编号会自动增加，如图 8-9 所示。

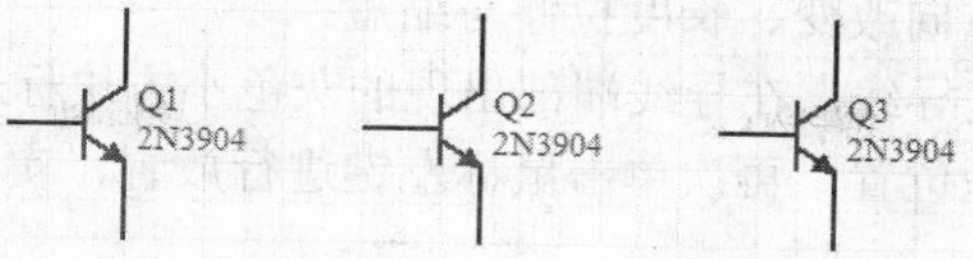

图 8-9　同时放置 3 个同样封装的 2N3904

8.3.4　导线的移动技巧

在原理图的绘制过程中，经常要对导线进行编辑操作，因此，熟练地掌握导线编辑的操作，将有助于提高绘图效率。区别一次绘制成的导线与多次绘制连成的导线的方法是：用鼠标左键单击要区别的导线，在端点及拐点处出现有灰色小方块标志，表明这几段导线是一次绘制成的。下面的实例中所介绍的操作都是针对一次绘制成的导线。

【实例 8-2】各种导线的移动方法。

（1）移动一条笔直的单根导线

① 用鼠标左键单击将其选中。

② 再次按住左键不放，移动鼠标即可拖动选中的导线。

③ 当移动到合适位置之后，放开鼠标左键，完成移动。

（2）移动一条带有折弯的导线

① 执行【编辑】/【移动】/【移动】菜单命令。

② 将出现的十字光标放到要移动的导线上，单击鼠标左键。

③ 这时导线将随鼠标一起移动，在合适位置再次单击鼠标左键放下导线，从而完成导线的移动操作。

（3）移动一条带有折弯导线中的一段直导线

① 用鼠标左键在某条导线上单击，选中整条导线。

② 再指向所要移动的那一段直导线的中部，按住鼠标左键不放移动，或是在导线中部单击一次之后再移动。

③ 用这两种方法将导线移动到合适位置后，再次单击鼠标左键放下导线。注意，在移动的过程中，与所要移动的这段直导线相连的导线将发生长度变化，可能还有方向上的变化，如图 8-10 所示。

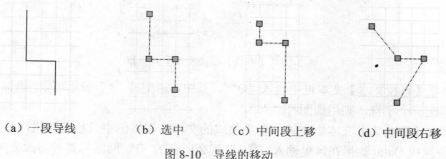

（a）一段导线　　　（b）选中　　　（c）中间段上移　　　（d）中间段右移

图 8-10　导线的移动

【实例 8-3】导线的方向改变、长度拉伸与缩短。

（1）单击选中一条直导线，在导线端部出现的灰色小方块标志上单击鼠标左键。

（2）移动鼠标至合适位置，再次单击鼠标左键进行放置，实现导线的端点移动操作，如图 8-11 所示。

（a）选中   （b）拉伸

图 8-11 导线的拉伸

对于一条带有折弯的导线，其操作方法也是一样的，这里拐点其实也就是端点。

8.3.5　名称相近的网络标签快速更名

作为一种常见的文本形式，网络标签在原理图绘制中用得很多，特别是在含有地址线、数据线的数字电路中，但如果一旦发现一组网络标签（如 D1、D2、D3……）标注错误，那么一个一个地对其进行更改将是一件很麻烦的事情，这时可以使用原理图编辑器的查找与替换功能来进行修改。

以 8.3.3 节中的 3 个 2N3904 为例，将其名字改为 Data1、Data2、Data3。

【实例 8-4】创建 PCB 文件。

（1）执行【编辑】/【替换文本】菜单命令，弹出【查找并替换文本】对话框，如图 8-12 所示。

图 8-12 【查找并替换文本】对话框

（2）在【查找文本】文本框中输入"Q*"。其中，通配符"*"表示可以匹配多个字符。如果只匹配一个字符，则用通配符"？"。

（3）在【置换为】文本框中输入要更换成的文本。在本例中只想把这组网络标签中的字符 Q 替换成 Data，如果在这里输入"Data"，那么所有的"Q*"网络标签都将改变为"Data"，所以这里采用指定部分字符串进行文本替换的方法，其使用形式为"（旧文本=新文本）"，在本例中输入"{Q=Data}"。

说明：【范围】区域的设置：替换的范围可以设置为当前打开的文档，也可以是所有打开的文档，在【图纸范围】下拉列表框中进行选择；替换的目标可以限定为选中的目标或未选中的目标或所有目标，可在【选择对象】下拉列表框中进行选择。

选中【大小写敏感】复选框后，在查找时将区分字符的大小写。

选中【置换提示】复选框时，在进行每一次替换前都会弹出请求替换的确认框。

选中【限制为网络标识符】复选框后，在查找替换的文本类型限定在网络标识符的范围内，如网络标签、电源、地、输入输出端口等。

最后的结果如图 8-13 所示。

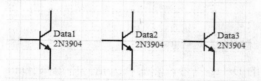

图 8-13　更改网络标签后的元器件

8.3.6　全局编辑功能

原理图编辑器不仅可以对单个图件进行修改，也可以对当前文档或整个数据库文件中具有同种属性的图件同时进行属性的编辑。另外，设计者可以进行编辑条件的定义，如编辑所有选中的图件，或所有未选中的图件，或是不管图件是否被选中，设计者甚至可以建立一个复杂的条件来进行编辑修改。

实际上，那些具有可编辑属性的图件都是可以进行全局编辑修改的。如与一个指定的网络标签相连的所有导线，可以将它们修改成为某种颜色；又如可以更改所有网络标签的字体。全局编辑修改的功能是相当强大的，可以说只有想不到，没有做不到。

初学者常常被全局编辑对话框中大量的编辑选项弄得不知所措，实际上，这些编辑修改的规则是相当易懂的，熟练地掌握这种编辑方法，可以省却大量的手动修改工作。

下面通过一个例子来说明全局编辑功能的使用。

还是以网络标签的修改为例，要求将网络标签 Data1、Data2、Data3 改为 Q1、Q2、Q3。

【实例 8-5】全局编辑修改网络标签。

（1）右击网络标签 Q1，在弹出的快捷菜单中选择【查找相似对象】菜单命令，弹出的【查找相似对象】对话框如图 8-14 所示。

（2）在该对话框中用户需要进行对象匹配条件的设置。将 Y1 项的值设为 Same，选中下面左侧的 3 个复选框，然后单击 确认 按钮即可选中这 3 个三极管的网络标签，同时弹出如图 8-15 所示的 Inspector 面板。

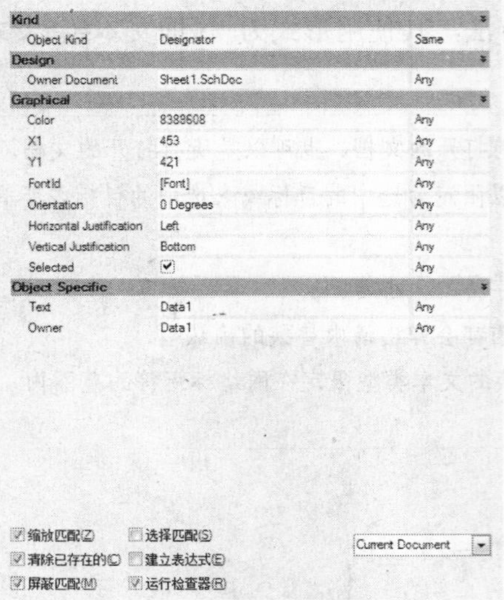

Kind		
Object Kind	Designator	Same
Design		
Owner Document	Sheet1.SchDoc	Any
Graphical		
Color	8388608	Any
X1	453	Any
Y1	421	Any
FontId	[Font]	Any
Orientation	0 Degrees	Any
Horizontal Justification	Left	Any
Vertical Justification	Bottom	Any
Selected	☑	Any
Object Specific		
Text	Data1	Any
Owner	Data1	Any

☑ 缩放匹配(Z)　　☑ 选择匹配(S)
☑ 清除已存在的(C)　☑ 建立表达式(E)
☑ 屏蔽匹配(M)　　☑ 运行检查器(R)

Current Document ▾

图 8-14　【查找相似对象】对话框　　　　　图 8-15　Inspector 面板

（3）单击 Text 选项的 Data1 符号，然后在大括号中填写{Data=Q}。输入完毕之后，在对话框的其他地方单击鼠标左键，此时，所有元件的网络标签都将被修改。

（4）修改后的三极管如图 8-16 所示。

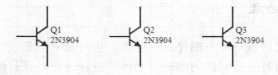

图 8-16　全局编辑之后的三极管

8.3.7　如何在拖动图件的同时拖动其引脚上的连线

大凡进行过原理图绘制的设计者都知道，如果两个元件之间的导线已经连接完毕，而又要去改变其中一个图件的位置时，往往不得不去重绘所有两者相连的导线。

下面将举例说明如何在拖动一个图件的同时拖动其引脚上的连线。

【实例 8-6】图件与引脚上的连线同时拖动。

如图 8-17 所示，要求元件 DS1 往右下方拖动。

（1）先按住 Ctrl 键，再单击元件 DS1，放开 Ctrl 键，这时元件 DS1 就随鼠标一起移动了，按 Space 键可以调整走线的方向，以避开其他连线。

（2）将元件 DS1 移动到合适位置，并调整好走线的方向后，单击鼠标右键完成元件 DS1 的拖动，结果如图 8-18 所示。

（3）同样地，使用这种方法可以进行导线的拖动。当对导线进行移动时，导线的两端不会发生变化，如图 8-19 所示。

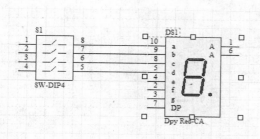

图 8-17　一个简单的连线电路

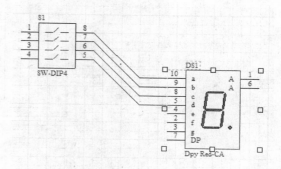

图 8-18　移动元件 DS1 后的电路

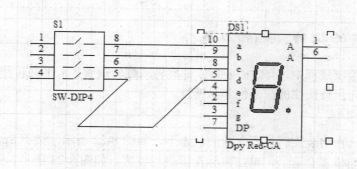

图 8-19　导线拖动后的图像

说明： 当导线如图 8-20 所示带有折弯时，拖动时情形略有变化，如图 8-21 所示。

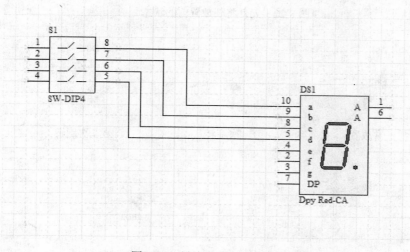

图 8-20　导线带有折弯的元件连线

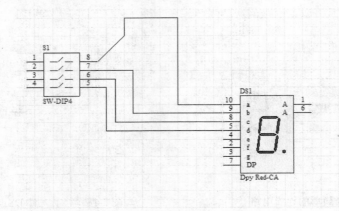

图 8-21 拖动后的情形

8.3.8 元器件的旋转、翻转放置

在原理图的绘制过程中，有时需要将原件旋转或翻转放置（水平翻转和垂直翻转），以便连接导线，从而保持图面的简洁性和易读性。

1．旋转放置

元件选定后，在将要旋转放置之前的状态下，如图 8-22 所示，按下 Space 键可以使元件逆时针旋转，当位置合适后，单击鼠标左键进行放置，如图 8-23 所示。

图 8-22 元件将要放置前的状态

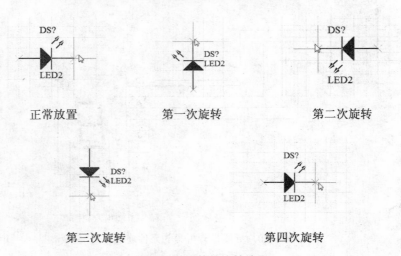

正常放置   第一次旋转   第二次旋转

第三次旋转   第四次旋转

图 8-23 元件的旋转放置

2．翻转放置

同样地，在上述状态下，按 X 键可以实现元件的水平翻转，按 Y 键可以实现元件的垂直翻转，当位置合适后，单击鼠标左键进行放置。图 8-24 所示是水平翻转的放置，垂直翻转的放置与其类似。

正常放置　　　　　　　　第一次水平翻转　　　　　　第二次水平翻转

图 8-24　元件的水平翻转放置

当对一个元件进行旋转或翻转放置后，如果紧随其后放置的是同种类型的元件，那么这个将要放置的元件的位置状态，同前一个已经放置的元件的位置状态相同。

8.3.9　常用工具栏的摆放技巧

如图 8-25 所示为原理图编辑器工具栏。

图 8-25　原理图编辑器工具栏

是不是常用的工具栏都在其中呢？工具栏如果摆放合适，将有助于增大工作窗口的可视范围，使得绘图更加方便。而编辑器中自定义的几种摆放方式，如图 8-26 所示，它们使用起来都不是很方便。

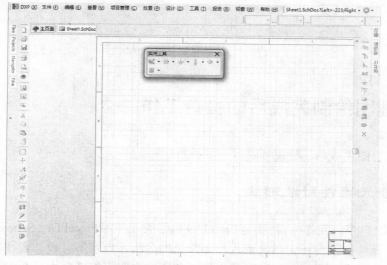

图 8-26　原理图编辑器中可设定的几种工具栏的放置位置

下面介绍如何把常用的工具栏放置得更合理。大家一定要记住：在下面的步骤之中，耐心是必需的。

【实例 8-7】常用工具栏的放置。

（1）先把需要经常使用的几个工具栏都放于上方，这里以原理图标准工具栏、实用工具工具栏、配线工具栏为例来进行放置，如图 8-27 所示。

图 8-27　把 3 个工具栏都放置于上方

（2）注意工具栏前方的 标志，用鼠标先指向实用工具工具栏前方 标志右方的空白处，并稍微调整鼠标的位置直到出现十字形，如图 8-28 所示。

（3）此时按住鼠标左键，拖动该工具栏，如图 8-29 所示。有时不可能一次成功，多试几次。

图 8-28　出现十字形标志 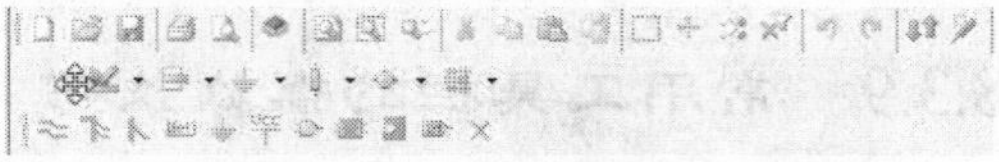　　　　　　　　图 8-29　拖动实用工具工具栏

（4）当拖动到合适位置时，放开鼠标左键，得到如图 8-30 所示的放置结果。

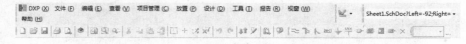

图 8-30　放置实用工具工具栏

（5）类似地，拖动其他工具栏，一定要注意，只有工具栏前方带有 标志才可以进行拖放操作。最后的拖放结果如图 8-31 所示。

图 8-31　拖动后的结果图

8.4　原理图绘制完成后的检查工作

在原理图绘图完成后，还需要进行一些检查工作。

8.4.1　检查元器件封装形式

Protel DXP 自带的元件库，特别是 Protel 99 自带的元件库 Protel Dos Schematic Libraries. ddb 中的许多元件都没有指定封装形式，如常见的电阻、电容等，设计者往往在原理图的绘制过程中忘记为它们添加上封装形式，这样在印刷电路板编辑器中进行网络表的载入操作时，程序会列出大量的错误提示，造成不能顺利地进行印刷电路板设计的后果。

在绘制的电路原理图中，所有的元器件都必须指定相应的封装形式，而这些封装形式也必须存在于 PCB 元件库中。

在电路原理图中，如果元件的引脚编号处于隐藏状态，可以双击该元件，在弹出的【元件属性】对话框中，选中【显示图纸上全部引脚（即使是隐藏）】复选框即可，如图 8-32 所示。同样，在【元件属性】对话框中，还可以检查该元件有没有指定的封装形式，如果没有，那么就需要为该元件加上适当的封装形式，单击【追加】按钮，弹出如图 8-33 所示的对话框。

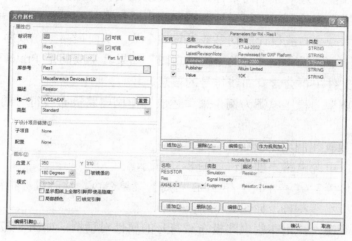

图 8-32　【元件属性】对话框

单击【确认】按钮，弹出如图 8-34 所示的对话框。单击【浏览】按钮，选择其中所需要的封装形式即可。

图 8-33　【加新的模型】对话框　　　　图 8-34　【PCB 模型】对话框

8.4.2 放置 PCB 布线符号

Protel 99 允许在电路原理图中放置印刷电路板符号，以事先制定布线（或网络）铜膜的宽度、过孔的直径、布线策略、布线的优先权和布线层别等属性。如果用户在原理图中对某些具有特殊要求的连线进行相应的印刷电路板布线设置，那么在印刷电路板绘制时，就不必再为这些具有特殊要求的连线进行布线设计规则设置了。很多时候，设计者需要通过对比、查找，才能通过对某些网络标签的布线规则设置，来满足某些特殊布线的设计要求。如果在电路原理图绘制时，灵活地运用印刷电路板布线符号，在日后的印刷电路板设计过程中，将大大减少布线设计规则参数设置的个数，从而提高工作效率。

对于带有印刷电路板布线符号的电路原理图，如果其生成的是 Protel 格式的网络表文件，那么网络表文件中不会含有布线符号的信息。

下面以一个典型的稳压电源为例，来讲述放置印刷电路板布线符号的步骤以及其他的一些相关内容。

【实例 8-8】放置印制电路板布线符号。

（1）打开稳压电源电路原理图，如图 8-35 所示。

（2）执行【放置】/【指示符】/【PCB 布局】菜单命令，这时鼠标指针将变成十字形，并带着印刷电路板布线符号，如图 8-36 所示。

（3）按下 Tab 键，弹出印刷电路板布线符号的属性对话框，如图 8-37 所示。

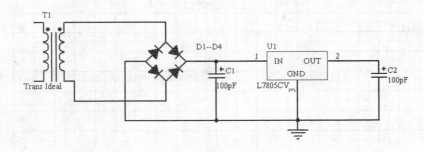

图 8-35 稳压电源电路原理图

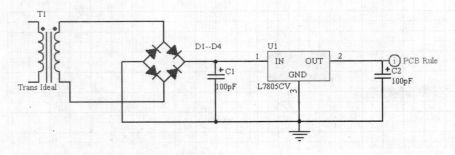

图 8-36 放置印制电路板布线符号

图 8-37　印刷电路板布线符号的属性对话框

（4）属性设置完毕后，单击【确认】按钮。

（5）单击鼠标左键，将印刷电路板布线符号放到指定的导线或引脚上。印刷电路板布线符号放置完毕的电路如图 8-38 所示。

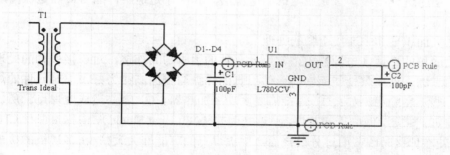

图 8-38　印刷电路板布线符号放置完毕的电路

8.5　PCB 设计中的优化处理

1．电源、地线、信号线等的处理

（1）电源、地线的处理

即使在整个 PCB 板中的布线完成得都很好，但由于电源、地线的考虑不周到而引起的干扰会使产品的性能下降，有时甚至影响到产品的成功率。所以对电源、地线的布线也要认真对待，把电源、地线所产生的噪音干扰降到最低限度，以保证产品的质量。

对每个从事电子产品设计的工程人员来说都明白地线与电源线之间噪音所产生的原因，下面只对抑制噪音的方法作以表述。

众所周知的是在电源、地线之间加上去耦电容。尽量加宽电源、地线宽度，最好使地线比电源线宽，它们的关系是：地线＞电源线＞信号线。通常信号线宽为 0.2～0.3mm，最细宽度可达 0.05～0.07mm；电源线为 1.2～2.5mm；对数字电路的 PCB 可用宽的地线组成一个回路，即构成一个地网来使用（模拟电路的地线不能这样使用）；用大面积铜层作地线用，在印刷电路板上把没被用上的地方都与地相连接作为地线用；或是做成多层板，电源、地线各占用一层。

（2）数字电路与模拟电路的共地处理

现在有许多 PCB 不再是单一功能电路（数字或模拟电路），而是由数字电路和模拟电路混合构成。因此在布线时就需要考虑它们之间互相干扰的问题，特别是地线上的噪音干扰。数字电路的频率高，模拟电路的敏感度强，对信号线来说，高频的信号线尽可能远离敏感的模拟电路器件，对地线来说，整个 PCB 对外界只有一个节点，所以必须在 PCB 内部处理数、模共地的问题，而在板内部数字地和模拟地实际上是分开的，它们之间互不相连，只是在 PCB 与外界连接的接口处（如插头等），数字地与模拟地有一点短接，要注意，只有一个连接点。也有在 PCB 上不共地的，这由系统设计来决定。

（3）信号线布在电源（地）层上

在多层印刷板布线时，由于在信号线层没有布完的线已经不多，再多加层数就会造成浪费，也会给生产增加一定的工作量，成本也相应增加，为解决这个矛盾，可以考虑在电源（地）层上进行布线。首先应考虑用电源层，其次才是地层，因为最好是保留地层的完整性。

（4）大面积导体中连接引脚的处理

在大面积的接地（电源）中，常用元器件的引脚与其连接，对连接引脚的处理需要进行综合的考虑，就电气性能而言，元件引脚的焊盘与铜面满接为好，但对元件的焊接装配就存在一些不良隐患，如：① 焊接需要大功率加热器。② 容易造成虚焊点。所以兼顾电气性能与工艺需要，做成十字花焊盘，称之为热隔离（Heat Shield），俗称热焊盘（Thermal），这样，可使在焊接时因截面过分散热而产生虚焊点的可能性大大减少。多层板的接电源（地）层引脚的处理相同。

（5）布线中网格系统的作用

在许多 CAD 系统中，布线是依据网格系统决定的。网格过密，通路虽然有所增加，但步进太小，图场的数据量过大，这必然对设备的存储空间有更高的要求，同时也对像计算机类电子产品的运算速度有极大的影响。而有些通路是无效的，如被元件引脚的焊盘占用的或被安装孔、定位孔所占用的等。网格过疏，通路太少，则对布通率的影响极大。所以要有一个疏密合理的网格系统来支持布线的进行。

标准元器件两引脚之间的距离为 0.1 英寸（2.54mm），所以网格系统的基础一般就定为 0.1 英寸（2.54mm）或小于 0.1 英寸的整倍数，如 0.05 英寸、0.025 英寸、0.02 英寸等。

2．将原理图打印为图片文件

在做报告时，需要清晰的原理图，而用截屏功能抓出来的图往往不够清晰。此时，可以使用虚拟打印机的功能，将原理图打印成清晰的图片形式。

此时，要借助第三方的虚拟打印机软件，无论是"福昕阅读器"中自带的 PDF 格式打印机还是 Smart Print，都可以实现所需操作。此处以 Smart Print 为例进行介绍。

【实例 8-9】将原理图打印为图片文件。

（1）首先需要安装 Smart Print 软件，可以在华军软件园等大型下载网站免费下载到。

（2）打开一张原理图，选择【文件】/【页面设定】菜单命令（不要单击工具栏中快速打印的打印机图标，否则很多参数无法设置）。

（3）打开如图 8-39 所示的对话框，设置 DXP 的打印参数，这里是做报告，肯定希望图尽量大且尽量清楚，缩放比例就选最大的 Fit Document On Page；至于打印颜色，灰度的图用激光打印机打出来比较清晰（所以每次打印时都要在 Word 的图像工具栏中把图片设置成灰度模式），但如果打算用彩喷打印报告，则选择彩色打印。

（4）设置完成后单击【打印设置】按钮进入打印机的参数设置界面，如图 8-40 所示。

图 8-39　打印设置

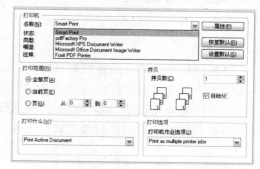

图 8-40　打印机选择

（5）打印机名称选择 Smart Print，然后单击其后的【属性】按钮进入打印机属性设置对话框，如图 8-41 所示。

（6）在【布局】标签页中，根据图纸选择横向或者纵向，在【纸张/质量】标签页中根据需要选择彩色或者黑白，然后单击【高级】按钮进入打印质量的调整对话框，如图 8-42 所示。

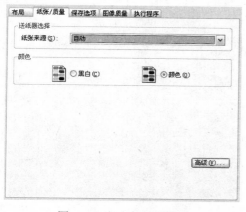

图 8-41　打印机属性设置

图 8-42　图像质量选择

（7）当所有选项设置好后，单击【打印】按钮，然后根据提示将文件保存到所需的路径当中即可。

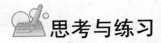

本章小结

本章讲解了有关原理图绘制的后期管理与修改工作，了解和掌握了这些工作的典型方法和步骤，有利于准确、高效地进行印刷电路板的绘制。

思考与练习

1．思考题

（1）批量更改元件的标签都有哪些方法？

（2）为什么要对已经完成的 PCB 板中的电源和地线进行优化处理？

（3）简述整体移动元器件而不改变连线的方法。

（4）简述检查元器件封装形式的方法。

2．操作题

创建一张大小为 150mil×150mil 的 3 层板（物理边界和电气边界大小相同）并命名为 ThreeLayers.PRJPCB，有两个内部电源/接地层，分别为 VCC、GND，有两个信号层。

第9章　PCB 电路板设计典型操作技巧

PCB 电路板的设计过程较为复杂，如果在设计过程中能够综合运用各种操作技巧将大大简化 PCB 图的设计过程，不仅省时省力，而且设计的 PCB 板图更美观实用。本章将重点讲述在 PCB 电路板设计过程中经常用到的操作技巧。

9.1　功能各异的图件选取方法

由于电路图在设计过程中需要多次修改，所以在设计中需要对一些特定的图件进行选中操作。Protel DXP 2004 提供了多种选取对象的方法。

在菜单【编辑】/【选择】中有 4 个选取命令和一个选取状态切换命令，如图 9-1 所示。

图 9-1　【选择】子菜单

1．区域内部选取【区域内对象】命令

执行该命令，出现十字光标，在图纸上单击鼠标左键，移动光标会出现一个矩形虚线框，再单击鼠标左键确定矩形虚线框，则框内的所有对象被选中，如图 9-2 所示。但如果一个对象有超出一半的部分在虚线框外时，该对象将不被选中。也就是说，要用区域内部选取命令选取对象时，被选取对象的 1/2 以上部分必须包含在虚线框中。

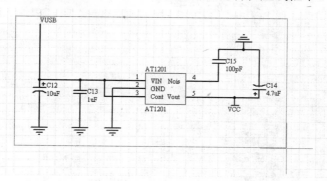

图 9-2　选择区域内对象

2．区域外部选取【区域外对象】命令

执行该命令的结果和【区域内对象】命令正好相反，它选中的是虚线框外部的对象，如图 9-3 所示。

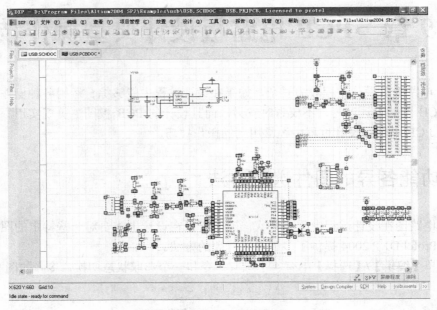

图 9-3 选择区域外对象

3．全部选取【全部对象】命令

执行该命令后，当前文件中的所有对象都被选中，如图 9-4 所示。

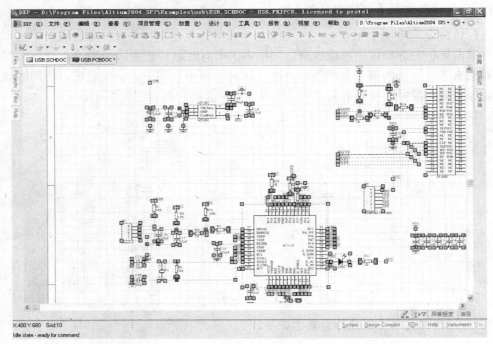

图 9-4 全部选取

4．指定连接选取【连接】命令

执行【连接】命令只能选取有电气连接属性的相关对象，无电气连接属性的对象不能被该命令选中。它的操作对象是导线、节点、网络标签、输入/输出端口和元件引脚（不包括元件实体部分）等。

执行该命令后，出现十字光标，在操作对象上单击鼠标左键，与被单击对象相连接的有电气属性的对象都被选中，并且高亮显示（过滤器功能）。此时只能对过滤出的对象进行编辑，高亮的元件引脚只是元件的一部分，不能算作完整对象，所以不能对其进行编辑。该命令是一个多选命令，即可以连续选取多个对象，如图 9-5 所示。

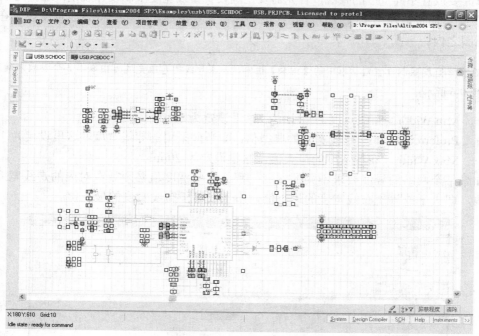

图 9-5　连接方式选取元件

5．切换对象的选取状态【切换选择】命令

该命令用于切换对象的选取状态，即在选取和不选取两种状态间进行切换。

执行该命令后，出现十字光标，在对象上单击鼠标左键。如果该对象原来是被选中状态，则它的选中状态被取消；如果该对象原来未被选中，则它变为选中状态。

9.2　放置与编辑导线

由于电路图中的电气元件是由导线进行连接的，导线布置的状态势必影响电路最终的性能，熟练掌握放置与编辑导线的各种操作技巧是成功绘制 PCB 电路板的基础。本节主要就这方面的内容进行讲解。

9.2.1 放置不同宽度导线的操作技巧

由于电路板上的空间限制或其他特殊要求，一条连续的导线可能由多段不同宽度的导线构成。如当导线穿过两个焊盘时，由于焊盘之间的间距比较小，粗的导线在当前设定的安全间距限制规则下不可能穿过两个焊盘，这时经常采取的措施是改变导线的宽度，或者是修改图件之间的安全距离限制规则。

【实例 9-1】放置不同宽度的导线。

（1）要放置不同宽度的导线，首先需要正确设置布线宽度限制设计规则。选择【设计】/【规则】菜单命令，弹出【PCB 规则和约束编辑器】对话框，在其中将导线宽度设置在一个正确范围之内。

说明：在布线宽度限制设置对话框中的【约束】栏中，一条导线的布线宽度可由以下 3 个参数来确定，如图 9-6 所示。

- ✧ Min Width：布线宽度的最小值，这里设定为 5mil。
- ✧ Preferred Width：布线宽度的典型值，即当前采用的导线宽度，这里设定为 10mil。
- ✧ Max Width：布线宽度的最大值，这里设定为 20mil。

如果某个网络的导线要求不同的宽度，那么这些宽度值必须处在对应的走线宽度约束范围内，即大于或等于布线宽度的最小值，小于或等于布线宽度的最大值。

图 9-6 【PCB 规则和约束编辑器】对话框

（2）选择【放置】/【直线】菜单命令，在导线的放置起点位置单击鼠标左键。

（3）按下 Tab 键，打开【线约束】对话框，对导线的宽度进行设置，将宽度设为 10mil，如图 9-7 所示。

图 9-7　【线约束】对话框

（4）单击对话框中的【确认】按钮，将鼠标移动到合适的位置后单击鼠标左键，放置第一段导线，同时开始放置第二段导线。

（5）再次按下 Tab 键，在【线约束】对话框中设置导线的宽度，设置为 10mil。

（6）单击对话框中的【确认】按钮，将鼠标移动到合适的位置后单击鼠标左键，放置第二段导线。

（7）如果还要继续放置不同宽度的导线，只要重复步骤（5）、（6）的操作即可。

（8）如果不再需要放置导线，双击鼠标右键或者连续按两次 Esc 键，即可退出放置导线的命令状态，这样就完成了不同宽度的导线绘制，如图 9-8 所示。

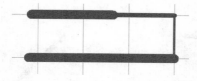

图 9-8　绘制好的不同宽度的导线

9.2.2　绘制不同转角形式的导线

在手动布线时，设计者可以使用 Shift+Space 键来调整导线的转角形式，与此同时，还可以使用 Space 键调整转角的位置。

下面介绍绘制不同转角形式导线的方法。

【实例 9-2】绘制不同转角形式的导线。

（1）选择【放置】/【直线】菜单命令，在一个元器件的焊盘上进行手动布线。

（2）在焊盘上单击鼠标左键，并往右下方的另一个焊盘处拉线，如图 9-9 所示。

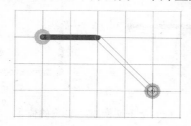

图 9-9　手动布线

（3）连续按下 Shift+Space 键，可以得到不同的转角形式，如图 9-10 所示。

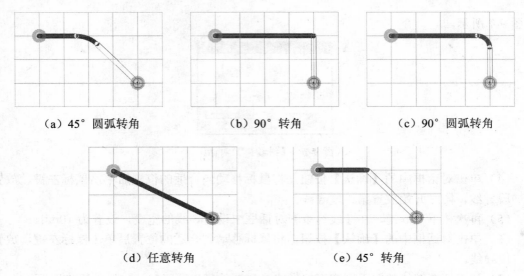

（a）45°圆弧转角　　　　（b）90°转角　　　　（c）90°圆弧转角

（d）任意转角　　　　　　（e）45°转角

图 9-10　导线的各种转角形式

（4）在此状态下按 Space 键，可以设置转角的位置，不同转角形式对应的转角位置如图 9-11 所示。

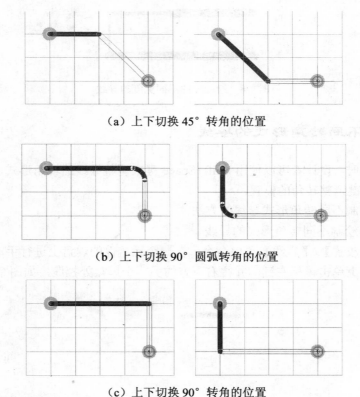

（a）上下切换 45°转角的位置

（b）上下切换 90°圆弧转角的位置

（c）上下切换 90°转角的位置

图 9-11　不同转角形式对应的转角位置

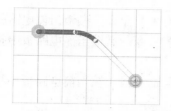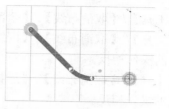

（d）上下切换 45°圆弧转角的位置

图 9-11　不同转角形式对应的转角位置（续）

9.2.3　使用鼠标对导线进行调整

手工调整可以采用系统提供的相关菜单命令，如【取消布线】命令、【清除网络】命令等，也可以直接使用一些编辑操作，如选中、删除、复制等。值得一提的是，对于某些不需要删除但需要移动的布线，Protel DXP 系统特地为设计者提供了拖动时保持角度这一新增功能，以便在拖动现有布线时，能够保持相邻线段的角度，保证布线的质量。

【实例 9-3】使用鼠标对导线进行调整。

（1）在工作窗口中，单击选中需要拖动的导线，并将光标放在导线上的某点处，此时光标的形状将发生变化，变为双箭头显示，表明已处于保持角度的模式中，如图 9-12 所示。

（2）按下鼠标左键，出现十字形光标，此时可以将导线拖动到合适位置处，在此过程中，该段导线与相邻导线段的角度将始终保持不变，如图 9-13 所示。

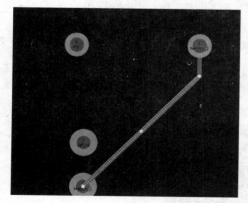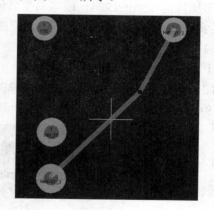

图 9-12　选中需要拖动的导线　　　　　图 9-13　保持角度拖动

9.2.4　撤销布线

撤销布线命令集中在【工具】/【取消布线】子菜单中，如图 9-14 所示。

图 9-14　【取消布线】子菜单

（1）选择【工具】/【取消布线】/【全部对象】命令：撤销当前电路板中的所有布线。

（2）选择【工具】/【取消布线】/【网络】命令：撤销当前电路板中指定网络的布线。与指定网络布线的操作相反。

（3）选择【工具】/【取消布线】/【连接】命令：撤销当前电路板中指定连接的布线。与指定连接布线的操作相反。

（4）选择【工具】/【取消布线】/【元件】命令：撤销当前电路板中指定元件的布线。与指定元件布线的操作相反。

（5）选择【工具】/【取消布线】/【Room 空间】命令：撤销当前电路板中指定 Room 空间中的布线。与指定元件 Room 空间的操作相反。

9.3 PCB 电路板设计操作技巧

下面简单介绍一些 PCB 电路板设计中实践性的操作技巧。

9.3.1 导线制作

1．利用外围线（Outline）对重要的信号线进行"包地"操作

屏蔽导线是为了防止相互干扰，而将某些导线用接地线包住，称为包地。一般来说，容易干扰其他线路的线路，或容易受其他线路干扰的线路需要屏蔽起来。

【实例 9-4】对信号线进行"包地"操作。

（1）执行【编辑】/【选择】/【网络】菜单命令，将光标指向所要屏蔽的网络或者连接导线上，单击鼠标左键选中。

（2）执行【工具】/【生成选定对象的包络线】菜单命令，选中的网络将被包络线包围，如图 9-15 所示。包络线默认宽度为 8mil。

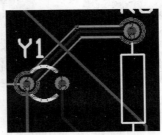

图 9-15 屏蔽导线结果

2．泪滴导线的制作技巧

宽度不一的导线连接在一起时会显得不连续，也不利于电路板的美观。这里介绍一种方法，可以绘制出宽度不同但能光滑过渡的导线——泪滴导线。

【实例 9-5】制作泪滴导线。

（1）首先在电路板上放置一条宽度为 5mil 的细导线，然后按下 Tab 键，在弹出的对话

框中将导线的宽度修改为 20mil，接着再绘制一段宽度为 20mil 的导线，结果如图 9-16 所示。

图 9-16　绘制不同宽度的导线

（2）在刚绘制好的导线上放置焊盘，焊盘的外径尺寸为最宽导线的宽度，即为 20mil，如图 9-17 所示。

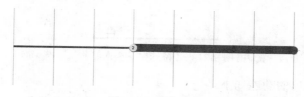

图 9-17　添加焊盘

（3）选中导线和焊盘，然后选择【工具】/【泪滴焊盘】菜单命令，打开【泪滴选项】对话框，如图 9-18 所示。

图 9-18　【泪滴选项】对话框

（4）在该对话框中选中【只有选定的对象】复选框，即只对处于选中状态的焊盘执行添加泪滴的操作，否则添加泪滴的操作将对所有焊盘及其相连的导线有效。

（5）单击【确认】按钮，即可为焊盘添加上泪滴，结果如图 9-19 所示。

（6）删除焊盘即可得到不同宽度但光滑过渡的导线了，如图 9-20 所示。

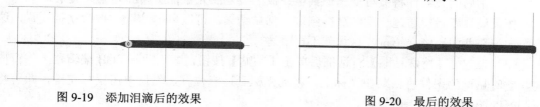

图 9-19　添加泪滴后的效果　　　　　　　　　　图 9-20　最后的效果

9.3.2　活用特殊粘贴功能

菜单命令【编辑】/【特殊粘贴】是 PCB 编辑器中一个非常有用的工具，在电路板设计过程中，灵活运用特殊粘贴功能可以实现电路板的快速设计。

操作步骤如下：

（1）打开已有的 PCB 板。

（2）选中 PCB 电路板设计，然后执行复制图件的命令。

（3）新建一个 PCB 设计文件。

（4）选择【编辑】/【特殊粘贴】菜单命令，打开【特殊粘贴】对话框，如图 9-21 所示。

图 9-21　【特殊粘贴】对话框

该对话框中各选项的功能如下。

◇　【粘贴到当前层】复选框：选中此复选框表示将图件粘贴在当前的工作层上，所有处于单个工作层上的图件，如导线、填充区域、弧线及单层焊点等，将会被粘贴在当前的工作层上，但是元器件的多层焊盘、过孔以及位于丝印层上的元器件编号、外形和注释等，则依旧保留在原有的工作层上。如果不选中此复选框，则所有的图件，包括单个工作层上的图件在内，在粘贴后都将保留在原有的工作层面上。

◇　【保持网络名】复选框：选中此复选框，则具有电气网络属性的图件，如导线、焊盘、过孔、元器件上的焊盘以及填充等，都保留原有的电气网络名称。如果不选中此复选框，则具有电气网络属性的图件在粘贴后，它们的电气网络名称将全部丢失，变为 No Net，并与原来的图件之间不存在连接关系。

◇　【复制标识符】复选框：选中此复选框，表示对元器件进行特殊粘贴后，得到的元器件将保持原有的编号不变。如果不选中此复选框，则对多个元器件进行粘贴时，得到的元器件编号将添加上"_1"。如果又接着进行下一次粘贴，则编号将在原编号后添加上"_2"，依此类推。

◇　【加入到元件类】复选框：如果选中此复选框，并且对元器件进行了分类，则粘贴后的元器件将被自动添加到电路板上被复制元器件所属的元器件类中。

如果设计者希望通过一次粘贴得到多个粘贴结果，可以单击 粘贴队列... 按钮进行设置，这方面知识在前面已经介绍过，这里就不再赘述。

（5）设置好【特殊粘贴】对话框后单击【粘贴】按钮，即可回到 PCB 编辑器工作窗口中，此时粘贴的图件将粘贴在光标上，移动光标到适当位置，然后单击鼠标左键，即可将复制好的图件粘贴到当前位置。

9.3.3　元器件的布局和布线

在设计中，布局是一个重要的环节。布局结果的好坏将直接影响布线的效果，因此可以认为：合理的布局是 PCB 设计成功的第一步。

布局的方式分两种：一种是交互式布局，另一种是自动布局。一般是在自动布局的基础上用交互式布局进行调整。在布局时还可根据走线的情况对门电路进行再分配，将两个门电路进行交换，使其成为便于布线的最佳布局。在布局完成后，还可对设计文件及有关信息及时返回并标注于原理图，使得 PCB 板中的有关信息与原理图相一致，以便以后的建档、更改设计能够同步，同时对模拟的有关信息进行更新，使得能对电路的电气性能及功能进行板级验证。

一个产品成功与否，一是注重内在质量，二是兼顾整体美观，两者都较完美才能认为该产品是成功的。在一个 PCB 板上，元件的布局要求要均衡，疏密有序，不能头重脚轻或一头沉。

合理的布局是 PCB 板布线的关键，如果单面板设计元件布局不合理，将无法完成布线操作；如果双面板元件布局不合理，布线时将会放置很多过孔，使电路板导线变得非常复杂。合理的布局要考虑到很多因素，如电路的抗干扰等，这在很大程度上取决于用户的设计经验。

9.3.4　接地技巧

地线分为系统地、机壳地、数字地和模拟地等几种，机壳地通常与大地相连接，并且起到屏蔽作用。在连接地线时应该注意以下几点：

（1）正确选择单点接地与多点接地。在低频电路中，信号频率小于 1MHz，布线和元件之间的电感可以忽略，当信号的频率大于 10MHz 时，地线电感的影响较大，所以宜采用就近接地的多点接地法。

（2）数字地和模拟地分开。数字地和模拟地应分别与电源的地线端连接，要尽量加大线性电路的面积；通常模拟电路抗干扰能力较差。

（3）尽量加粗地线。若地线很细，接地电位会随电流的变化而变化，导致电子系统的信号受到干扰，特别是模拟电路部分，因此地线应该尽量宽，一般以大于 3mm 为宜。

（4）将接地线构成闭环。这样可以明显提高抗干扰能力。

9.4　设计校验

设计规则检查（Design Rule Check，DRC）用来检查电路板中有无违反设计规则的错误。

进行复杂的 PCB 板图设计时，设计规则是重要的安全网络和指导工具，可保证设计的一致性和可制造性。在设计时发现错误不仅可以节省板卡制造成本，而且可以更快地把产品推向市场，增加销售额。

DRC 有两种模式，即在线 DRC（Online DRC）和批处理 DRC（Batch-mode DRC）。在线 DRC 是在设计过程中，系统自动实时进行的，用于对 PCB 新的变化进行自动检查。批处理 DRC 用于对整个设计进行完整的规则检查。

在线 DRC 可以开启或关闭。执行【工具】/【优先设定】菜单命令，打开【优先设定】对话框，如图 9-22 所示。选中或取消选中【在线 DRC】复选框，设置开启或关闭 DRC 在线检查。

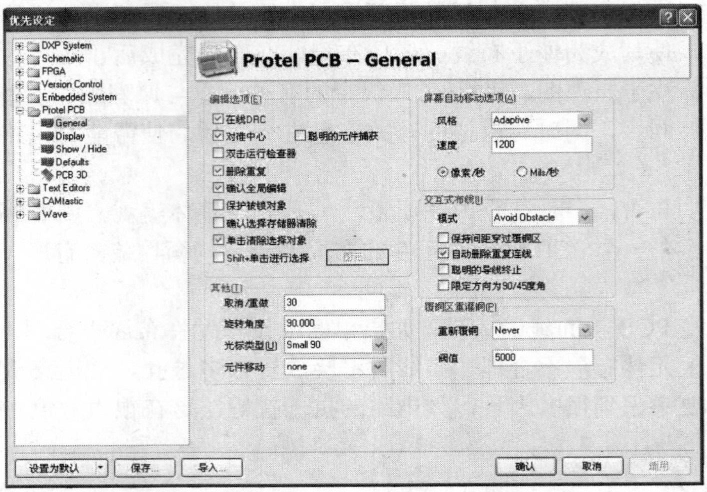

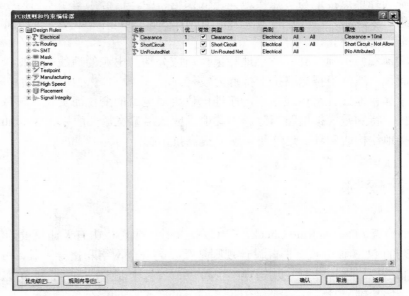

图 9-22 【优先设定】对话框

设计规则检查器是用户设置检查内容的管理工具。执行【设计】/【规则】菜单命令，打开【PCB 规则和约束编辑器】对话框，如图 9-23 所示。在该对话框中可以设置要检查的选项。

图 9-23 【PCB 规则和约束编辑器】对话框

下面介绍列表中的几种规则。

1．DRC 电气规则设置

在左侧目录中选中 Electrical，单击 Electrical 前的"+"后，左侧列表框中将列出与电气相关的 4 类规则，如图 9-24 所示。

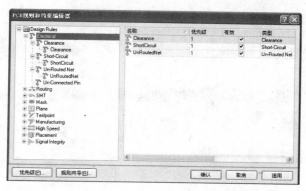

图 9-24　DRC 电气规则设置

2．DRC 布线规则设置

在左侧目录中选中 Routing，单击 Routing 前的"+"后，左侧列表框中将列出与布线相关的 7 类规则，如图 9-25 所示。

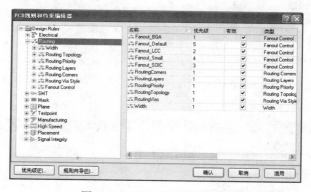

图 9-25　DRC 布线规则设置

3．DRC 表贴式封装规则设置

在左侧目录中选中 SMT，并单击前面的"+"，左侧列表框中将列出与表贴式封装相关的规则，如图 9-26 所示。

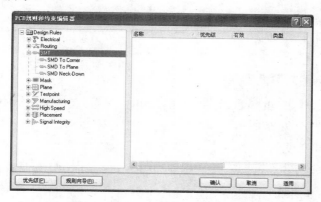

图 9-26　DRC 表贴式封装规则设置

4．DRC 测试点规则设置

在左侧目录中选中 Testpoint，并单击前面的"+"，左侧列表框中将列出与测试点相关的规则，如图 9-27 所示。

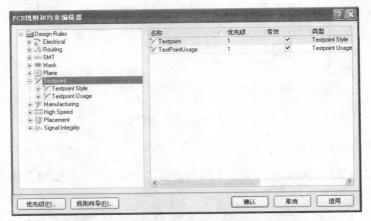

图 9-27　DRC 测试点规则设置

5．DRC 制造规则设置

在左侧目录中选中 Manufacturing，并单击前面的"+"，左侧列表框中将列出与制造电路板相关的规则，如图 9-28 所示。

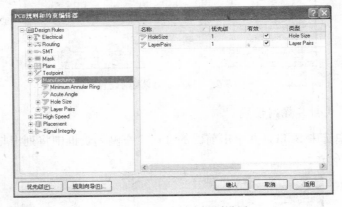

图 9-28　DRC 制造规则设置

6．DRC 高速电路规则设置

在左侧目录中选中 High Speed，并单击前面的"+"，左侧列表框中将列出与高速电路设计相关的规则，如图 9-29 所示。

7．DRC 布局规则设置

在左侧目录中选中 Placement，并单击前面的"+"，左侧列表框中将列出与元件布局相关的规则，如图 9-30 所示。

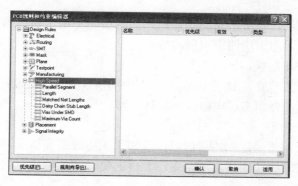

图 9-29　DRC 高速电路规则设置

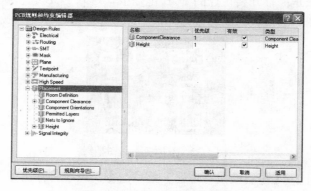

图 9-30　DRC 布局规则设置

8. DRC 信号完整性规则设置

在左侧目录中选中 Signal Integrity，并单击前面的"+"，左侧列表框中将列出与信号完整性相关的规则，如图 9-31 所示。

图 9-31　DRC 信号完整性规则设置

9.5　多层板的制作

多层板中的两个重要概念是中间层（Mid-Layer）和内层（Internal Plane）。其中中间层是用于布线的中间板层，该层所布的是导线，而内层是不用于布线的中间板层，主要用于做电源层或者地线层，由大块的铜膜所构成。

【实例9-6】制作4层板。

Protel DXP 中提供了最多16个内层、32个中间层，供多层板设计的需要。在这里以常用的4层电路板为例，介绍多层电路板的设计过程。

（1）内层的建立

对于4层电路板，就是建立两层内层，分别用于电源层和地层。这样在4层板的顶层和底层不需要布置电源线和地线，所有电路元件的电源和地的连接将通过盲孔的形式连接两层内层中的电源和地。

内层的建立方法是：打开要设计的 PCB 电路板，进入 PCB 编辑状态。图9-32所示是一幅双面板的电路图，其中较粗的导线为地线 GND。

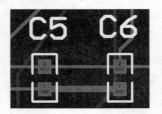

图9-32　双面板电路图举例

然后执行【设计】/【图层堆栈管理器】菜单命令，系统将弹出【图层堆栈管理器】对话框，如图9-33所示。

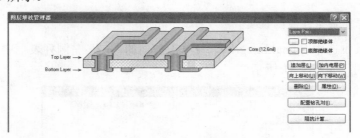

图9-33　【图层堆栈管理器】对话框

在【图层堆栈管理器】对话框中，单击【加内电层】按钮，会在当前的 PCB 板中增加一个内层，这里要添加两个内层，效果如图9-34所示。

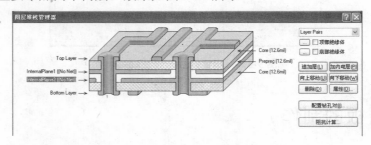

图9-34　增加了两个内层的 PCB 板

用鼠标选中第一个内层（Internal Plane1）并双击，将弹出【编辑层】对话框，如图 9-35 所示。

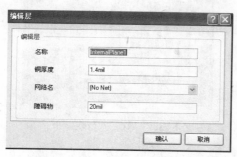

图 9-35　【编辑层】对话框

在【编辑层】对话框中，各项设置说明如下。

◇ 【名称】文本框：用于给该内层指定一个名字，在这里设置为 Power，表示布置的是电源层。

◇ 【铜厚度】文本框：用于设置内层铜膜的厚度，这里取默认值。

◇ 【网络名】下拉列表框：用于指定对应的网络名，对应 PCB 电源的网络名，这里定义为 VCC。

◇ 【障碍物】文本框：用于设置内层铜膜和过孔铜膜不相交时的缩进值，这里取默认值。

同样地，对另一个内层的属性指定如下。

◇ 【名称】文本框：设置为 Ground，表示接地层。

◇ 【网络名】下拉列表框：指定对应的网络名为 GND。

对两个内层的属性指定完成后，其设置结果如图 9-36 所示。

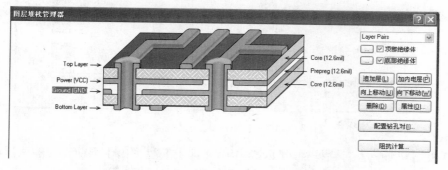

图 9-36　内层设置完成结果图

（2）删除和重新布置导线

内层设置完毕后，将删除以前的导线，方法是执行【工具】/【取消布线】/【全部对象】菜单命令，将以前所有的导线删除。重新布线的方法是执行【自动布线】/【全部】菜单命令，Protel 将对当前 PCB 板进行重新布线，布线结果如图 9-37 所示。

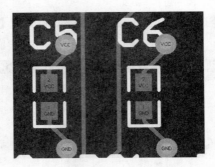

图 9-37   多层板布线结果

从图 9-37 中可以看出，原来 VCC 和 GND 的接点现都不用导线连接，它们都是用过孔与两个内层相连接。

（3）内层的显示

在 PCB 图纸上右击鼠标，在弹出的快捷菜单中执行【选择项】/【PCB 板层次颜色】菜单命令，系统将弹出【板层和颜色】对话框，如图 9-38 所示。

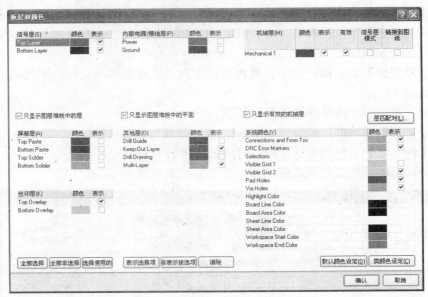

图 9-38   【板层和颜色】对话框

在【板层和颜色】对话框中，【内部电源/接地层】栏列出了当前设置的两层内层，分别为 Power 层和 Ground 层，选中这两项的【表示】复选框，表示显示这两个内层，单击【确认】按钮后退出。再在 PCB 编辑界面下右击鼠标，在弹出的快捷菜单中执行【选择项】/【显示】菜单命令，将弹出【优先设定】对话框，单击 Display 标签，将出现 Display 标签页，如图 9-39 所示。

在 Display 标签页中，选中【显示选项】区域中的【单层模式】复选框，单击【确认】按钮后退出。

将板层切换到内层，如切换到 Power 层，效果如图 9-40 所示。

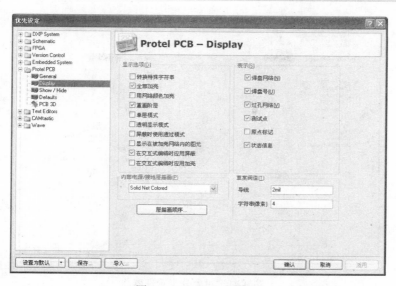

图 9-39　Display 标签页

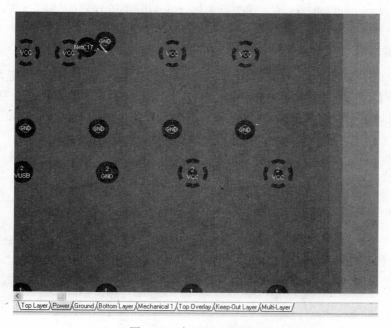

图 9-40　内层显示效果图

9.6　对象分类管理器

分类管理是 Protel DXP 提供的一种提高设计效率的优秀工具。共有 6 项分类管理：Net Classes（网络类）、Component Classes（元件类）、Layer Classes（板层类）、Pad Classes（焊盘类）、From To Classes（飞线类）和 Design Channel Classes（设计通道类），如图 9-41 所示。

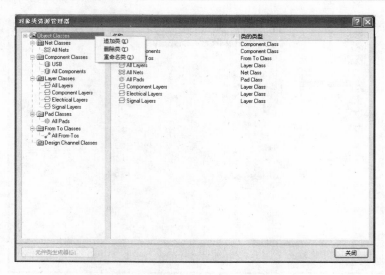

图 9-41　对象分类管理器

本节以 Component Classes（元件类）为例，说明分类管理器的使用方法。

【实例 9-7】分类管理器的使用。

1．添加对象类

（1）在对象分类管理器左侧的目录树 Component Classes 上单击鼠标右键，在弹出的快捷菜单中选择【追加类】菜单命令，在 Component Classes 目录下将添加一个新子目录 New Class。单击添加的子目录 New Class，对象类管理器右侧出现两个列表框，如图 9-42 所示。

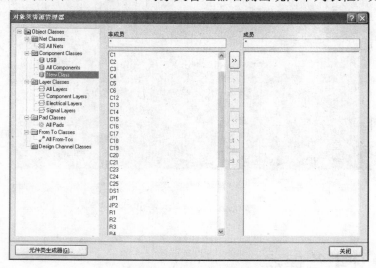

图 9-42　新添加的子类

（2）在【非成员】列表框中选中元件，单击□按钮，选中的元件被移入【成员】列表框中，即选中的元件被添加到新建类中。

□ 按钮和 □ 按钮是针对编辑区选中对象的操作按钮。

（3）左下角的 元件类生成器(G) 按钮是元件类生成器按钮。单击该按钮，打开【元件类生成器】对话框，如图 9-43 所示。

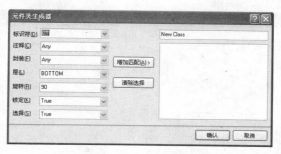

图 9-43　【元件类生成器】对话框

① 左侧的 7 个参数选项，用来选择要生成元件类的成员的属性。可直接输入参数，也可以从下拉列表框中选择参数。如在【标识符】下拉列表框中选择"C**"，则当前 PCB 中所有元件标识符以 C 开头的元件，均作为新建类的候选成员。其他参数选项的选择方法类似。这 7 个参数选项的逻辑关系为"与"关系。

② 参数选项选择完成后，单击 增加匹配(A)> 按钮，符合参数组合的元件被添加到右侧列表框中，即成为 New Class 类的成员。

2．输出和更名对象分类

（1）在对象分类管理器左侧的目录区域，右击要删除的类名称，在弹出的快捷菜单中选择【删除类】菜单命令，删除对象分类。

（2）在对象管理器左侧的目录区域，右击要更名的类名称，在弹出的快捷菜单中选择【重命名类】菜单命令，激活【类名称】文本框，在文本框中直接编辑修改即可。

9.7　放置坐标指示与距离标注

1．放置坐标指示

放置坐标指示可以显示出 PCB 板上任何一点的坐标位置。

启用放置坐标的方法如下：从主菜单中执行【放置】/【坐标】命令，也可以单击元件放置工具栏中的 +10,10 按钮。

进入放置坐标的状态后，光标将变成十字形状，将光标移动到相应的位置，单击确定放置，如图 9-44 所示。

图 9-44　坐标指示放置

坐标指示属性设置可以通过以下方法实现：在放置坐标时按 Tab 键，将弹出【坐标】对话框，如图 9-45 所示。

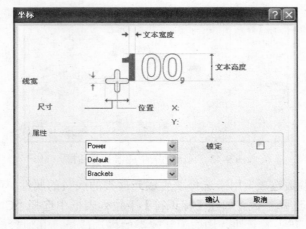

图 9-45　【坐标】对话框

【坐标】对话框中各选项含义如下。

✧　线宽：用于设置坐标线的线宽。

✧　文本宽度：用于设置坐标的文字宽度。

✧　文本高度：用于设置坐标的文字高度。

✧　尺寸：用于设置坐标的十字宽度。

✧　位置 X 和位置 Y：用于设置坐标的位置。

✧　【层】下拉列表框：用于设置坐标所在的布线层。

✧　【字体】下拉列表框：用于设置坐标文字所用的字体。

✧　【单位样式】下拉列表框：用于设置坐标指示的放置方式，包括 None（无单位）、Normal（常用方式）和 Brackets（使用括号方式）3 种放置方式。

✧　【锁定】复选框：用于设置是否将坐标指示文字在 PCB 上锁定。

2．距离标注

在电路板设计中，有时要对元件或者电路板的物理距离进行标注，以便以后的检查使用。

（1）放置距离标注的方法

先将 PCB 电路板切换到 Keep-Out Layer 层，然后执行【放置】/【尺寸】菜单命令，也可以单击元件放置工具栏中的【直线尺寸标注】按钮。

进入放置距离标注的状态后，光标变成了十字形状。将光标移动到合适的位置，单击确定放置距离标注的起点位置。移动光标到合适位置再次单击，确定放置距离标注的终点位置，完成距离标注的放置。系统自动显示当前两点间的距离。

（2）属性设置

属性设置的方法如下：

✧　在放置距离标注时按下 Tab 键，将弹出距离标注属性设置对话框，如图 9-46 所示。

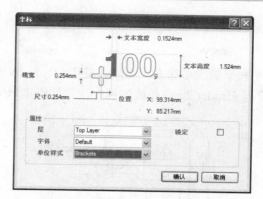

图 9-46   距离标注属性设置对话框

◇ 对已经在 PCB 板上放置好的距离标注，直接双击也可以弹出距离标注属性设置对话框。

距离标注属性设置对话框中各选项含义如下。

◇ 线宽：用于设置距离标注的线宽。

◇ 文本宽度：用于设置距离标注的文字宽度。

◇ 文本高度：用于设置距离标注的文字高度。

◇ 【层】下拉列表框：用于设置距离标注所在的布线层。

◇ 【字体】下拉列表框：用于设置距离标注文字所使用的字体。

◇ 【锁定】复选框：用于设置该距离标注是否要在 PCB 板上固定。

◇ 【单位样式】下拉列表框：用于设置距离单位的放置方式，包括 None（无单位）、Normal（常用方式）和 Brackets（使用括号方式）3 种放置方式。

本章小结

本章主要介绍了 Protel DXP 操作上的一些技巧，包括元件的多种选取方式、放置与编辑导线的各种操作技巧、PCB 电路板设计的高级操作技巧以及布局布线等多种操作方式。通过本章的学习，可以帮助读者掌握一些基本的操作技巧，从而更快更好地完成设计项目。

思考与练习

1．简答题

（1）布线规则设置可以分成哪几种？

（2）放置泪滴、包地、距离标注等操作时应注意什么？自己实际动手操作一下。

（3）熟悉多层板的设计，参考第 8 章中的内容自己绘制一个 4 层板，在放置导线时注意运用本章的各种放置技巧。

2．操作题

按照图 9-47 所示的三极管放大电路布局布线，其中 Q1 为 2N3904，C4、C5 是电容，R2、R3 是电阻，JP6、JP7 是 Header 2。在布线过程中注意运用本章所讲到的各种操作技巧。

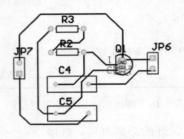

图 9-47　三极管放大电路

第 10 章 常见问题与解答

对于初学者来说，在 PCB 板图的设计过程中，总会遇到这样那样的问题，下面就一些常见的问题进行解答，以帮助读者解决实际操作中遇到的各种困难与疑惑。

10.1 容易混淆的概念辨析

在阅读电子线路设计的相关文献时以及在一些实际的工程项目设计中，初学者往往会遇到一些理解不透彻或者第一次听说的概念，由于对这些概念在理解上的偏差而导致设计上的困难，对整个电路的性能造成不良影响，甚至不能工作或者在设计过程中无从下手。下面将就几个比较容易混淆的概念进行讲解。

10.1.1 元器件封装与元器件

元器件封装就是指把硅片上的电路管脚，用导线接引到外部接头处，以便与其他器件连接。所以元器件封装即元器件的实际封装形式，不仅起着安装、固定、密封、保护芯片及增强电热性能等方面的作用，而且还通过芯片上的接点用导线连接到封装外壳的引脚上，这些引脚又通过印刷电路板上的导线与其他器件相连接，从而实现内部芯片与外部电路的连接。因为芯片必须与外界隔离，以防止空气中的杂质对芯片电路的腐蚀而造成电气性能下降。另一方面，封装后的芯片也更便于安装和运输。由于封装技术的好坏还直接影响到芯片自身性能的发挥和与之连接的 PCB（印刷电路板）的设计和制造，因此它是至关重要的。

衡量一个芯片封装技术先进与否的重要指标是芯片面积与封装面积之比，这个比值越接近 1 越好。封装时主要考虑的因素如下：

◇ 芯片面积与封装面积之比应尽量接近 1:1。
◇ 引脚要尽量短以减少延迟，引脚间的距离要尽量远以保证互不干扰，提高性能。
◇ 基于散热的要求，封装越薄越好。

下面介绍几种常用的元器件封装的具体封装形式。

1．DIP 封装

DIP 是英文 Dual In-line Package 的缩写，即双列直插式封装技术，是一种最简单的封装方式。DIP 封装指采用双列直插形式封装的集成电路芯片，绝大多数中小规模集成电路均采用这种封装形式，其引脚数一般不超过 100。DIP 封装结构形式有多层陶瓷双列直插式DIP、单层陶瓷双列直插式 DIP、引线框架式 DIP（含玻璃陶瓷封接式、塑料包封结构式、陶瓷低熔玻璃封装式）等。DIP 的封装形式如图 10-1 所示。

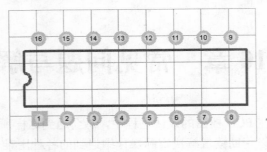

图 10-1　DIP 封装

2．PLCC 封装

PLCC 是英文 Plastic Leaded Chip Carrier 的缩写，即塑封有引线芯片封装。PLCC 封装方式外形呈正方形，32 脚封装，四周都有管脚，外形尺寸比 DIP 封装小得多，具有外形尺寸小、可靠性高的优点。PLCC 的封装形式如图 10-2 所示。

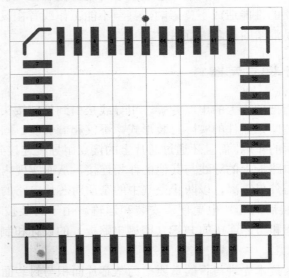

图 10-2　PLCC 封装

3．TQFP 封装

TQFP 是英文 Thin Quad Flat Package 的缩写，即薄塑封四角扁平封装。该封装工艺能有效利用空间，从而降低对印刷电路板空间大小的要求。由于缩小了高度和体积，这种封装工艺非常适合对空间要求较高的应用，如网络器件。TQFP 的封装形式如图 10-3 所示。

4．PQFP 封装

PQFP 是英文 Plastic Quad Flat Package 的缩写，即塑封四角扁平封装。PQFP 封装的芯片引脚之间距离很小，管脚很细，一般大规模或超大规模集成电路采用这种封装形式，其引脚数一般都在 100 以上。PQFP 的封装形式如图 10-4 所示。

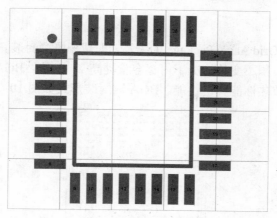

图 10-3　TQFP 封装

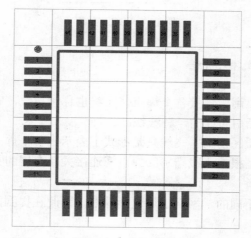

图 10-4　PQFP 封装

5．TSOP 封装

TSOP 是英文 Thin Small Outline Package 的缩写，即薄型小尺寸封装。TSOP 封装技术的一个典型特征就是在封装芯片的周围做出引脚。TSOP 封装外形尺寸时，寄生参数（电流大幅度变化时，引起输出电压扰动）减小，适合高频应用，操作比较方便，可靠性也比较高。TSOP 的封装形式如图 10-5 所示。

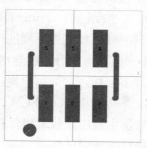

图 10-5　TSOP 封装

6．BGA 封装

BGA 是英文 Ball Grid Array Package 的缩写，即球栅阵列封装。采用 BGA 技术封装的内存，可以使内存在体积不变的情况下内存容量提高 2～3 倍。BGA 与 TSOP 相比，具有更小的体积、更好的散热性能和电性能。BGA 的封装形式如图 10-6 所示。

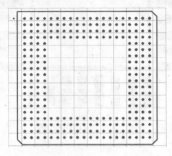

图 10-6　BGA 封装

10.1.2　导线、飞线和网络

导线就是铜膜走线，用于连接各个焊点。飞线也称预拉线，它是在引入网络表后，系统根据规则生成的用来指引布线的一种连线。

飞线与导线是有本质区别的。飞线只是形式上表示出各个焊点间的连接关系，没有电气的连接意义；导线则是根据飞线指示的焊点间连接关系布置的具有电气连接意义的连接线路。

网络和导线是有所不同的，网络上还包括焊点，因此在提到网络时不仅指导线，还包括和导线相连的焊点。

10.1.3　内电层与中间层

Protel DXP 2004 为用户提供了 16 层内部电源/接地层，包括 Internal Plane 1（第 1 内电层）～Internal Plane 16（第 16 内电层），同时各层以不同的颜色显示。用户只有在设计多层板时才会用到内部电源/接地层，顾名思义，该层主要是用来放置电源线和接地线的，每个内部电源/接地层都可以设置一个网络名称，PCB 设计系统会把这个层和其他具有相同网络名称的焊盘、过孔以预拉线的形式连接起来。Protel DXP 2004 还允许用户把同一个内部电源/接地层分成几个区域，在不同区域可以安排不同的电源和地。例如，可以在电源层安排+12V、+15V 等，在接地层的不同区域可以分别放置电源地、模拟地、数字地等。

Protel DXP 2004 SP2 可以设计多层板，它为用户提供了 32 个信号层，包括 Top Layer（顶层）、Mid-Layer 1（第 1 中间层）～Mid-Layer 30（第 30 中间层）、Bottom Layer（底层），同时各层以不同的颜色显示。信号层主要用来放置组件和铜膜导线，在顶层和底层都可以放置组件和铜膜导线，但在中间层只能放置导线。

10.1.4　类的定义

分类管理是 Protel DXP 提供的一种提高设计效率的优秀工具。共有 8 项分类管理，即网络类、元件类、板层类、焊盘类、飞线类、差分对类、设计通道类和敷铜类。

所谓网络类就是将具有某种相同属性的网络定义成一类，以方便集中管理。在双面板设计过程中设置电路板的布线规则时，就用到了网络类，即将电源网络 VCC1 和 VCC2 定义成电源网络类 VCC，而将地线网络 GND1 和 GND2 定义成地线网络类 GND。 元件类、板层类、焊盘类、飞线类、差分对类、设计通道类和敷铜类在设计过程中一般不需做额外的设置，故不再详细讲述。

10.1.5　关于元器件库

Protel DXP 2004 系统支持多种格式的元器件库文件，例如*.SchLib、*.PcbLib、*.IntLib、*.Lib、*.VhdLib 等格式。其中，*.SchLib 表示原理图元件库，*.PcbLib 表示元件封装库，*.IntLib 表示元件集成库，*.Lib 表示 Protel 99SE 先前版本的元件库，*.VhdLib 表示 VHDL语言宏元件库。

Protel DXP 2004 SP2 集成了种类丰富、数量庞大的原理图元件库，包括了几十个公司的上万个元件，并且可以通过下载随时更新元件库，几乎包含了实际中常用的所有元件。但是由于设计产品的多样性和复杂性，对于某些比较特殊的、非标准化的元件，或者新开发出来的元件，在现有的元件库中找不到所需的元件符号，或者元件库中的元件与 PCB 封装库中的元件引脚编号不一致等都要求设计者自行创建元件库，绘制符合要求的元件符号，使原理图结构更紧凑、布局更合理。在进行原理图设计和 PCB 设计的过程中，设计人员必须在设计之前装载原理图元件库和元件封装库，否则设计将无法进行。

10.2　原理图设计部分

原理图中，每个元件都有一个元件标识。元件标识必须是全局唯一的，否则在生成 PCB文件时，会出现错误的网络。Protel DXP 在生成网络表时，会自动与元件名结合起来添加网络名称，如 NetM3-4，其中 M3 表示元件 M3，4 表示管脚 4。

原理图设计中，对元件标识有一套规则。为了便于分类、排序、查找和采购，元件标识通常被命名为"类型字符+序号"，如 R7、C8 等。类型字符也有一定的规则，电阻常用 R，电容用 C，一般的集成芯片使用"M"。最好不要自己随意定义元件类型字符，但在阅读其他电路图时，也不必过于死板，因为这并不是强制性标准。在老式电路图中，不管电阻还是电容，统一使用数字标号，但是这种方式早已被淘汰。

而在电子器件行业中，元件命名的惯例是将元件名称表示为"名称=厂家代号+型号+封装"。例如 AT89C51，其中 AT 是 Atmel 公司的代号，89C51 是芯片的型号。

需要注意的是，在元件表示中不要出现空格和下划线。

10.2.1 原理图设计中的几个常见问题

1．接地/电源

一般直接单击工具栏上的 按钮来放置接地/电源符号，也可以使用如图 10-7 所示的电源工具箱来放置。电源工具箱是 按钮的扩展窗口，在工具栏中单击 按钮右侧的下三角符号，即可显示如图 10-7 所示的电源工具箱。

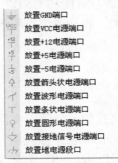

- 放置GND端口
- 放置VCC电源端口
- 放置+12电源端口
- 放置+5电源端口
- 放置-5电源端口
- 放置箭头状电源端口
- 放置波形状电源端口
- 放置条状电源端口
- 放置圆形电源端口
- 放置接地信号电源端口
- 放置地电源段口

图 10-7　各类电源符号

每个接地/电源符号都有一个热点。当移动符号时，光标会自动移动到热点上，热点上会显示一个灰色的斜叉。通过该叉形标志可以判断接地/电源符号是否连接上了导线或管脚。接地/电源符号相当于在热点处放置了 Net 属性的网络名称，而接地/电源符号的风格对电气连接没有关系。相同样式的接地/电源符号，如果网络属性不同，仍会连接不同。所以在使用时，一定要确保同样的接地符号具有相同的网络属性，这样便于检查，不会混乱。

2．端口使用时应注意的问题

前面在讲述层次原理图时，提到了端口的使用。端口是图样间的接口，它与网络名称不同。具有相同网络名称的管脚和导线会自动连接在一起，不需要使用导线显式连接，但端口必须使用连线显式连接。

端口和管脚一样具有输入/输出属性，拥有相同输入/输出属性的端口是不能连接在一起的，这是需要注意的地方。当从主原理图中的子图符号创建子原理图时，系统会弹出对话框询问是否将端口反转。

3．不知道元器件封装

对于制作印刷电路板来说，元件的原理图符号只是元件的一种标注形式，并不反映元件的本质，而元件的封装形式才具有实际意义，因此在原理图设计时如果不知道元器件封装，用户可以自己尽量接近实物地创建元器件的原理图库文件，但在 PCB 库中要严格按照实际尺寸进行绘制。具体绘制原理图库文件和 PCB 库元件的方法可参见前面章节的内容，在此不再详细讲述。

4．导线明明和管脚相连，ERC 却报告说缺少连线

该问题可能是由于栅格（Grids）选项设置不当引起的。如果捕捉栅格（Snap）精度设置得太高，而可视栅格（Visible）设置得较大，可能导致绘制连线时在导线端点与管脚间留下难以察觉的间隙。例如，当 Snap 设置为 1，Visible 设置为 10 时，就很容易产生这种问题。

另外，在编辑库元件、放置元件管脚时，如果把捕捉栅格精度设置得太高，同样也会使该元件在使用中出现此类问题。所以，进行库编辑时最好取与原理图编辑相同的栅格精度。

5．从原理图升级到 PCB 图以后，有些管脚没有所指定的网络

该问题很可能是由于原理图符号的管脚名称没有和封装中的管脚名称对应。如在原理图符号中元件的管脚命名为"1"和"2"，但在封装中却是"0"和"1"，那么必然会出现上述情况。在实际的设计过程中一定要仔细，当出现此类情况时，可根据编译后提示的出错信息逐个排查修改。

6．自动更新功能

在原理图设计过程中或者设计完成以后，发现某一元件的原理图库需要重新修改，那么在完成修改后，应执行【工具】/【从元件库获取元件的更新信息】菜单命令来更新原理图。

执行操作时，要确认需要更新的原理图已经被打开。执行更新命令后，会弹出如图 10-8 所示的【根据元件库更新】对话框。

图 10-8　【根据元件库更新】对话框

选择好需要更改的元件后，单击 下一步(N) > 按钮。

确定要升级的元件后，单击 完成(F) 按钮结束选择，弹出【工程变化订单】对话框，如图 10-9 所示。依次单击 使变化生效 按钮和 执行变化 按钮，即可完成自动更新功能。

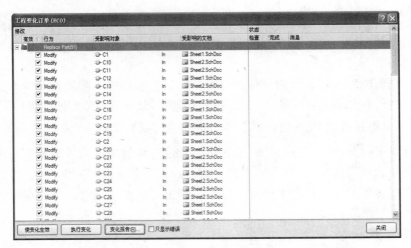

图 10-9　【工程变化订单】对话框

10.2.2　向 PCB 编辑器转化过程中出现的问题

对于初学者来说，由于对 Protel DXP 操作不够熟练，或者在原理图设计过程中设计上的错误，导致在原理图设计向 PCB 编辑器转化过程中出现各种问题，这些问题的存在严重阻碍了电路板设计的过程。本节主要讲解以下两种常见的错误，通过这两种错误的解决，读者可以自行查找在设计过程中出现的其他错误，希望能够对初学者有所帮助。

1．没有找到元器件和没有找到元器件节点等错误

在电路原理图设计完成后，通常需要将元器件封装和网络表文件载入到PCB编辑器中，以进行电路板的设计。在由电路原理图设计向 PCB 电路板设计转化的过程中，经常会出现元器件封装和网络表不能顺利载入到 PCB 编辑器中的问题。此时，系统会提示"没有找到元器件"、"没有找到元器件节点"或者"在元器件封装库中找不到元器件封装"等错误。

当载入元器件封装和网络表的过程中出现错误而不能顺利载入时，就需要结合系统的提示信息对上述信息进行排查，直到找到出错的真正原因。

通常情况下，元器件封装和网络表不能顺利载入到 PCB 编辑器中可能是由以下原因造成的：

   ✧   在 Protel DXP 提供的封装库中没有某些原理图符号的封装形式。

   ✧   在 PCB 编辑器中没有载入电路设计所需要的元器件封装库。

   ✧   电路原理图设计中部分原理图符号与元器件封装没有形成对应关系。

   ✧   在电路原理图设计中，由于元器件序号重复编号，而在 PCB 编辑器中载入元器件封装时造成元器件丢失。

   ✧   电路板设计中有序号相同的元器件。

因此在电路原理图设计完成后，首先应当仔细检查是否为每一个元器件都添加了元器件封装，然后在 PCB 编辑器中载入所需的元器件封装库。另外，进行 ERC 电气检查也很重要，通过电气检查可以发现并消除元器件序号重复的错误。

对于第一种情况，即在 Protel DXP 提供的封装库中没有某些原理图符号的封装形式，可以按照 7.3 节中讲解的方法创建元器件 PCB 库。用户应该严格按照元器件数据表集成元件库中的信息进行元件封装的创建。如果没有集成元件库，用户则需要用游标卡尺等测量工具对元件的外形尺寸及引脚进行相应的测量，然后根据实际测量结果进行元件封装的创建。Protel DXP 提供了完整的制作元件和建立元件库的工具——元件库编辑器，用以生成元件和建立元件库，详见第 7 章。然后按照第 6 章所讲述的方法重新更新网络表文件，最后切换到 PCB 编辑器中，执行载入元器件封装和网络表的操作。需要注意的是，PCB 封装一定要与原理图封装各个管脚相对应。此类型的错误还包含其他几种情况，用户都可以以此为例进行修改。

2．原理图设计中元器件序号重复

如果在进行电路板设计的过程中发现电路板上有丢失的元器件，而且在载入元器件封装和网络表的过程中系统没有报错，就应当对原理图设计进行检查，看是否有序号重复的元器件。

检查是否有元器件的序号重复，可以通过原理图编辑器中的 ERC 设计检验工具进行检查。利用系统提供的 ERC 设计检验工具可以轻松地查出原理图设计上是否有元器件的序号重复，并且利用原理图编辑器管理窗口可以快速浏览并跳转到错误处。这样设计人员就不用对整个原理图设计进行逐一排查，而可以快速找到并跳转到错误处，然后进行修改。

10.3　PCB 设计部分

本节将主要就 PCB 设计部分中常用的操作技巧和布局布线的原则进行讲述，由于 PCB 设计效果的好坏最终直接影响着 PCB 板的性能，所以 PCB 的设计必须慎重，同时在实际的项目过程中应注重经验的积累。在 PCB 设计中一个很小的疏忽可能都会导致最终设计成品的失败，好在 Protel DXP 为用户提供了在 PCB 设计上的方便。

10.3.1　在网络中添加焊盘

（1）执行放置焊盘命令

执行放置焊盘命令的方法有以下两种：

✦　选择【放置】/【焊盘】菜单命令。

✦　单击配线工具栏中的 按钮。

（2）放置焊盘

执行放置焊盘命令后，光标变为十字形状，并带有一个焊盘标志，如图 10-10 所示。将光标移动到印刷电路板的适当位置，单击确定焊盘的位置，即可放置该焊盘。

单击鼠标右键或者按 Esc 键结束本次焊盘的放置，再次单击鼠标右键或者按 Esc 键即可退出放置焊盘的命令状态。

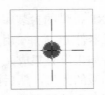

图 10-10　放置焊盘命令状态

（3）设定其网络为所需要的电气网络

双击在 PCB 中新添加元件的焊盘，会弹出焊盘属性编辑对话框，在【属性】区域的【网络】下拉列表框中选择要添加的网络，如图 10-11 所示，单击【确认】按钮，即可看到有飞线把编辑的焊盘和相应的网络连接起来，在网络中添加焊盘成功。

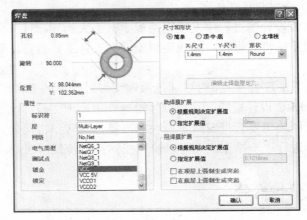

图 10-11　设定网络

10.3.2　关于敷铜

为了提高 PCB 的抗干扰性能，需要对 PCB 进行敷铜处理。这可以通过放置敷铜平面来完成。自动敷铜后，敷铜会根据板子上面器件的位置和走线布局来填充空白处，但这样就会形成很多小于等于 90°的尖角和毛刺（如一个多脚芯片各个管脚之间会有很多相对的尖角敷铜），在高压测试时会放电，无法通过高压测试。用户可以在自动敷铜后通过人工一点一点地修正，去除这些尖角和毛刺，另外在 PCB 板布线时尽量使所布的线与线的夹角成钝角。

10.3.3　绘制导线的技巧

导线是绘制 PCB 印刷电路板时最常用到的，它就是印刷电路板上实际的连接导线。

Protel DXP 提供了自动布线的方法进行布线。自动布线效率虽然高，但有时仍然需要手工进行必要的调整，即交互式布线。

Protel DXP 提供了完整的交互式布线方案，综合了规则驱动、多功能的交互式布线模式、可预测的布线位置和动态优化的连接功能，使用户可以有效地应对任何布线挑战。

（1）执行【放置】/【交互式布线】菜单命令或者单击配线工具栏中的 按钮即可进行交互式布线操作。此时光标变成十字形状，表示处于走线放置模式。

（2）放置导线。

在走线放置模式下，把十字光标移动到元件的一端，此时会出现一个选中标志，如图 10-12 所示，表示选中了一个电气节点，按下鼠标左键确定导线的起点，拖动鼠标形成一条导线，在适当的位置再次单击鼠标左键确定导线的终点，绘制结果如图 10-13 所示。

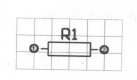

图 10-12 选中电气节点

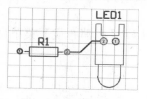

图 10-13 放置导线

交互式布线时，按 Shift+Space 键可以切换布线的角度，包括 90°、45°、任意角度、圆弧；按 Space 键可以切换布线方向，如图 10-14 所示。单击鼠标右键或者按 Esc 键结束导线的绘制，再次单击鼠标右键或者按 Esc 键即可退出放置导线的命令状态。

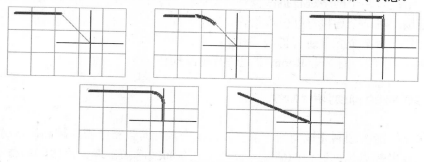

图 10-14 导线的拐弯模式

（3）在焊盘上单击，确定走线的起点，移动光标会出现一条走线（默认时，Top 层为红色，Bottom 层为蓝色）。此时按 Tab 键，可以打开【交互式布线】对话框设置布线规则，如图 10-15 所示。

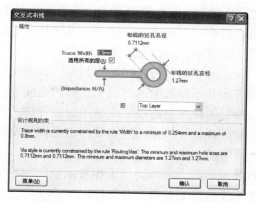

图 10-15 交互式布线设计规则

（4）交互式布线时换层的方法。双面板顶层和底层均为布线层，在布线时不退出导线放置模式仍然可以换层，方法是按*键切换到另一个布线层，同时自动放置过孔。

（5）取消布线。

如果用户对印刷电路板上某个网络的布线不满意，或者对某个元件的布线不满意，利用 Protel DXP 2004 提供的编辑功能，如选择、复制、删除等进行修改或删除操作需要花费很长的时间，为此 Protel DXP 2004 提供了取消布线功能，方便对网络、元件、连线等进行拆线。

选择【工具】/【取消布线】菜单命令，将弹出如图 10-16 所示的子菜单。

全部对象	(A)
网络	(N)
连接	(C)
元件	(O)
Room空间	(R)

图 10-16　【取消布线】子菜单

- ✧　全部对象：对整个电路板进行拆线操作。
- ✧　网络：对某个网络进行拆线操作。
- ✧　连接：对某个连接进行拆线操作。
- ✧　元件：对某个元件进行拆线操作。
- ✧　Room 空间：对某个 Room 空间进行拆线操作。

10.3.4　布局的原则和技巧

印刷电路板能否顺利完成布线，主要取决于布局。而且布线密度越高，布局就越重要。几乎每个设计者都遇到过这样的情况：仅剩下几条布线时却发现无论如何都布不通了，不得不删除大量或全部的布线，再重新调整布局。合理的布局是顺利布线的前提。

布局是否合理没有绝对的判断标准，但可以采用一些相对简单的标准来判断布局的优劣。

最常用的标准就是使飞线总长度尽可能短。一般来说，飞线总长度越短，意味着布线总长度也越短（注意，这只是对于大多数情况来说，并不是绝对正确），走线越短，走线所占据的印刷电路板面积也就越小，布通率也就越高。飞线是手工布局和布线的主要参考标准，手工布线时常常按照飞线指示的路径连接各个焊盘。

在"最短树"策略下移动封装时，与该封装管脚相连接的飞线会随着封装位置的变化而变化。这是因为最短树飞线并不是按照网络表中管脚的连接顺序来显示飞线的，而是根据封装管脚的实际位置经最短树计算后再决定网络中封装管脚的连接顺序，当一个封装的位置发生变化时，依据最短树理论计算出的连接顺序也会发生变化，即飞线的起始和终止点会发生变化，这就是所谓的动态飞线。

动态飞线连同飞线的最短原则为布局提供了相对最佳的判断标准。手工布局时，可以通过下述方式来确保动态飞线状态下布局的有效性。

（1）在整个 PCB 图上快速移动封装，如果与这个封装连接的飞线不发生大的变化，就说明与这个封装管脚连接的网络中节点数少，接近于一一对应的连接，这个封装的位置不能任意放置并有较高的定位优先级。按照飞线最短原则来确定其位置。

（2）在整个 PCB 图上快速移动封装，如果飞线变化比较大，说明与这个封装管脚连接的网络中节点数多，这个封装不一定非固定放置在某个位置，具有较低的定位优先级，可以按照其他一些判别标准（如布局是否美观等）来确定位置。

（3）如果两个封装不论怎样移动，其位置间的飞线不变，说明这两个封装应放置在一起；如果是一个封装与几个封装间的连线不变，则应将其放置在几个封装的中心或相对接近中心的位置；如果一个封装移动位置时飞线不断变化，即总能就近找到连接节点，说明这个封装与其他所有封装间具有弱约束关系，这个封装的位置可以比较灵活。

布局，首先要考虑 PCB 尺寸大小。PCB 尺寸过大时，印制线条长，阻抗增加，抗噪声能力下降，成本也增加；PCB 尺寸过小，则散热不好，且临近线条易受干扰。在确定 PCB 尺寸后，再确定特殊元件的位置。最后，根据电路的功能单元，对电路的全部元器件进行布局。

元器件到板边缘的距离。如果可能，所有元器件均距离板的边缘 2mm 或者至少大于板厚。这是由于在大批量生产的流水线插件和进行波峰焊时，板边要提供给导轨槽使用，同时也为了防止由于外形加工引起边缘部分的缺损。如果印刷电路板上元器件过多，不得已要超出 2mm 范围时，可以在板的边缘加上 2mm 的辅边，辅边开 V 形槽，在生产时用手掰断即可。印刷电路板常用的长宽比为 3:2 或 4:3。

电阻、二极管、管状电容器等元件有"立式"和"卧式"两种安装方式。立式指的是元件体垂直与电路板安装、焊接，其优点是节省空间，卧式指的是元件体平行紧贴于电路板安装、焊接，其优点是元件安装的机械强度较好。这两种不同的安装方式在印刷电路板上的元件孔距是不一样的。

（1）卧式：在电路元件数量不多而且电路板尺寸较大的情况下，一般采用卧式平放较好，对于 0.25Ω 以下的电阻平放时，两个焊盘间的距离一般取 0.1in；0.5Ω 的电阻平放时，一般取 0.5in；二极管平放时，1N400X 系列整流管，一般取 0.3in；1N540X 系列整流管，一般取 0.44～0.5in。

（2）立式：在电路元件数较多而且电路板尺寸不大的情况下，一般采用立式竖放，两个焊盘的间距一般取 0.1～0.2in。

PCB 上放置元器件的通常顺序如下：

（1）放置与结构有紧密配合的固定位置的元器件，如电源插座、指示灯、开关、连接件之类，这些器件放置好后用软件的 LOCK 功能将其锁定，使之以后不会被误动。

（2）放置线路上的特殊元件和大的元器件，如发热元件、变压器、集成芯片等。

（3）放置小器件，如电阻电容。

在确定特殊元件的位置时要遵守以下原则：

（1）分别集中放置数字元器件和模拟器件，以减少走线长度。

（2）晶振电路尽量靠近其驱动的器件。

（3）每个功能模块的电源应分开。例如，功能模块可分为并行总线接口、显示、数字电路（SRAM、EPROM）和 DAA 等，每个功能模块的电源/地只能在电源/地的源点相连。

（4）尽可能缩短高频元器件间的连线，输入和输出元件应尽量远离。

（5）热敏元件应远离发热元件。

（6）对于电位器、可调电感线圈、可变电阻器、微动开关等可调元件，应放在印刷电路板上便于调节的地方。

（7）以每个功能电路的核心元件为中心，围绕它来进行布局。

（8）电位器和 IC 座的放置原则。

✧ 电位器：应尽可能放在板的边缘，旋转柄朝外。

✧ IC 座：使用 IC 座时，一定要特别注意 IC 座上定位槽放置的方位是否正确，并注意各个 IC 脚位是否正确。

（9）合理布置电源滤波/去耦电容。一般在原理图中仅画出若干电源滤波/去耦电容，但未指出它们各自应接于何处。其实这些电容是为开关器件（门电路）或其他需要滤波/去耦元件而设置的，布置这些电容时就应尽量靠近这些元部件，离得太远就没有作用了。

10.3.5　布线的原则和技巧

PCB 设计中，布线是完成产品设计的重要步骤，在整个 PCB 中，以布线的设计过程限定最高、技巧最细、工作量最大。在自动布线以前，可以预先用交互式对要求比较严格的导线进行布线。印刷电路板中不允许有交叉电路。对于可能交叉的线条，可以用"钻"、"绕"两种办法解决，即让某引线从别的电阻、电容、晶体管管脚下的空隙处"钻"过去，或从可能交叉的某条引线的一端"绕"过去。特殊情况下如果电路很复杂，为简化设计也允许用导线跨接解决交叉电路问题。

导线的布设应尽可能地短，在高频电路中更应如此。高频电路中，印制导线的拐弯应成圆角，直角或尖角在高频电路和布线密度高的情况下会影响电气性能；当两面板布线时，两面的导线最好垂直、斜交或弯曲走线，避免相互平行，以减小寄生耦合；作为电路输入及输出用的印制导线应尽量避免相邻平行，在这些导线之间最好加接地线。

印制导线的宽度应以能满足电气性能要求而又便宜为宜。它的最小值以承受的电流大小而定，但最小不宜小于 0.2mm。在高密度、高精度的印制电路中，导线宽度和间距一般可取 0.3mm。导线宽度在大电流情况下还要考虑其温升。单面板实验表明，当铜箔厚度为 50μm、导线宽度为 1～1.5mm、通过电流为 2A 时，温升很小。因此，一般选用 1～1.5mm 宽度的导线就可以满足设计要求而不致引起温升。导线的公共地线应当尽可能粗，可能的话，使用大于 2～3mm 的导线，这点在带有微处理器的电路中尤为重要，因为当地线过细时，电流的变化、地电位的变动、微处理器定时信号的电平不稳，会使噪声容限劣化。在 DIP 封装的管脚间走线时，若两脚间通过两根导线，焊盘直径可设为 50mil，线宽和线距都为 10mil；若两脚间只通过一根导线时，焊盘直径可设为 64mil，线宽和线距都为 12mil。

尽量加宽电源、地线宽度，最好是地线比电源线宽，它们的线宽关系是：地线＞电源线＞信号线。通常信号线宽为 0.2～0.3mm，最细宽度可达 0.05～0.07mm，电源线为 1.2～2.5mm。

印制导线的间距。在布线密度较低时，信号线的间距可适当地放大，对高、低电平悬殊的信号线应尽可能地走线短，并且加大间距。

一般地，先布电源走线，再布信号走线。

现在，贴片式器件得到越来越多的应用。贴片式器件只在一层上有电气连接，不像双列直插器件在板子上是通孔。所以，当别的层需要与表面贴片器件相连时，就要从表面贴片式器件的管脚上拉出一条短线、打孔，再与其他器件连接。这就是所谓的扇入（FAN-IN）/扇出（FAN-OUT）操作。

应该首先对贴片式器件进行扇入/扇出操作，然后再进行布线。这是因为如果只是在自动布线的规则设置文件中选择了扇入/扇出操作，软件会在布线的过程中进行这项操作，这时拉出的线就会曲曲折折，比较长。所以，可以在布局完成后，先进入自动布线器，在规则设置文件中只选择扇入/扇出操作，不选择其他布线选项，这样从表面贴片式器件拉出来的线比较短，也比较整齐。

下面简单介绍 Protel DXP 中的扇入/扇出操作的规则设置。执行【设计】/【规则】菜单命令，展开 SMT 项，可以看到下面有 3 个子项，但都还没有建立规则，所以对话框右侧是空白的。

（1）表贴式焊盘引线长度

新建一个 SMD To Corner 设计子规则，对话框显示如图 10-17 所示。

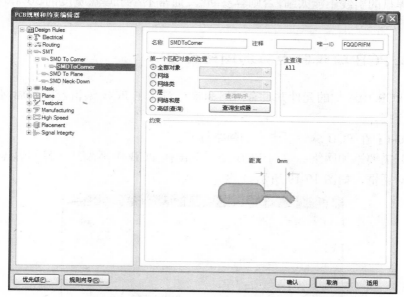

图 10-17　SMD To Corner 设计子规则

表贴式焊盘的引出导线，一般都是引出一段长度之后才开始拐弯，这样就不会出现和相邻焊盘距离太近的情况。该长度根据具体情况设置。

（2）表贴式焊盘与内地层连接

新建一个 SMD To Plane 设计子规则。表贴式焊盘与内地层的连接只能通过过孔来实现，这个子规则设置指出要离焊盘中心多远才能使用过孔与内地层连接。

（3）表贴式焊盘引线的宽度

新建一个 SMD Neck-Down 设计子规则，如图 10-18 所示。

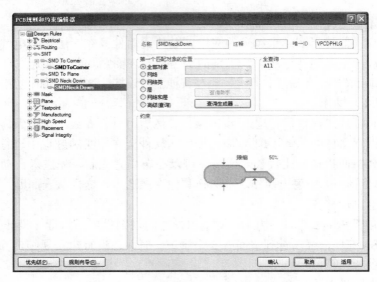

图 10-18　SMD Neck-Down 设计子规则

表贴式焊盘的引线不能太细，否则容易断裂。通常不小于焊盘宽度的 50%，这也是 Protel DXP 的默认值。

10.3.6　在 PCB 编辑器中添加网络标签

直接在 PCB 中添加的元件并没有网络标签，需要在 PCB 编辑器中添加网络标签，以便生成电气连接。

【实例 10-1】在 PCB 编辑器中添加网络标签。

（1）打开需要添加网络标签的 PCB 图，双击在 PCB 中新添加元件的焊盘，会弹出焊盘属性编辑对话框，如图 10-19 所示。

图 10-19　焊盘属性编辑对话框

（2）在【属性】区域的【网络】下拉列表框中选择要添加的网络，单击【确认】按钮，如图 10-20 所示。就会看到有飞线把编辑的焊盘和相应的网络连接起来了。

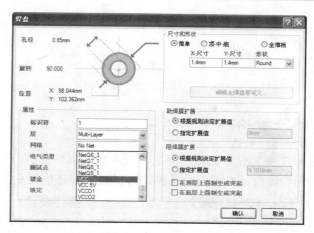

图 10-20　设定网络

（3）重复执行（1）、（2）两步，以达到所要的效果。

10.3.7　元器件的整体翻转

在手工设计电路板时经常会遇到这样的情况，由于电路板的尺寸大小有限，局部区域的元器件布局和电路板布线十分紧张，为了能够顺利放置导线，常常需要旋转元器件。任意角度旋转元器件对电路板上的布线尤为有利。

下面介绍任意角度旋转元器件的具体操作。

方法 1：

（1）在需要旋转的元器件上双击鼠标左键，打开【元件属性】对话框，如图 10-21 所示。在该对话框中的【方向】下拉列表框中选择所要旋转的角度，即可将元器件旋转相应的角度。

（2）设置好旋转角度后单击 确认 按钮，系统会自动旋转该器件。

图 10-21　【元件属性】对话框

方法 2：

（1）选中原正向器件，按 Space 键，被选中元件逆时针旋转 90°。

（2）在拖动或选中状态下，按 X 键，使元件左右对调（水平面）；按 Y 键，使元件上下对调（垂直面）。

10.3.8 修改元器件封装的焊盘属性

在印刷电路板上双击需要设置属性的焊盘，或者在放置焊盘的命令状态下按 Tab 键，将弹出如图 10-22 所示的焊盘属性编辑对话框，可以设置焊盘的相关参数。

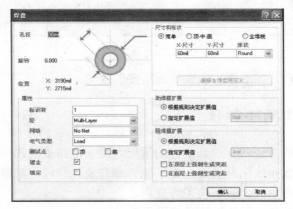

图 10-22 设置焊盘属性对话框

◇ 孔径：设置焊盘的孔径大小。

◇ 旋转：设置焊盘的起始角。

◇ 位置 X/Y：设置焊盘中心在 PCB 图上的 X/Y 坐标。

【属性】区域中各项参数的含义如下。

◇ 【标识符】文本框：设置焊盘在印刷电路板上的元件序号，用于在网络表中唯一标注该焊盘，它往往是元件的引脚。

◇ 【层】下拉列表框：设置焊盘所在的电路板层。

◇ 【网络】下拉列表框：设置焊盘所在的网络。

◇ 【电气类型】下拉列表框：设置焊盘的电气类型。

◇ 【测试点】选项：设置焊盘的测试点，可以在右边的【顶】和【底】两个复选框中选择来确定测试点的层面。

◇ 【镀金】复选框：选中该复选框，焊盘孔内将涂铜，使得上下焊盘导通。

◇ 【锁定】复选框：选中该复选框，焊盘将处于锁定状态，即在印刷电路板上不能移动。

【尺寸和形状】区域中各项参数的含义如下。

◇ 【简单】单选按钮：选中该单选按钮，焊盘在印刷电路板各层的 X-尺寸、Y-尺寸、形状都是相同的。

◇ 【顶-中-底】单选按钮：选中该单选按钮，可以根据用户需求来选择焊盘在各层的 X-尺寸、Y-尺寸、形状。

    ✧ 【全堆栈】单选按钮：选中该单选按钮，将激活 编辑全焊盘层定义... 按钮，单击
        该按钮，会弹出如图 10-23 所示的【焊盘层编辑器】对话框，在该对话框中可以
        设置焊盘在各电路板层的各项属性。

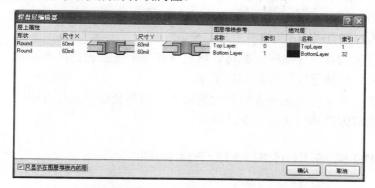

图 10-23　【焊盘层编辑器】对话框

【助焊膜扩展】区域中各项参数的含义如下。

    ✧ 【根据规则决定扩展值】单选按钮：选中该单选按钮，表示焊盘上的助焊膜扩展
        由设计规则决定。

    ✧ 【指定扩展值】单选按钮：选中该单选按钮，用户可以在右侧的文本框中设置助
        焊膜扩展值。

【阻焊膜扩展】区域中各项参数的含义如下。

    ✧ 【根据规则决定扩展值】单选按钮：选中该单选按钮，表示焊盘上的阻焊膜扩展
        由设计规则决定。

    ✧ 【指定扩展值】单选按钮：选中该单选按钮，用户可以在右侧的文本框中设置阻
        焊膜扩展值。

    ✧ 【在顶层上强制生成突起】复选框：选中该复选框，使得焊盘在印刷电路板的顶
        层有突起，以便于焊接。

    ✧ 【在底层上强制生成突起】复选框：选中该复选框，使得焊盘在印刷电路板的底
        层有突起，以便于焊接。

10.3.9　焊盘的使用原则和技巧

    焊盘的内孔一般不小于 0.6mm，因为小于 0.6mm 的孔在开模冲孔时不易加工。通常情况下以管脚直径加上 0.2mm 作为焊盘内孔直径，如电阻的管脚直径为 0.5mm 时，其焊盘内孔直径对应为 0.7mm。焊盘直径取决于内孔直径，如表 10-1 所示。

表 10-1　焊盘直径和内孔直径的对应关系

孔直径（mm）	0.4	0.5	0.6	0.8	1.0	1.2	1.6	2
焊盘直径（mm）	1.5	1.5	2.0	2.0	2.5	3.0	3.5	4.0

当焊盘直径为 1.5mm 时，为了增加焊盘抗剥程度，可采用长不小于 1.5mm、宽为 1.5mm 的长圆形焊盘。此种焊盘在集成电路引脚焊盘中最常见。

对于超出表 10-1 中所列范围的焊盘直径可以采用下列公式选取。

直径小于 0.4mm 的孔：D/d=0.5～3。

直径大于 2mm 的孔：D/d=1.5～2。

式中，D 为焊盘直径，d 为内孔直径。

当与焊盘连接的导线较细时，要将焊盘与导线间的连接设计成水滴状。这样的好处是焊盘不容易起皮，而且导线与焊盘不易断开。

相邻的焊盘要避免成锐角或大面积的铜箔。成锐角会造成波峰焊困难，而且有桥接的危险，大面积铜箔因散热过快导致不易焊接。

10.3.10 如何提高 PCB 电路抗干扰性能

印刷电路板的抗干扰设计与具体电路有着密切的关系，这里仅就 PCB 抗干扰设计的几项常用措施做一些说明。电源和地线方式的合理选择是可靠工作的重要保证。相当多的干扰源是通过电源和地线产生的，其中地线引起的噪声干扰最大。

1．电源线设计

根据印刷电路板电流的大小，尽量加粗电源线宽度，减少环路电阻。同时，使电源线、地线的走向与数据传递的方向一致，这样有助于增强抗噪性能。

2．地线设计

✧ 数字地与模拟地分开。若线路板上既有逻辑电路又有线性电路，应将它们尽量分开。

✧ 接地线应尽量加粗。若接地线用很细的导线，则接地电位随电流的变化而变化，使抗噪性能降低。因此应将接地线加粗，使它能通过 3 倍于印刷电路板上的允许电流。如有可能，接地线应在 2～3mm 以上。

✧ 接地线构成闭环路。只由数字电路组成的印刷电路板，其接地电路布成闭环路可以提高抗噪性能。

✧ 正确选择单点接地与多点接地。在低频电路中，信号的工作频率小于 1MHz，它的布线对器件的电感影响较小，而接地电路形成的环流对干扰影响较大，因而采用单点接地的方式。当信号工作频率大于 10MHz 时，地线阻抗变得很大，此时应尽量降低地线阻抗，应采用就近多点接地。当工作频率在 1～10MHz 时，如果采用单点接地，其地线长度不应超过波长的 1/20，否则应采用多点接地法。

3．去耦电容配置

PCB 设计的常规做法之一是在印刷电路板的各个关键部位配置适当的去耦电容。去耦电容的一般配置原则如下：

✧ 电源输入端跨接 10～100μF 的电解电容器。如有可能，接 100μF 以上的更好。

✧ 原则上每个集成电路芯片都应布置一个 0.01pF 的瓷片电容，如遇印刷电路板空隙不够，可每 4～8 个芯片布置一个 1～10pF 的钽电容。

✧ 对于抗噪能力弱、关断时电源变化大的器件，如 RAM、ROM 存储器件，应在芯片的电源线和地线之间直接并联去耦电容。

✧ 电容引线不能太长，尤其是高频旁路电容不能有引线。

✧ 在印刷电路板中有接触器、继电器、按钮等元件时，操作会产生较大火花放电，必须采用 RC 电路来吸收放电电流。一般 R 取 1～2kΩ，C 取 2.2～4.7μF。

✧ CMOS 的输入阻抗很高，且易受感应，因此在使用时对浮接端要接地或接正电压。

贴片器件的去耦电容最好布在板子另一面的器件背面位置。电源和地要先过电容，再进芯片。

4．晶振电路

✧ 所有连接晶振输入/输出端的走线尽量短，以减少噪声干扰及分布电容对晶振的影响。输出端走线的弯转脚度不小于 45°（因输出端上升时间快，电流大）。

✧ 双面板中没有地线层，晶振电容的地线应使用尽量宽的短线连接至器件上。

✧ 离晶振最近的 DGND 引脚，应尽量减少过孔的使用。

✧ 如可能，晶振外壳接地。

✧ 在晶振输出端管脚与电容相连的节点处接一个 100Ω 的电阻。

10.4 其他

1．PCB 图的打印

执行【文件】/【页面设定】菜单命令，弹出如图 10-24 所示的对话框。与原理图中打印设置对话框不同，该对话框多了一个 [高级...] 按钮。

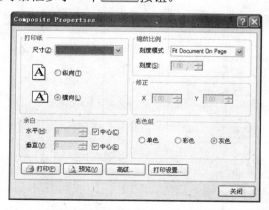

图 10-24 页面设定对话框

设置完纸张尺寸、打印方向、缩放模式、页边距和色彩模式后，单击 [高级...] 按钮，弹出高级设置对话框，可以设置打印 PCB 图的哪些层和哪些内容，如图 10-25 所示。

双击对话框中的 [Multilayer Composite Print] 图标，弹出如图 10-26 所示的打印层面设置对话框。

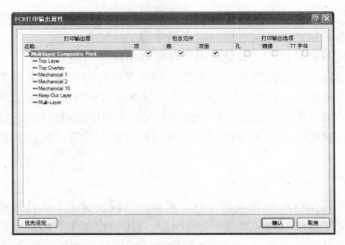

图 10-25　打印高级设置对话框

如果希望添加某一层，可以单击打印层面设置对话框中的 追加(A) 按钮，在弹出的对话框中选择该层面，如图 10-27 所示。

图 10-26　打印层面设置对话框

图 10-27　添加 Mechanical 2 层

2．原理图图纸标题栏的填写

选择【设计】/【文档选项】菜单命令，如图 10-28 所示，将弹出如图 10-29 所示的【文档选项】对话框，通过此对话框可以对原理图进行相应设置。

在【文档选项】对话框中选中【图纸明细表】复选框，右边的下拉列表框中有两种类型的标题栏：一种是 Standard 标准型，如图 10-30 所示；另一种是 ANSI（美国国家标准协会形式），如图 10-31 所示。

图 10-28 选择【文档选项】菜单命令

图 10-29 【文档选项】对话框

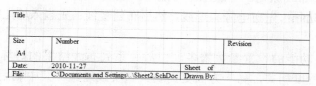

图 10-30 Standard 标准型图纸标题栏

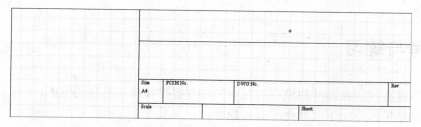

图 10-31 ANSI 美国国家标准协会形式图纸标题栏

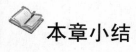

本章小结

本章介绍了原理图和 PCB 图设计过程中的一些常见问题和解决方法，同时针对前面没有详细介绍的一些使用技巧做了进一步的阐述，也介绍了一些 PCB 图的设计原则和策略。

（1）元器件的封装与元器件的概念，介绍了几种常用的元器件封装的具体封装形式。

（2）导线、飞线和网络，内电层与中间层等概念的区别以及类的概念。

（3）元件的命名。通常电阻的类型字符为 R，电容为 C，集成芯片为 U。元件序号中不能出现空格和下划线。

（4）接地和电源符号最重要的不是符号样式，而是它的网络属性。

（5）端口的使用。相同输入/输出属性的端口是不能连接在一起的。

（6）不知道元器件封装。在原理图设计时如果不知道元器件封装，用户可以自己尽量接近实物地创建元器件的原理图库文件，但在 PCB 库中要严格按照实际尺寸进行绘制。

（7）从原理图升级到 PCB 图以后，有些管脚没有所指定的网络。该问题很可能是由于原理图符号的管脚名称没有和封装中的管脚名称对应。

（8）自动更新功能。在原理图设计过程中或者设计完成以后，发现某一元件的原理图库需要重新修改。那么，在完成修改后，可以执行【工具】/【从元件库获取元件的更新信息】菜单命令来更新原理图。

（9）原理图设计向 PCB 编辑器转化过程中出现的问题。如没有找到元器件和没有找到电气节点等错误，这类问题的解决参照前面所述。

（10）PCB 图的布局原则。元件距离板的边缘应大于 2mm，先放置电源插座、开关、连接件等元器件后再放置大元件和芯片，最后放置电阻和电容。以走线最短为标准，以每个功能电路的核心元件为中心，围绕它来进行布局。

（11）PCB 图的布线原则。导线应尽可能短，宽度一般不小于 0.2mm；加宽电源和地线，通常为 1.2~2.5mm；先布电源和地线，然后布信号线；先扇入/扇出操作，再进行自动布线。

（12）自动布线功能的设置参数繁多，但却关系到布线结果的好坏。而这一方面与对 Protel DXP 的熟悉程度相关，另一方面更需要大量实践经验。其中利用网络分组来对不同的网络组使用不同的布线规则，可以灵活、方便地自动布线。

思考与练习

1. 列举没有找到元器件和没有找到电气节点等错误可能出现的原因。
2. 自己动手练习一下元器件的整体翻转。
3. 在实际应用中如何提高 PCB 电路抗干扰性能？

第11章 工 程 案 例

本章将以 3 个具体的工程实例为基础向读者介绍整个工程项目的设计过程,读者在进行自己的设计时可以参考本章的案例完成自己的工程。

11.1 数字时钟的设计与制作

数字时钟是采用数字电路实现时、分、秒数字显示的计时装置,广泛应用于家庭、车站、码头、办公室等公共场所,成为人们日常生活中不可少的必需品。由于数字集成电路的发展和石英晶体振荡器的广泛应用,使得数字时钟的精度远远超过老式时钟。钟表的数字化给人们的生产生活带来了极大的方便,因此数字时钟的制作有非常现实的意义。

本节将以数字时钟的原理图以及 PCB 设计为实例来讲解整个 Protel DXP 设计的过程,使读者能够完成一个完整的 PCB 设计。

11.1.1 数字时钟的原理图设计

先讲述如何绘制数字时钟电路的原理图。

1．创建一个新的项目

(1) 执行【文件】/【创建】/【项目】/【PCB 项目】菜单命令,将建立一个新的项目文件。

(2) 执行【文件】/【另存项目为】菜单命令进行保存,设置项目名称为“数字时钟.PrjPCB”。

2．建立层次原理图母图

(1) 执行【文件】/【创建】/【原理图】菜单命令,建立一个新的原理图文件,然后将其保存并命名为“数字时钟的原理图.SchDoc”。

(2) 绘制方块电路。执行【放置】/【图纸符号】菜单命令或单击配线工具栏中的█按钮,此时光标变为十字形状并带有方块电路,将光标移动到原理图纸中适当的位置,单击鼠标确定方块电路左上角,然后拖动鼠标到适当的位置,单击鼠标即可确定方块电路的大小和位置。

(3) 在放置方块电路过程中按 Tab 键或者放置完成后双击方块电路对其进行属性设置,具体参数如图 11-1 所示。

(4) 放置方块电路端口。执行【放置】/【加图纸入口】菜单命令或者单击配线工具栏中的█按钮,此时光标变为十字形状,然后在需要放置端口的地方单击鼠标,完成放置。

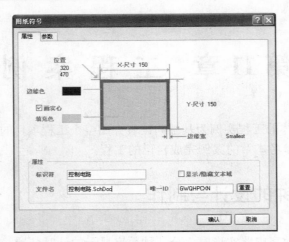

图 11-1　方块电路属性设置

（5）在放置方块电路端口过程中按 Tab 键或者放置完成后双击方块电路端口以对其进行属性设置。

（6）按照上述方法完成剩余的方块电路和方块电路端口的放置，放置结果如图 11-2 所示。

（7）将有电气关系的端口用导线连接在一起，完成层次原理图母图的绘制。最终的效果如图 11-3 所示。

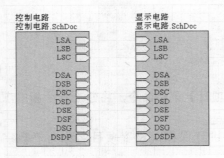

图 11-2　放置完成的方块电路模块

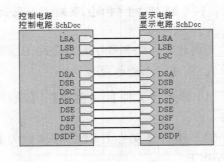

图 11-3　层次原理图母图

3．创建原理图元件库

在 Protel DXP 2004 的元件库中没有 AT89S52 元件，需要自己绘制。

（1）在 Projects 面板中单击鼠标右键，在弹出的快捷菜单中选择【追加新文件到项目中】/Schematic Library 菜单命令，创建一个原理图元件库，保存并命名为 AT89S52.Schlib。具体的绘制过程在此不再赘述。

（2）如果绘制的 AT89S52 元件已经完成，可以直接添加到项目中，而不必要重新绘制。在 Projects 面板中单击鼠标右键，在弹出的快捷菜单中选择【追加已有文件到项目中】菜单命令，会弹出如图 11-4 所示的对话框，在其中选择需要的文件添加到项目中。

4．绘制层次原理图子图

（1）执行【设计】/【根据符号创建图纸】菜单命令，此时光标变为十字形状，移动光标到方块电路上，单击鼠标，在弹出的对话框中单击 [No] 按钮，使所产生的端口的电气特性与原来的方块电路中的相同，及输出仍为输出。

（2）Protel DXP 2004 自动生成一个名为"控制电路.SchDoc"的原理图文件并已经布置好端口，如图 11-5 所示。

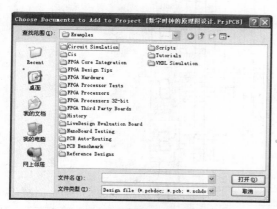

图 11-4　添加文件到项目对话框　　　　图 11-5　从方块电路创建的原理图

（3）在此原理图中放置元件并依照电气关系连接起来，适当布局调整后，得出的控制电路子图如图 11-6 所示。

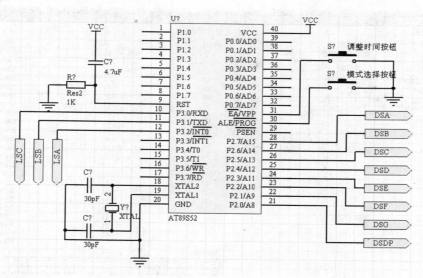

图 11-6　控制电路子图

（4）显示电路子图如图 11-7 所示。

（5）原理图绘制好后，需要重新排列所有元件的序号，执行【工具】/【注释】菜单命令，打开如图 11-8 所示的对话框，并在其中重置元件的序号。

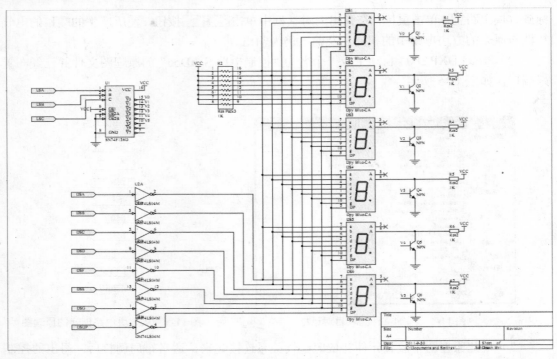

图 11-7　显示电路子图

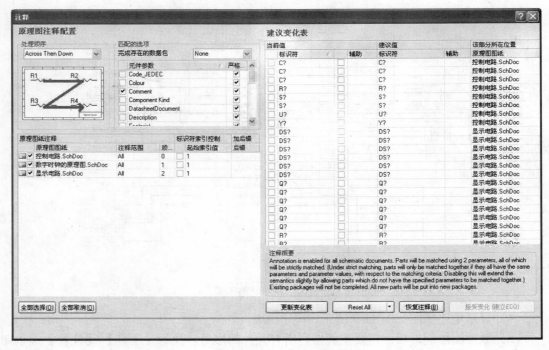

图 11-8　【注释】对话框

11.1.2 编译工程及查错

在使用 Protel DXP 2004 进行设计的过程中,编译项目是非常重要的一个环节,编译时,系统将根据用户的设置检查整个项目。

（1）执行【项目管理】/【项目管理选项】菜单命令,弹出 Options for PCB Project 对话框,如图 11-9 所示。

（2）在 Error Reporting 标签页中,可以设置所有可能出现错误的报告类型,如图 11-9 所示。

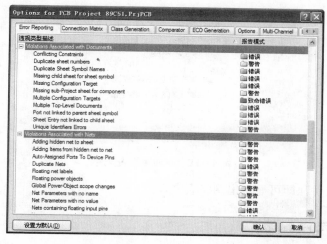

图 11-9　Error Reporting 标签页

（3）在 Connection Matrix 标签页中,显示了设置的电气连接矩阵,如图 11-10 所示。

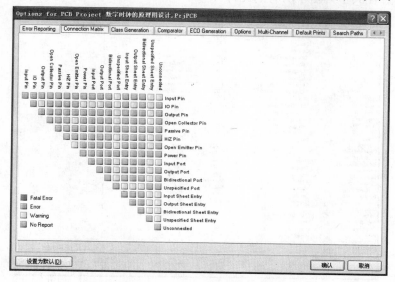

图 11-10　Connection Matrix 标签页

（4）单击 确认 按钮，完成对项目管理选项的设置。

（5）执行【项目管理】/【Compile PCB Project 数字时钟.PrjPCB】菜单命令，系统自动进行编译。

11.1.3　生成网络报表

生成网络报表的具体步骤如下：

（1）执行【设计】/【设计项目的网络表】/Protel 菜单命令，系统将自动在当前项目文件下添加一个与项目文件名相同的网络表文件，如图 11-11 所示。

图 11-11　添加网络表文件

（2）双击该文件，即可显示出网络表文件。

11.1.4　生成元件报表

执行【报告】/Bill of Materials 菜单命令，弹出 Bill of Materials For Project 对话框，如图 11-12 所示，在其中列出了所有的元件。

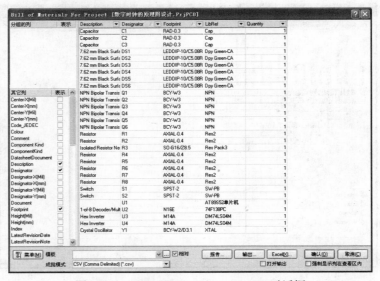

图 11-12　Bill of Materials For Project 对话框

11.1.5　数字时钟的 PCB 设计

下面具体讲解数字时钟的 PCB 设计，步骤如下：

（1）新建一个 PCB 文件并保存为"数字时钟的 PCB 设计.PCBDOC"。在 Projects 面板中右击数字时钟项目，在弹出的快捷菜单中选择【追加新文件到项目中】/PCB 菜单命令，完成创建一个新的 PCB 文件，并保存该 PCB 文件。

（2）创建集成元件库并加载到元件库中。本设计中只需要创建 AT89S52 单片机元件。

（3）规划电路板。在此需要一个双层板就可以了，创建的 PCB 文件默认情况下便是双层板。用户可以根据自己的习惯和要求设置 PCB 环境参数。

（4）在 Keep-Out Layer 工作窗口中设置电气边界，由于在实际的制板过程中是以电气边界为标准的，因此在此就不用设置印刷电路板的物理边界了。

（5）载入网络表。在 PCB 编辑器中执行【设计】/【Import Changes From 数字时钟.PrjPCB】菜单命令，将弹出【工程变化订单】对话框，取消选择 Add Rooms 中的 Room 文件，然后单击 使变化生效 按钮，检查变化操作是否正确，如果有错误，系统会自动提示，此时用户要进行查错修改。检查没有错误之后，单击 执行变化 按钮，完成网络表的加载，如图 11-13 所示。

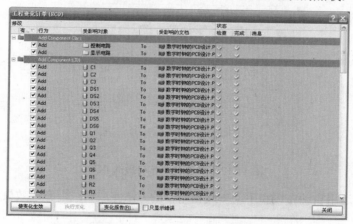

图 11-13　【工程变化订单】对话框

（6）网络表加载完成后，关闭【工程变化订单】对话框，此时便可看到元件封装已经加载到 PCB 文件中了，如图 11-14 所示。

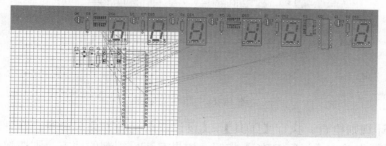

图 11-14　载入网络表后的 PCB 图

（7）元件自动布局。执行【工具】/【放置元件】/【自动布局】菜单命令，打开【自动布局】对话框，选中【分组布局】单选按钮，如图 11-15 所示。自动布局结束后的 PCB 如图 11-16 所示。

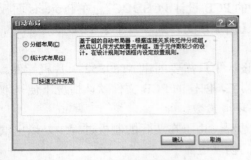

图 11-15　【自动布局】对话框

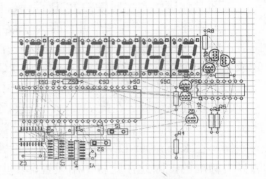

图 11-16　自动布局结束后的 PCB

（8）手动调整布局。自动布局完成后，效果往往不理想，需要进行手工调整。手动调整布局后的效果如图 11-17 所示。

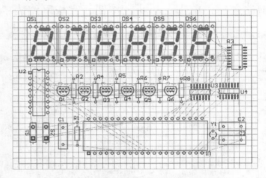

图 11-17　手动调整布局后的 PCB

（9）布线。运用自动布线和手动布线相结合的方法完成布线，布线效果如图 11-18 所示。

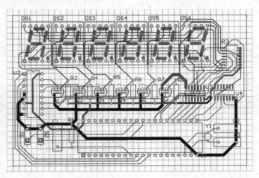

图 11-18　布线效果图

（10）设计规则检查。执行【工具】/【设计规则检测】菜单命令，在弹出的【设计规则检测】对话框中单击【运行 DRC】按钮，如果有违反规则的地方，则在弹出的 Messages

面板中会显示出来。关闭 Messages 面板，DRC 检查生成的报表文件如下，该报表中列出了此次 DRC 检查的详细信息。

```
Protel Design System Design Rule Check
PCB File : \Protel DXP 2004 数字时钟的 PCB 设计.PCBDOC
Date      : 2010-3-12
Time      : 18:09:49

Processing Rule : Short-Circuit Constraint (Allowed=No) (All),(All)
Rule Violations :0

Processing Rule : Broken-Net Constraint ( (All) )
Rule Violations :0

Processing Rule : Clearance Constraint (Gap=10mil) (All),(All)
Rule Violations :0

Processing Rule : Width Constraint (Min=10mil) (Max=50mil) (Preferred=10mil)
(All)
Rule Violations :0

Processing Rule : Height Constraint (Min=0mil) (Max=1000mil) (Prefered=500mil)
(All)
Rule Violations :0

Processing Rule : Hole Size Constraint (Min=1mil) (Max=100mil) (All)
Rule Violations :0

Violations Detected : 0
Time Elapsed        : 00:00:02
```

最终得到的结果如图 11-18 所示。

11.2　U 盘的设计与制作

　　U 盘是应用广泛的便携式存储器件。其原理简单，所用芯片数量少，价格便宜，使用方便，可以直接接入计算机的 USB 接口。

　　本节将以 U 盘的设计与制作为例，详细介绍原理图与 PCB 板图的制作过程。

11.2.1　设计说明

　　U 盘的原理图如图 11-19 所示。其中包括两个主要芯片——FLASH 存储器 K9F080UOB 和 USB 桥接芯片 IC1114。

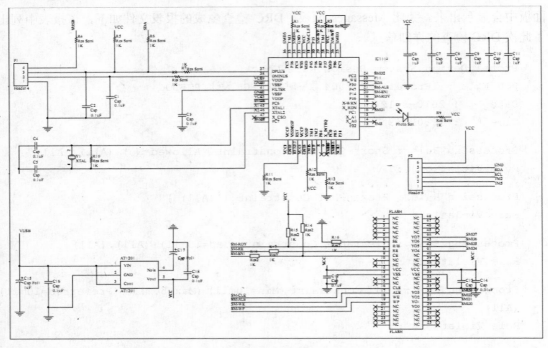

图 11-19 U 盘原理图

11.2.2 创建项目文件

创建项目文件的步骤如下：

（1）选择【文件】/【创建】/【项目】/【PCB 项目】菜单命令，新建一个项目文件。选择【文件】/【保存项目】菜单命令，将新建的项目文件保存到指定文件夹下，并将其命名为 USB.PrjPCB。

（2）选择【文件】/【创建】/【原理图】菜单命令，然后选择【文件】/【保存】菜单命令，将新建的原理图文件保存到项目文件夹下，并将其命名为 USB.SchDoc。

11.2.3 元件制作

下面来制作 FLASH 存储器 K9F080UOB、USB 桥接芯片 IC1114 和电源芯片 AT1201。

1．制作 K9F080UOB 元件

（1）选择【文件】/【创建】/【库】/【原理图库】菜单命令新建库元件设计文件，名称为 Schlibl.SchLib。

（2）单击 按钮，弹出 New Component Name 对话框，将名称改为 FLASH，如图 11-20 所示。单击【确认】按钮，转到库元件编辑器界面。

（3）单击 □ 按钮绘制矩形。绘制完矩形后，会出现一个新的矩形虚框，可以连续放置。如果不想再继续放置，单击鼠标右键或者按 Esc 键取消。

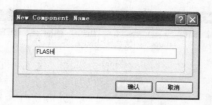

图 11-20 新建 FLASH 库元件

（4）单击 按钮，放置引脚。K9F080UOB 一共 48 个引脚，如图 11-21 所示。

（5）单击标签栏中的 SCH Library 标签，切换到 SCH Library 面板，如图 11-22 所示。

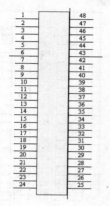

图 11-21 放置引脚

图 11-22 SCH Library 面板

（6）在【元件】栏中选中 FLASH，单击 编辑 按钮，弹出如图 11-23 所示的对话框。单击 编辑引脚(I)... 按钮，弹出【元件引脚编辑器】对话框，如图 11-24 所示。

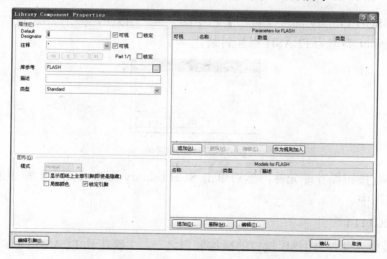

图 11-23 元件属性设置对话框

在此对话框中可以同时修改元件引脚的各种属性，包括标识符、名称、类型等，如图 11-25 所示。修改引脚属性后的元件如图 11-26 所示。

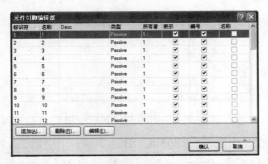

图 11-24 【元件引脚编辑器】对话框

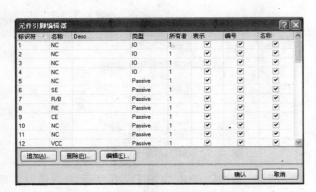

图 11-25 修改引脚属性

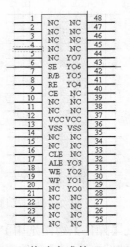

图 11-26 修改完成的 FLASH 元件

（7）单击 SCH Library 面板【模型】栏中的 追加 按钮，弹出如图 11-27 所示的对话框，选择 Footprint 类型为 FLASH 添加封装。

图 11-27 添加封装

（8）单击 按钮保存库元件，然后单击 SCH Library 面板【元件】栏中的 放置 按钮将其放置到原理图中。

2．制作 IC1114 元件

IC1114 系列元件带有 USB 接口的微控制器之一，主要用作 FLASH Disk 的控制器，具有以下特点：

  ✦ 采用 8 位高速单片机，工作频率为 12MHz。

  ✦ 满足全速 USB1.1 标准的 USB 接口，速度可达 12Mbit/s。

  ✦ 内建 ICSI 的 in-house 双向并口，可以在主从设备之间实现快速的数据传送。

✧　有主/从 IIC、UART 和 RS-232 接口，供外部通信。

✧　有 Compact Flash 卡和 IDE 总线接口。

✧　Compact FLASH 符合 Rev1.4 的 Tree IDE Mode 标准，和大多数硬盘及 IBM 的 Micro 设备兼容。

✧　支持标准的 PC Card ATA 和 IDE Host 接口。

✧　Smart Media 卡和 NAND 型 FLASH 芯片接口兼容 Rev1.1 的 Smart Media 卡特性标准和 ID 号标准。

✧　内建硬件 ECC（Error Correction Code）检查，用于 Smart Media 卡或 NAND 型 FLASH，3.0～3.6V 工作电压。

✧　7mm×7mm×1.4mm 48LQFP 封装。

下面开始制作 IC1114 元件。

（1）进入库元件设计文档 Schlibl.SchLib，单击 按钮，弹出 New Component Name 对话框，将名称修改为 IC1114。

（2）单击 按钮，绘制元件边框。元件边框为正方形。

（3）单击 按钮，放置引脚。IC1114 共有 48 个引脚，如图 11-28 所示。

（4）修改引脚属性。单击标签栏中的 SCH Library 标签，切换到 SCH Library 面板，在【元件】栏中选中 IC1114，单击 编辑 按钮，在弹出的对话框中单击 编辑引脚(I)... 按钮，进行引脚属性设置。修改好的 IC1114 元件如图 11-29 所示。

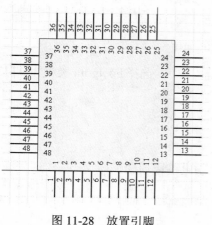

图 11-28　放置引脚

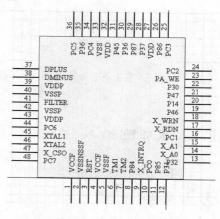

图 11-29　修改完成的 IC1114

（5）单击 SCH Library 面板【模型】栏中的 追加 按钮，弹出如图 11-27 所示的对话框，选择 Footprint 类型为 IC1114 添加封装，如图 11-30 所示。

（6）单击 按钮保存库元件，单击 放置 按钮将其放置到原理图中。

3．制作 AT1201 元件

电源芯片 AT1201 为 U 盘提供标准工作电压，制作步骤如下：

（1）进入 Schlibl.SchLib 文档，单击 按钮，弹出 New Component Name 对话框，将其名称修改为 AT1201。

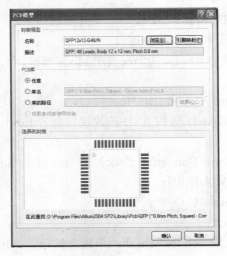

图 11-30　为 IC1114 添加封装

（2）单击 □ 按钮，绘制元件边框。元件边框为矩形。

（3）单击 ⊥ 按钮，放置引脚。AT1201 共有 5 个引脚，制作好的 AT1201 元件如图 11-31 所示。

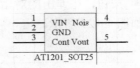

图 11-31　制作好的 AT1201 元件

（4）单击 SCH Library 面板中【模型】栏中的 [追加] 按钮，选择 Footprint 类型为 AT1201 添加封装。

11.2.4　原理图输入

为了清晰说明原理图的绘制过程，采用模块法绘制电路原理图。

1．U 盘接口电路模块设计

（1）双击打开 USB.SchDoc 文件。

（2）从自建库中取出 IC1114 元件，放置在原理图中；然后放置好电容元件、电阻元件；从元件库中取出晶体振荡器、放光二极管 LED、连接器 Header 4 等放入原理图中。双击元件进行属性设置，然后进行布局，效果如图 11-32 所示。

（3）单击 ≈ 按钮，将元件连接起来，然后单击 ᴺᵉᵗ 按钮，在信号线上标注电气网络标签，如图 11-33 所示。

2．滤波电容电路模块设计

（1）从元件库中选取一个电容，选择为 1μF，放置到原理图中。选中该电容，单击 按钮，选择好放置元件位置，然后选择【编辑】/【粘贴队列】菜单命令，弹出如图 11-34 所示的【设定粘贴队列】对话框。

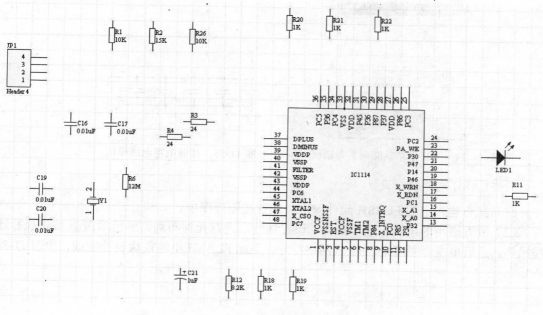

图 11-32　放置元件并布局

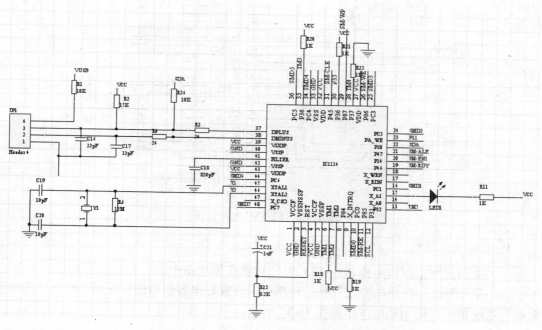

图 11-33　连接好的接口电路原理图

（2）设置粘贴个数为 5，水平间距为 30，垂直间距为 0，单击【确定】按钮确定。选择粘贴的起点在第一个电容右侧 30 的地方，单击完成 5 个电容的放置。然后单击 🎇 按钮执行连线操作，接上电源和地，滤波电容模块即绘制完成，如图 11-35 所示。

图 11-34 【设定粘贴队列】对话框

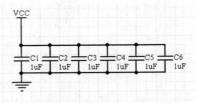

图 11-35 滤波电容电路模块

3．FLASH 电路模板设计

（1）把自建库中的 FLASH 元件取出，放置在原理图中。

（2）放置通用的电阻、电容器件，设置属性后进行元件布局，然后单击 ≈ 按钮执行连线操作，最后单击 Net 按钮标注电气网络符号，至此 FLASH 电路模块设计完成，如图 11-36 所示。

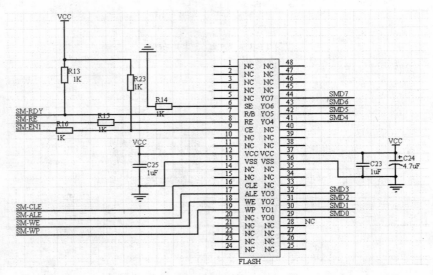

图 11-36 FLASH 电路模块

4．供电模块设计

（1）从自建库中取出电源芯片 AT1201，放置在原理图中。

（2）从元件库中取出电容放置到原理图中，设置好电容值后进行布局，然后单击 ≈ 按钮执行连线操作，得到的原理图如图 11-37 所示。

5．连接器及开关设计

在元件库中取出连接器 Header 6，并完成其他电路连接，如图 11-38 所示。

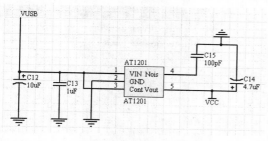

图 11-37 电源模块

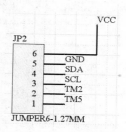

图 11-38 接头电路

11.2.5 PCB 板设计

1．创建 PCB 文件

（1）选择【文件】/【创建】/【PCB 文件】菜单命令，新建一个 PCB 文档，并保存为 USB.PcbDoc。

（2）选择【设计】/【PCB 板形状】/【重新定义 PCB 板形状】菜单命令，定义 PCB 的大小。

2．编辑元件封装

虽然前面已经为制作的元件指定了 PCB 封装形式，但对于一些特殊的元件还可以自己定义封装形式，这会给设计带来更大的灵活性。下面以 IC1114 为例制作 PCB 封装形式。

（1）选择【文件】/【创建】/【库】/【PCB 库】菜单命令，建立一个新的封装文件，命名为 IC1114.PcbLib。

（2）选择【工具】/【新元件】菜单命令，弹出如图 11-39 所示的自定义向导对话框。

（3）单击【下一步】按钮，在弹出的对话框中选择 Quad Packs（QUAD）选项，如图 11-40 所示，然后单击【下一步】按钮。以下几步采用系统默认值。

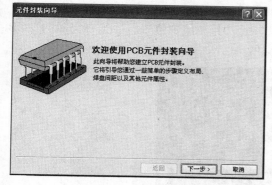

图 11-39 自定义向导对话框

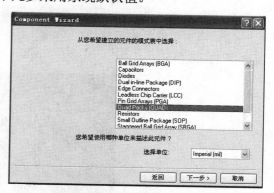

图 11-40 选择封装外形

（4）在系统弹出如图 11-41 所示的对话框时，设置每条边的引脚数为 12。然后单击【下一步】按钮，在弹出的对话框中为器件命名，如图 11-42 所示。最后单击【完成】按钮，完成 IC1114 封装形式的设计。结果显示在编辑区域，如图 11-43 所示。

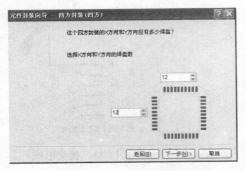 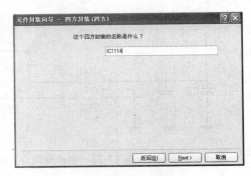

图 11-41　设置引脚数　　　　　　　图 11-42　封装命名

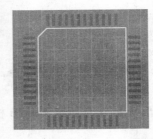

图 11-43　生成的 IC1114 元件封装

（5）在原理图状态下选择【设计】/【追加/删除元件库】菜单命令，在弹出的对话框中单击【安装】按钮，将设计的库加入到项目库中。

（6）单击【关闭】按钮，回到原理图编辑环境，双击 IC1114 元件，在弹出的对话框的右下编辑区域选择属性 Footprint，按步骤把绘制的 IC1114 封装形式导入。

3．绘制 PCB 板

绘制 PCB 之前应先检查每个元件的封装。

（1）选择【设计】/Update PCB Document 菜单命令，在弹出的对话框中单击【使变化生效】按钮，然后单击【执行变化】按钮将改变发送到 PCB。

（2）手工布局。根据 PCB 板的结构合理调整元件封装放置位置，手工布局后的 PCB 板如图 11-44 所示。

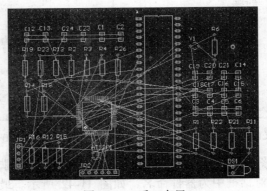

图 11-44　手工布局

（3）手工布线。单击 按钮，根据原理图来完成 PCB 导线连接。在连接导线前需要设置好布线规则，一旦出现错误，系统会给出出错提示。手工布线后的 PCB 板如图 11-45 所示。

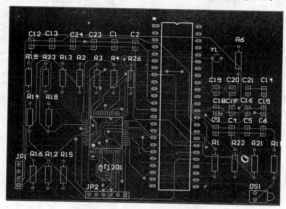

图 11-45　手工布线后的 PCB 板

11.3　单片机实验板设计与制作

单片机实验板是学习单片机必备的工具之一。一般初学者在学习 51 单片机时，限于经济条件和自身水平，都要利用现成的单片机实验板来学习编写程序。这里介绍一个单片机实验板电路以供读者自行制作。这里采用层次原理图设计方法进行设计。

本节以一个单片机实验板为例，来介绍 Protel 从原理图设计到 PCB 设计的整个过程。同时，本节会介绍一些设计技巧，并对一些重要的设计技巧进行具体说明。这样，读者通过本节的学习便会对电路板设计更加熟悉和明确。

11.3.1　设计任务和实现方案介绍

实验板通过单片机串行端口控制各个外设，可以完成大部分经典的单片机实验，包括串行口通信、跑马灯实验、单片机音乐播放、LED 显示，以及继电器控制等。

本实例中说明的实验板主要由以下 7 个部分组成。

◇　电源电路。

◇　发光二极管部分的电路。

◇　与发光二极管部分相邻的串口部分电路。

◇　与串口和发光二极管都有电气连接关系的红外接口部分。

◇　晶振和开关电路。

◇　蜂鸣器和数码管部分电路。

◇　继电器部分电路。

单片机实验板的全局原理图如图 11-46 所示。

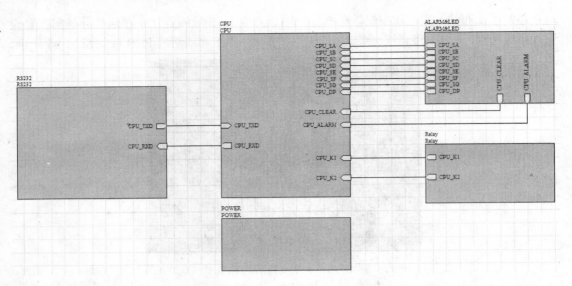

图 11-46　单片机实验板原理图

11.3.2　创建工程项目

创建工程项目的步骤如下：

（1）首先创建一个空白 PCB 工程 89C51.PRJPCB，然后创建一个空白原理图 89C51.SCHDOC。

（2）选择【文件】/【创建】/【项目】/【PCB 项目】菜单命令，创建一个新的工程文件，如图 11-47 所示。也可以通过单击工具栏中的█按钮来新建。新建工程文件之后通过选择【文件】/【另存项目为】菜单命令，将项目保存为 89C51.PRJPCB。

（3）项目文件创建之后，再选择【文件】/【创建】/【原理图】菜单命令，新建原理图文件，或者通过在 Projects 面板中右击新建的工程，然后在弹出的快捷菜单中选择相应命令创建新的原理图，并将其命名为 89C51.SCHDOC。

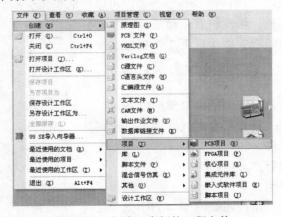

图 11-47　创建一个新的工程文件

11.3.3　原理图设计

本例使用的单片机芯片就是 89C51 芯片。Intel 公司将 MCS51 的核心技术授权给了很多其他公司，所以有很多公司在做以 80C51 为核心的单片机。当然，芯片的功能或多或少会有些改变，以满足不同的需求。其中 89C51 芯片就是这几年在我国非常流行的单片机芯片。

1．创建原理图库

AT89C51 在已有的元件库中没有，需要自己设计。

操作步骤如下：

（1）在 Projects 面板上单击鼠标右键，在弹出的快捷菜单中执行【追加新文件到项目中】/Schematic Library 菜单命令，创建一个原理图库文件 AT89C51.SCHLIB，如图 11-48 所示。

（2）单击窗口右下方 System｜Design Compiler｜Help｜SCH｜Instruments 中的标签 SCH，选择 SCH Library 切换到 SCH Library 面板，如图 11-49 所示。单击【元件】栏中的【编辑】按钮，如图 11-49 所示。

图 11-48　创建新的原理图库文件

图 11-49　SCH Library 面板

（3）弹出的 Library Component Properties（库元件属性）对话框如图 11-50 所示，将 Default Designator 选项设置为 D，"库参考"选项设置为 AT89C51，单击【确认】按钮。下面就可以在绘图区开始绘制该元件的原理图符号了。

（4）在绘图区中单击鼠标右键，在弹出的快捷菜单中执行【选项】/【文档选项】菜单命令，弹出如图 11-51 所示的【库编辑器工作区】对话框，将【捕获】选项设置为 5，即

5mil。

图 11-50　Library Component Properties 对话框

图 11-51　【库编辑器工作区】对话框

（5）单击工具栏上的□按钮来绘制元件轮廓，如图 11-52 所示。通过设置其属性对话框中的定点位置来确定元件轮廓的位置和大小，如图 11-53 所示。

图 11-52　【放置矩形】图标

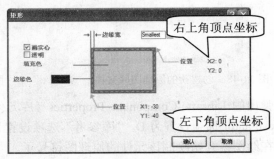

图 11-53　元件轮廓属性对话框

（6）单击工具栏上的 图标，放置元件的各个引脚。各引脚参数如表 11-1 所示。

表 11-1 元件 AT89C51 的引脚参数

引 脚 序 号	引 脚 名 称	类 型
1～8	P10～P17	I/O
9	Reset	Input
10	RXD	I/O
11	TXD	I/O
12～13	INT0～INT1	I/O
14～15	T0～T1	I/O
16	W\R\	I/O
17	R\D\	I/O
18～19	X2～X1	Input
20	GND	Power
21～28	P20～P27	I/O
29	PSEN	Output
30	ALE/P\	Output
31	E\A\VP	Input
32～39	P07～P00	I/O
40	VCC	Power

提示：注意引脚 16 的写法 "W\R\"，其在图上显示的是字符上面加横线。

（7）最后，AT89C51 的原理图符号如图 11-54 所示。

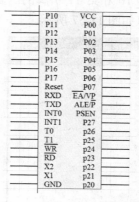

图 11-54 AT89C51 的原理图符号

2．放置其他元件

在元件库中利用添加元件库、搜索元件等方法，在原理图中放置制作单片机原理图用到的各个元件，具体寻找添加元件的方法在前面章节中有详细介绍。

操作步骤如下：

（1）在通用元件库 Miscellaneous Devices.IntLib 中选择发光二极管 LED3、电阻 Res2、

排阻 Res Pack3、晶振 XTAL、电解电容 Cap Po13、无极性电容 Cap，以及 PNP 和 NPN 三极管、多路开关 SW-PB、蜂鸣器 Speaker、继电器 Relay-SPDT。

（2）在 Miscellaneous Connectors.IntLib 元件库中选择 SMB 接头和串口 D Connector 9。

（3）放置以上各个元件后，需要根据本例的需要对元件进行适当的修改。由于刚才选择的 D Connector 9 串口的接头为 11 针，而在这里只需要 9 针，所以需要稍加修改。双击串口接头，弹出如图 11-55 所示的【元件属性】对话框。

图 11-55　D Connector 9 的【元件属性】对话框

（4）单击【元件属性】对话框中的【编辑引脚】按钮，弹出【元件引脚编辑器】对话框，如图 11-56 所示。取消选中第 10 和第 11 引脚的"表示"属性，单击【确认】按钮，元件即被修改好。修改之后的串口如图 11-57 所示。

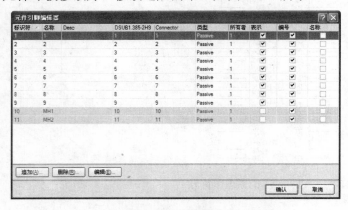

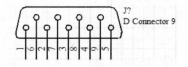

图 11-56　【元件引脚编辑器】对话框　　　　　图 11-57　修改之后的串口

（5）在元件库 Miscellaneous Devices.IntLib 中选取 7 段数码管 Dpy Green-CC，如图 11-58 所示。对于本原理图，为了使用方便可以对引脚稍加修改，修改后的数码管如图 11-59 所示。

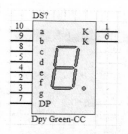

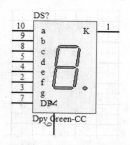

图 11-58　修改前的数码管　　　　　　图 11-59　修改后的数码管

（6）放置电源器件。需要添加的电源器件不在 Protel 默认添加的元件库中，需要手动添加元件库 ST Microelectronics 目录下的 ST Power Mgt Voltage Regulator.IntLib。添加该元件库后，在该元件库中找到 L7805CV，如图 11-60 所示。

（7）放置 MAX232。需要添加的串口芯片 MAX232 不在 Protel 默认添加的元件库中，需要手动添加元件库 Maxim 目录下的 Maxim Communication Transceiver.IntLib。添加该元件库后，在该元件库中找到 MAX232AEWE，如图 11-61 所示。

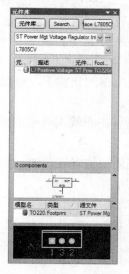

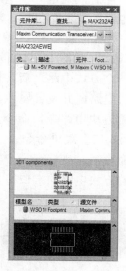

图 11-60　电源器件 L7805CV　　　　图 11-61　串口芯片 MAX232AEWE

3．层次原理图的设计

现在利用自上而下的层次原理图设计方法，详细讲述绘制单片机实验板的过程。

首先介绍单片机实验板层次原理图的母图的设计过程。

（1）启动原理图设计器，建立一个原理图文件，命名为 89C51.Schdoc。

（2）在工作平面上打开布线工具栏，执行绘制方块命令，即用鼠标单击布线工具栏上的 按钮或者选择【放置】/【图纸符号】菜单命令。

（3）执行该命令后，光标变为十字形状，并带有方块电路，如图 11-62 所示。

（4）在此状态下，按 Tab 键，会出现【图纸符号】对话框，如图 11-63 所示。在对话框中设置【文件名】为 RS232，表明该电路代表了串口电路模块，在【标识符】中设置方块图名称与【文件名】相同即可。

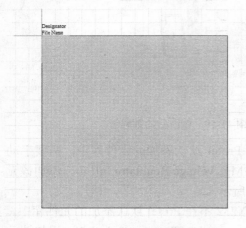

图 11-62　放置方块电路状态

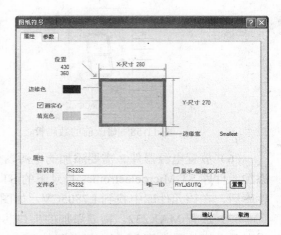

图 11-63　【图纸符号】对话框

（5）设置完属性后，确定方块电路的大小和位置。将光标移动到适当的位置后，单击鼠标，确定方块电路的左上角位置，然后拖动鼠标，移动到适当的位置后，单击鼠标，确定方块电路的右下角位置。这样就定义了方块电路的大小和位置，绘制出一个名为 RS232.Schdoc 的模块，如图 11-64 所示。

（6）绘制好一个方块电路之后，仍处于放置方块电路的状态下，可以用同样的方法继续放置其他的方块电路，并设置属性。

（7）执行放置方块电路端口命令，方法是用鼠标单击布线工具栏中的 按钮或者选择【放置】/【加图纸入口】菜单命令。

（8）执行该命令后，光标变为十字形状，然后在需要放置端口的方块图上单击鼠标，此时光标处就带着方块电路的端口符号，如图 11-65 所示。

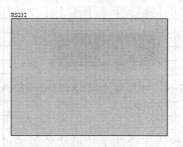

图 11-64　绘制好的方块电路

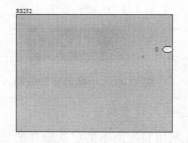

图 11-65　放置方块电路端口状态

（9）在此状态下，按 Tab 键，系统弹出【图纸入口】对话框，在此设置端口的属性，如图 11-66 所示。

（10）设置完成后，将光标移动到合适位置后，单击鼠标将其定位，同样，根据实际电路的安排，可以在该模块上放置其他端口，如图 11-67 所示。

（11）重复上述操作，设置其他方块电路，如图 11-68 所示。

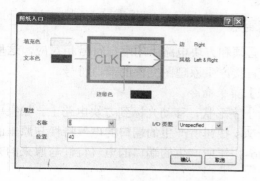

图 11-66　【图纸入口】对话框

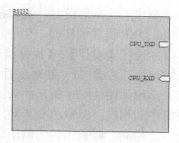

图 11-67　放置完端口的方块电路

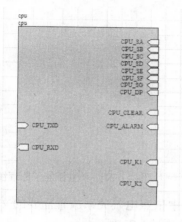

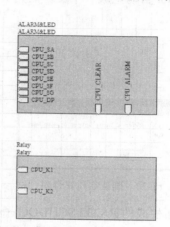

图 11-68　放置完端口的其他模块

（12）将电气关系上具有相连关系的端口用导线连接在一起。通过上述步骤就建立了一个原理图的母图，如图 11-69 所示。

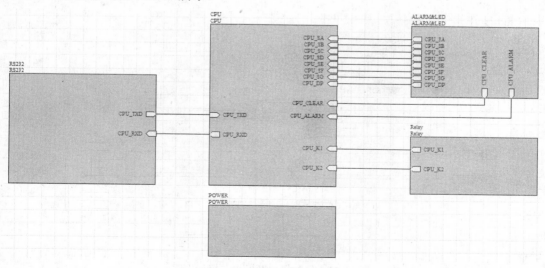

图 11-69　最终效果图

4．单片机实验板层次原理图的子图设计过程

在制作层次原理图时，其子图端口符号必须和方块电路上的端口符号相对应，这里使用 Protel DXP 提供的捷径，由方块电路符号直接产生原理图文件的端口符号。

（1）选择【设计】/【根据符号创建图纸】菜单命令。

（2）执行步骤（1）的命令后，光标变为十字形状，移动光标到方块电路上。如果单击鼠标，出现如图 11-70 所示的对话框，单击 Yes 按钮所产生的端口的电气特性与原来的方块电路中的相反，即输出变为输入；单击 No 按钮所产生的端口的电气特性与原来的方块电路中的相同，即输出仍为输出。

（3）Protel 自动生成一个文件名为 RS232.SCHDOC 的原理图文件，并布置好端口，如图 11-71 所示。

图 11-70　确认端口属性对话框　　　　　图 11-71　产生新的子原理图

（4）在新生成的 RS232.SCHDOC 子原理图中依照电气关系放置需要的文件，适当布局后，按照电气连接关系连接各个元件和端口，如图 11-72 所示。

（5）重复上述操作，建立并连接其他部分的子原理图。CPU 电路如图 11-73 所示，蜂鸣器和数码管电路如图 11-74 所示，继电器电路如图 11-75 所示，电源电路如图 11-76 所示。

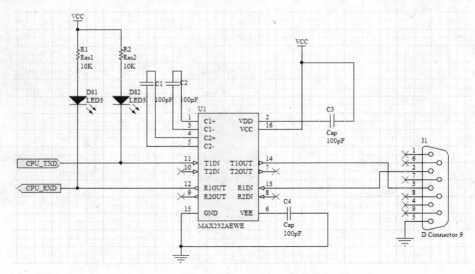

图 11-72　红外接口及发光二极管电路

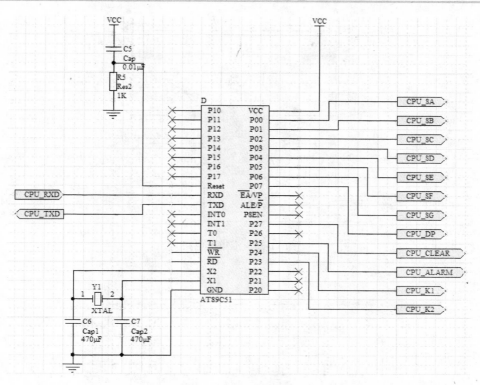

图 11-73 CPU 电路

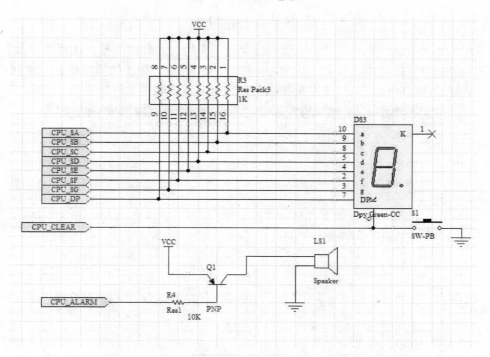

图 11-74 蜂鸣器和数码管电路

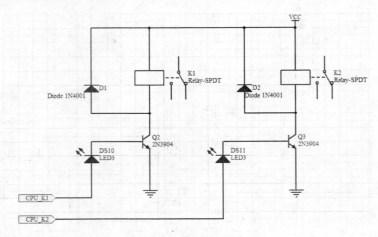

图 11-75　继电器电路

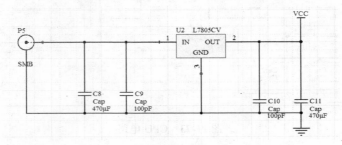

图 11-76　电源电路

（6）原理图绘制好之后，可以重新编排原理图中所有元件的序号，选择【工具】/【注释】菜单命令即可打开【注释】对话框，如图 11-77 所示。在【处理顺序】下拉列表框中选择 Across Then Down，单击【更新变化表】按钮，重新编排元件序号。

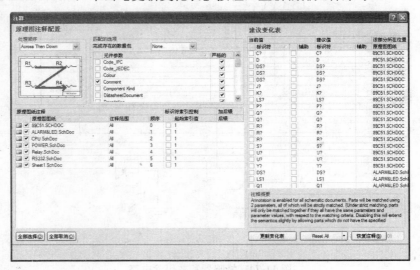

图 11-77　【注释】对话框

5．编译工程及查错

在使用 Protel DXP 进行设计的过程中，编译项目是非常重要的一个环节。编译时，系统将会根据用户的设置检查整个项目。

（1）选择【项目管理】/【项目管理选项】菜单命令，弹出 Options for PCB Project 对话框，如图 11-78 所示。

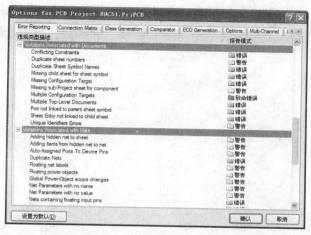

图 11-78　Options for PCB Project 对话框

（2）在 Error Reporting（错误报告类型）标签页中，可以设置所有可能出现错误的报告类型。

（3）在 Connection Matrix（电气连接矩阵）标签页中，可以查看设置的电气连接矩阵，如图 11-79 所示。

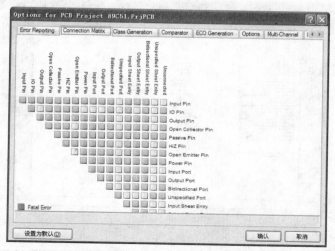

图 11-79　Connection Matrix 标签页

（4）单击【确认】按钮，完成对项目管理选项的设置。

（5）在设置项目管理选项之后，可选择【项目管理】菜单中的 Compile Document

89C51.SCHDOC 命令或者直接编译项目 Compile PCB Project 89C51.PrjPCB，如有错误则弹出编译信息。

6. 生成元器件报表

（1）打开单片机实验板的原理图文件 AT89C51.SCHDOC，选择【报告】/Bill of Materials 菜单命令，弹出 Bill of Materials For Project 对话框，如图 11-80 所示。其中列出了整个项目中所用到的元器件，单击表格中的标题，可以使表格内容按照一定的次序排列。

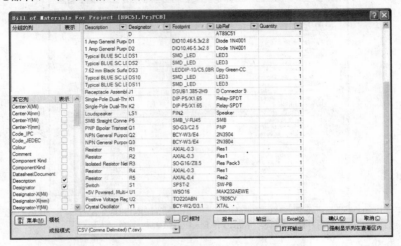

图 11-80　Bill of Materials For Project 对话框

（2）在 Bill of Materials For Project 对话框中单击【报告】按钮，弹出【报告预览】对话框，如图 11-81 所示。其中显示了元器件报告单，在这里可以打印元器件的报告单。

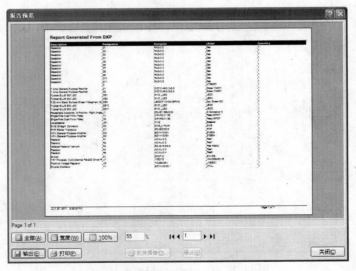

图 11-81　【报告预览】对话框

（3）在【报告预览】对话框中单击【输出】按钮，在弹出的对话框中可以将元器件报告报表保存为 Excel 格式。在【保存类型】下拉列表框中可以选择 Microsoft Excel

Worksheet(*.xls)选项或者 WebLayer(CSS)(*.htm;*.html)选项，即可将元器件报表输出为 Excel 格式或者 html 格式。

7．生成网络表文件

这里根据采用自动标注之后的单片机总原理图来生成网络表文件。

选择【设计】/【设计项目的网络表】/Protel 菜单命令，系统将自动在当前项目文件下添加一个与项目文件同名的网络表文件，这里将其命名为 PCB-Project1.NET，如图 11-82 所示。

图 11-82　生成的网络表

双击该文件，打开网络表文件 PCB-Project1.NET。部分内容如下：

```
[
C1
RAD-0.3
Cap
]
[
C2
RAD-0.3
Cap
]
[
C3
RAD-0.3
Cap

]
[
C4
RAD-0.3
Cap
]
[
C5
RAD-0.3
Cap
]
[
C6

RAD-0.3
Cap1
]
[
C7
RAD-0.3
Cap2
]
[
C8
RAD-0.3
Cap
]
[

]
[
C9
RAD-0.3
Cap
]
[
C10
RAD-0.3
Cap
]
[
C11
RAD-0.3
Cap
```

workSheet"。(图)。Word 或 CSS、html、html 图、Excel 样式) 的 Html 文件。

]
[
D
AT89C51

]
[
D1
DIO10.46-5.3
x2.8
Diode 1N4001

]
[
D2
DIO10.46-5.3
x2.8
Diode 1N4001

]
[
DS1
SMD _LED
LED3

]
[
DS2
SMD _LED
LED3

]
[
DS3
LEDDIP-10/C5
.08RHD
Dpy Green-CC

]
[
DS10
SMD _LED
LED3

]
[
DS11
SMD _LED
LED3

]
[
J1
DSUB1.385-2H
9
D Connector 9

]
[
K1
DIP-P5/X1.65
Relay-SPDT

]
[
K2
DIP-P5/X1.65
Relay-SPDT

]
[
LS1
PIN2
Speaker

]
[
P5
SMB_V-RJ45
SMB

]
[
Q1
SO-G3/C2.5
PNP

]
Q2
BCY-W3/E4
2N3904

]
Q3
BCY-W3/E4
2N3904

]
[
R1
AXIAL-0.3
Res1

]
[
R2
AXIAL-0.3
Res2

]
[
R3
SO-G16/Z8.5
Res Pack3

]
[
R4
AXIAL-0.3
Res1

]

```
[                 C1-1              )                 NetC6_2
R5                U1-5              (                 C6-2
AXIAL-0.4         )                 NetJ1_3           D-49
Res2              (                 J1-3              Y1-1
                  NetC1_2           U1-14             )
                  C1-2              )                 (
                  U1-4              (                 NetC7_2
]                 )                 NetD1_1           C7-2
[                 (                 D1-1              D-50
S1                NetC2_1           K1-5              Y1-2
SPST-2            C2-1              Q2-3              )
SW-PB             U1-3              )                 (
                  )                 (                 VCC
                  (                 NetD2_1           C3-1
                  NetC2_2           D2-1              C5-2
]                 C2-2              K2-5              C10-2
[                 U1-1              Q3-3              C11-2
U1                )                 )                 D1-2
WSO16             (                 (                 D2-2
MAX232AEWE        NetC3_2           NetDS10_2         D-52
                  C3-2              DS10-2            K1-4
                  U1-2              Q2-2              K2-4
                  )                 )                 Q1-3
]                 (                 (                 R1-2
[                 NetC4_2           NetDS11_2         R2-2
U2                C4-2              DS11-2            R3-1
TO220ABN          U1-6              Q3-2              R3-2
L7805CV           )                 )                 R3-3
                  (                 (                 R3-4
                  NetDS1_1          NetC8_2           R3-5
                  DS1-1             C8-2              R3-6
]                 R1-1              C9-2              R3-7
[                 )                 P5-1              R3-8
Y1                (                 U2-1              U1-16
BCY-W2/D3.1       NetDS2_1          )                 U2-2
XTAL              DS2-1             (                 )
                  R2-1              NetC5_1           (
                  )                 C5-1              NetLS1_1
                  (                 D-40              LS1-1
]                 NetJ1_2           R5-2              Q1-1
(                 J1-2              )                 )
NetC1_1           U1-13             (                 (
```

NetQ1_2	R4-2	DS1-2	(
Q1-2	)	U1-12	NetD_57
R4-1	(	)	D-57
)	NetD_64	(	DS3-4
(	D-64	NetD_53	R3-12
GND	DS3-6	D-53	)
C4-1	S1-1	DS3-10	(
C6-1	)	R3-16	NetD_58
C7-1	(	)	D-58
C8-1	NetD_60	(	DS3-2
C9-1	D-60	NetD_54	R3-11
C10-1	DS3-7	D-54	)
C11-1	R3-9	DS3-9	(
D-51	)	R3-15	NetD_59
J1-5	(	)	D-59
LS1-2	NetD_67	(	DS3-3
P5-2	D-67	NetD_55	R3-10
Q2-1	DS10-1	D-55	)
Q3-1	)	DS3-8	(
R5-1	(	R3-14	NetD_42
S1-2	NetD_68	)	D-42
U1-15	D-68	(	DS2-2
U2-3	DS11-1	NetD_56	U1-11
)	)	D-56	)
(	(	DS3-5	
NetD_66	NetD_41	R3-13	
D-66	D-41	)	

该网络表文件主要由两部分组成,前一部分描述元件的属性参数(元件序号、元件的封装形式和元件的文本注释),用方括号表示,后一部分描述原理图文件中的电气特性,用圆括号表示。

11.3.4 PCB 设计

完成原理图的设计后,需要先完成 PCB 图设计的准备工作。双层板与单面板的准备工作基本相同。

右击选中 89C51.PrjPCB 工程,然后选择【文件】/【创建】/【PCB 文件】命令新建一个 PCB 文件。

1. 规划电路板

在创建 PCB 文件之后,可以选择【设计】菜单中的【层堆栈管理器】和【PCB 板层次颜色】命令,进行工作层面和 PCB 环境参数的设置,本例单片机实验板需要两层板,系统默认即为两层板，因此不需要更改。

操作步骤如下：

（1）单击实用工具工具栏中的⊗按钮，如图 11-83 所示。或者选择【编辑】/【原点】/【设定】菜单命令，在 PCB 图的左下角合适位置设置坐标原点。

（2）选择机械层 Mechanical 1，单击实用工具工具栏中的 / 按钮，放置直线；或者选择【放置】/【直线】菜单命令，在 PCB 图上绘制一个合适的矩形边框，如图 11-84 所示。

（3）选择 Keep-Out Layer 层，绘制同样大小和位置的边框。

图 11-83　实用工具工具栏

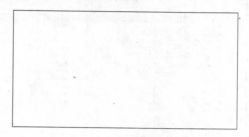

图 11-84　机械层上绘制的边界

2．导入网络表和元件

导入网络表和元件到 PCB 中之前，应确保之前所绘制的原理文件和新建的 PCB 文件都已经添加到了 PCB 项目中，并且已经保存。

操作步骤如下：

（1）为 AT89C51 添加 PCB 封装。在母原理图中双击 AT89C51 选项，在弹出的【元件属性】对话框右下角的 Model 区域中，单击【追加】按钮，系统弹出【加新的模型】对话框，默认值为 Footprint，单击【确认】按钮，如图 11-85 所示。

（2）弹出【PCB 模型】对话框，单击【浏览】按钮，在【库浏览】对话框中单击 Search 按钮，查找 DIP40 封装。在结果中选中该封装，单击【确认】按钮，将此封装添加给 AT89C51，如图 11-86 所示。

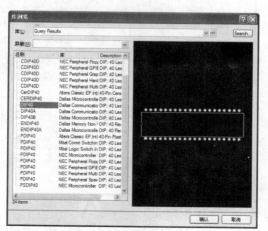

图 11-85　【加新的模型】对话框

图 11-86　DIP40 封装的搜索结果

（3）打开单片机实验板的原理图文件，在编辑器中选择【设计】/Update PCB Document AT89C51.PCBDOC 命令，弹出"工程变化订单"对话框，单击【使变化生效】按钮，系统逐项执行所提交的修改并在【状态】栏的【检查】列表中显示加载的元件是否正确，结果如图 11-87 所示。

（4）如果元件封装和网络正确，单击【执行变化】按钮，即可将改变发送到 PCB，如图 11-88 所示。同时工作区自动切换到 PCB 编辑状态。

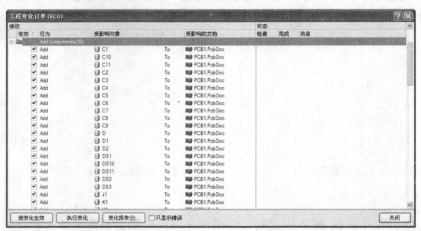

图 11-87　检查结果

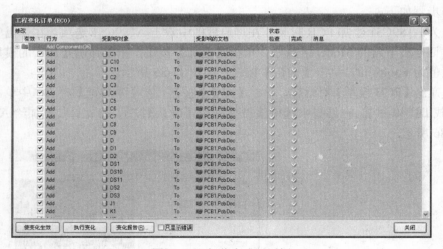

图 11-88　加载完成对话框

（5）关闭【工程变化订单】对话框，可以看到网络表与元件加载到电路板中，如图 11-89 所示。

3．自动布局

自动布局的操作步骤如下：

（1）选择【工具】/【放置元件】/【自动布局】菜单命令，打开【自动布局】对话框，如图 11-90 所示。

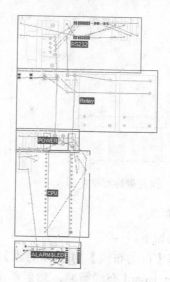

图 11-89　载入网络表和元件之后的 PCB 图

（2）在单片机实验板实例中，我们选中适合较少元件电路的【分组布局】单选按钮，单击【确认】按钮开始自动布局。自动布局结束后的 PCB 如图 11-91 所示。

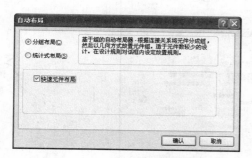

图 11-90　【自动布局】对话框

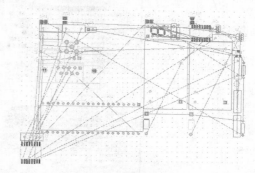

图 11-91　自动布局完成

4．手工调整布局

程序对元件的自动布局一般以寻找最短布线路径为目标，因此元件的自动布局往往不太理想，需要用户手工调整。如图 11-91 所示，元件虽然已经布置好了，但元件的位置不够理想，因此必须重新调整某些元件的位置。

操作步骤如下：

（1）这里首先移动串口的位置，使其更理想，串口因需插接，所以尽量放置在 PCB 板的边缘部分。

（2）用鼠标单击串口，并且按住不放，这时可以随时移动串口的位置，将其移动到合适的位置后松开鼠标即可，如图 11-92 所示。

（3）这里将串口移动到 PCB 板的一个边缘部分，此部分在自动布局后元件较少。之后按照类似的步骤依次移动其他元件到理想的位置即可，结果如图 11-93 所示。

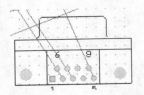

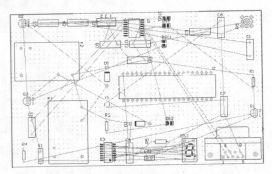

图 11-92　按住鼠标移动串口　　　　　图 11-93　手动调整元件后的 PCB 板

5．全局布线

操作步骤如下：

（1）选择【自动布线】/【全部对象】菜单命令，打开【Situs 布线策略】对话框，选择 Default2 Layer Board 布线策略，然后单击【编辑规则】按钮，即可打开如图 11-94 所示的对话框。

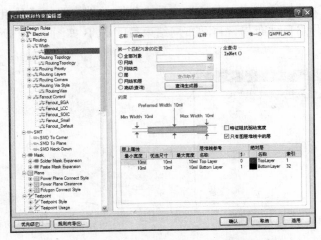

图 11-94　【PCB 规则和约束编辑器】对话框

　　（2）单击左侧目录树中的 Routing/Width 选项，可以进入布线宽度设置框。这里是所有线的规则。

　　（3）右击 Width，在弹出的快捷菜单中选择【新建规则】命令，将其命名为 GND，在 GND 的规则里面选中【网络】单选按钮，并在下拉列表中选择 GND 选项，然后在【约束】区域中将 Min Width 设置为 50mil。

　　（4）使用相同的方法为 VCC 新建一个规则，设置方法与 GND 相同。设置完毕后单击【确认】按钮回到【Situs 布线策略】对话框。

　　（5）单击 Route All 按钮，即可开始全局自动布线，布线结果如图 11-95 所示。

注意： Protel DXP 在自动布线的过程中会同时显示如图 11-96 所示的 Messages 面板，显示自动布线时的状态信息。

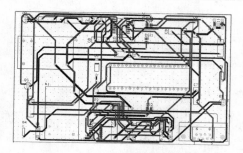

（a）自动布线后的顶层布线结果

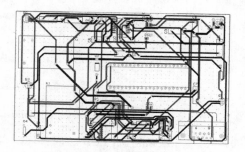

（b）自动布线后的底层布线结果

图 11-95　自动布线结果

图 11-96　Messages 面板

6. DRC 检查及 3D 效果图

最后，对 PCB 上的电路进行 DRC 检查。选择【工具】/【设计规则检测】菜单命令，打开【设计规则检测】对话框，对其适当设置后，单击【运行 DRC】按钮，检查 PCB 图是否有错误。同时显示 Messages 面板，如图 11-97 所示。同时还生成 89C51.DRC 检查报告文件，如图 11-98 所示。

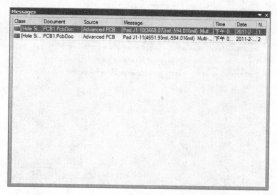

图 11-97　DRC 检验后的 Messages 面板

```
Protel Design System Design Rule Check
PCB File : \PCB1.PcbDoc
Date     : 2011-2-28
Time     : 下午 03:02:11

Processing Rule : Width Constraint (Min=20mil) (Max=30mil) (Preferred=30mil) (All)
Rule Violations :0

Processing Rule : Short-Circuit Constraint (Allowed=No) (All),(All)
Rule Violations :0

Processing Rule : Broken-Net Constraint ( (All) )
Rule Violations :0

Processing Rule : Clearance Constraint (Gap=10mil) (All),(All)
Rule Violations :0

Processing Rule : Height Constraint (Min=0mil) (Max=1000mil) (Prefered=500mil) (All)
Rule Violations :0

Processing Rule : Hole Size Constraint (Min=1mil) (Max=100mil) (All)
    Violation        Pad J1-10(3668.072mil,-594.016mil) Multi-Layer Actual Hole Size = 128.346mil
    Violation        Pad J1-11(4651.93mil,-594.016mil) Multi-Layer Actual Hole Size = 128.346mil
Rule Violations :2
```

图 11-98　89C51.DRC 检验报告

选择【查看】/【显示三维 PCB 板】菜单命令，可以查看单片机实验板的 PCB 三维立体效果。

11.3.5　制造文件的生成

下面介绍 Protel DXP 输出一些特定文件和报表的功能，包括底片文件（Gerber）、数据钻文件（NC Drill）等，这里以底片文件（Gerber）为例进行介绍。

打开 PCB 文件，选择【文件】/【输出制造文件】/Gerber Files 命令，弹出【光绘文件设定】对话框，如图 11-99 所示。设置完毕之后，单击【确认】按钮生成 Gerber 文件，同时启动 CAMtastical 窗口，以图形方式显示这些文件。

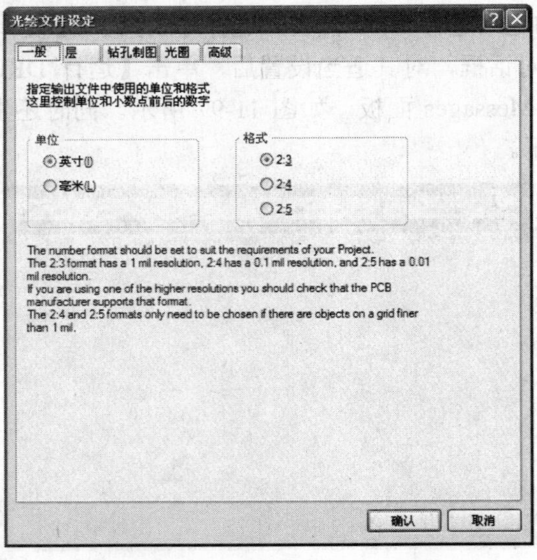

图 11-99　【光绘文件设定】对话框

切换到 Projects 面板，可以看到 Protel 自动生成了若干 Gerber 文件。生成的 Gerber 文件扩展名的含义如下。

- ❖ *.GTL：顶层元件面。
- ❖ *.GBL：地层焊接面。
- ❖ *.GTO：元件面字符。
- ❖ *.GTS：元件面焊接。
- ❖ *.GBS：焊接面阻焊。
- ❖ *.GBO：焊接面字符。
- ❖ *.G?：机械某面。
- ❖ *.GM?：中间某层。

至此，Gerber 文件已经生成，可以交给 PCB 厂加工，使用自己生成的 Gerber 文件可以让元件参数不显示在 PCB 成品上，但如果不作说明，直接将 PCB 文件交给 PCB 厂进行加工，PCB 厂会依葫芦画瓢地将参数留在 PCB 成品上。

本章小结

本章以数字时钟的设计、U 盘的设计、单片机实验板的设计为例，详细讲述了双层板的 PCB 设计过程，包括元件放置与元件库的管理、层次原理图的设计、PCB 的设计等几部分。在设计过程中还穿插介绍了一些具体的设计技巧，并进行了详细的解释说明。本章可以帮助初学者了解 PCB 板的整个制作过程。

思考与练习

1．思考题

（1）简述层次设计电路的一般步骤。

（2）简述层次设计方法在实际电路板设计中的应用。

（3）简述原理图设计的过程及步骤。

（4）简述 PCB 设计的过程及步骤。

2．操作题

（1）完成如图 11-100 所示的串口通信电路设计。包括原理图设计、印刷电路板设计和制造文件的生成。

（2）采用层次设计方法，完成如图 11-101 所示的电路设计。包括原理图设计、印刷电路板设计和制造文件的生成。该设计为四端口串口通信，包含了两个基本模块，即 4 Port UART 和总线驱动模块及 ISA 总线接口模块。

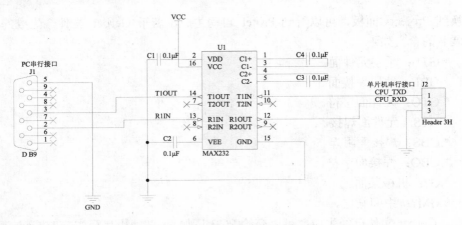

图 11-100 串口通信电路原理图

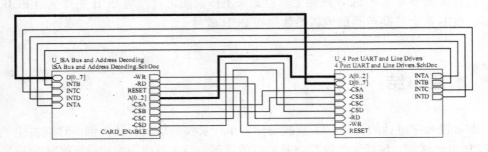

（a）顶层原理图

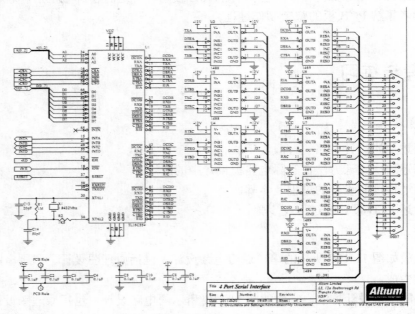

（b）4 Port UART 和总线驱动模块

图 11-101 操作实例

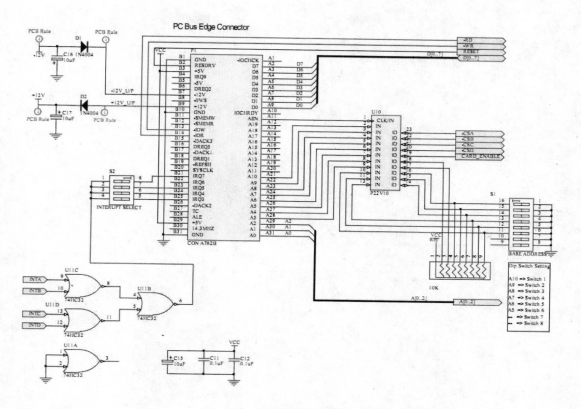

（c）ISA 总线接口模块

图 11-101 操作实例（续）